T0219724

77-mal Mathematik für zwischendurch

Georg Glaeser
(Hrsg.)

77-mal Mathematik für zwischendurch

Unterhaltsame Kuriositäten und unorthodoxe Anwendungen

 Springer

Hrsg.
Georg Glaeser
Abteilung für Geometrie
Universität für angewandte Kunst Wien
Wien, Österreich

ISBN 978-3-662-61765-6   ISBN 978-3-662-61766-3   (eBook)
https://doi.org/10.1007/978-3-662-61766-3

Die Deutsche Nationalbibliothek verzeichnet diese Publikation in der Deutschen Nationalbibliografie; detaillierte bibliografische Daten sind im Internet über http://dnb.d-nb.de abrufbar.

Einbandabbildung: Georg Glaeser

Planung/Lektorat: Andreas Rüdinger
Springer ist ein Imprint der eingetragenen Gesellschaft Springer-Verlag GmbH, DE und ist ein Teil von Springer Nature.
Die Anschrift der Gesellschaft ist: Heidelberger Platz 3, 14197 Berlin, Germany

Geleitwort

Mathematik aus der Ferne – geht das?

Die Antwort ist ja, und zwar schon lange vor der Erfindung der uns verfügbaren Medien – was die Briefwechsel zwischen berühmten Persönlichkeiten wie Gauß und Laplace, Pascal und Fermat, Pearson und Rayleigh – um nur einige Beispiele zu nennen – eindrucksvoll belegen.

Das Instrument des Briefs (allerdings nunmehr per Email versandt) zu verwenden um Begeisterung für Mathematik bei Schülerinnen und Schülern zu wecken und fördern, war eine Idee des leider 2019 verstorbenen Innsbrucker Mathematikprofessors Gilbert Helmberg, die er, gemeinsam mit einem Kreis von ebenso unermüdlichen Kolleginnen und Kollegen seit 2010 konsequent und sehr erfolgreich umgesetzt hat.

Das vorliegende Buch macht die Vielzahl der im Laufe der Zeit entstandenen Beispiele nun in gesammelter, thematisch geordneter und gebundener Form zugänglich.

Für diese Aktivität ganz im Sinne des ureigensten Auftrags der Österreichischen Mathematischen Gesellschaft ÖMG, möchte ich mich namens der ÖMG recht herzlich bei den Verfasserinnen und Verfassern bedanken.

Barbara Kaltenbacher, Vorstand ÖMG

Helmberg schaffte es also, eine Gruppe von österreichischen Mathematikerinnen und Mathematikern dazu zu bringen, monatlich einen kurzen „Brief" zusammenzustellen, wobei alternierend eine Person federführend sein sollte. Durch die absichtlich breite Streuung der Autoren – von Kursleitern der Mathematik-Olympiaden und Lehrerinnen und Lehrern an höheren Schulen bis zu Lehrenden an verschiedenen Universitäten mit ihren oft gänzlich unterschiedlichen Spezialisierungen – konnte ein Spektrum erreicht werden, das wohl jede mathematisch interessierte Person (Lehrende und Schülerinnen und Schüler) in einem oder anderem Beitrag anspricht. Helmberg nahm bis zuletzt die Funktion des Koordinators mit großer Begeisterung wahr. Diese Begeisterung besteht auch noch heute, und die Mathebriefe werden – nach einer kurzen Pause – unter der Leitung von Otto Röschel (Technische Universität Graz) weitergeführt.

Zum Zeitpunkt von Helmbergs Ableben waren knapp hundert bunt gemischte Aufsätze erschienen. Bei etwa einem Fünftel ging es um spezifische Nachrichten an

Lehrende der Mathematik. In der verbleibenden Mehrheit der Briefe ging es um Algebra und Logik, Analysis, Geometrie, Zahlentheorie, Stochastik, „Olympisches" und andere Themen, die hier im Kapitel „Diverses" zusammengefasst sind. Es handelt sich nicht selten um unterhaltsame Kuriositäten und auch unorthodoxe Anwendungen der Mathematik. Auch wenn die einzelnen Briefe nach wie vor auf der Webseite der ÖMG einzeln abrufbar sind, schien es an der Zeit, sie themenmäßig zu ordnen und gesammelt zu publizieren. Der Herausgeber dankt an dieser Stelle der ÖMG, die das befürwortet und ermöglicht hat.

Georg Glaeser, Herausgeber

Inhaltsverzeichnis

III. GEOMETRIE

I. ALGEBRA UND LOGIK

1. Adam Ries

RUDOLF TASCHNER

1492, in dem Jahr, als Columbus Amerika entdeckte, wurde ADAM RIES, der bedeutendste Rechenmeister im deutschsprachigen Raum, geboren. In einem 1522 geschriebenen Buch, das ungeheure Verbreitung erlangte, erklärte er seinen Zeitgenossen das damals neue System, die unendlich vielen Zahlen mit Hilfe von nur neun Ziffern 1, 2, 3, 4, 5, 6, 7, 8, 9 zusammen mit der eigenartigen Ziffer 0 zu erfassen und mit ihnen zu rechnen. Der Trick beruht einfach darin, dass man die Zahlen in die Einheiten 1, 10, 100, 1000, 10000, ... aufteilt. Zum Beispiel besteht die in römischen Zahlzeichen geschriebene Zahl MMDCCCLXIII aus 2 Tausendern, 8 Hundertern, 6 Zehnern und 3 Einern. Statt mühsam

$$2 \cdot 1000 + 8 \cdot 100 + 6 \cdot 10 + 3 \cdot 1$$

zu schreiben, notierte sie ADAM RIES einfach als 2863. So sind wir es auch heute gewohnt.

Fig. 1: ADAM RIES

Der große Vorteil der von ADAM RIES gelehrten Dezimalschreibweise war: Man braucht nur die Rechenregeln mit den neun Ziffern zu kennen, das „Ein-plus-eins" und das „Ein-mal-eins". Zusammen mit ein paar Regeln über den Stellenwert und die Null hat man dann das Rechnen mit allen Zahlen im Griff, egal ob sie klein oder gigantisch sind. Ein weiterer Vorteil des Rechnens nach ADAM RIES war: Er konnte nicht nur die großen Einheiten 1, 10, 100, 1000, 10000,..., sondern auch die kleinen Einheiten der Zehntel, Hundertstel, Tausendstel usw. nach genau der gleichen Weise erklären. Dabei half ihm das Komma als zusätzliches Zeichen: Die unter 1 liegenden kleineren Einheiten notiert er als 0,1 oder als 0,01 oder als 0,001 usw. Wenn zum Beispiel eine Größe aus 5 Zehnern, 6 Einern, 3 Zehntel und 5 Tausendstel besteht, sollte man sie „nach Adam Riese" ausführlich folgendermaßen anschreiben:

G. Glaeser (Hrsg.), *77-mal Mathematik für zwischendurch*,
https://doi.org/10.1007/978-3-662-61766-3_1

$$5 \cdot 10 + 6 \cdot 1 + 3 \cdot 0{,}1 + 5 \cdot 0{,}001.$$

In Kurzform notiert sie ADAM RIES so: 56,305. Dabei steht die 0 zwischen den Ziffern 3 und 5 für die Tatsache, dass es bei dieser Größe kein Hundertstel gibt. Wenn er ganz genau sein wollte, müsste ADAM RIES zugeben, dass es sich bei dieser „Dezimalzahl" nicht um eine Zahl, sondern um eine Anzahl handelt: nämlich um die Anzahl von 56 305 Tausendstel. Aus dieser Sichtweise lehrte ADAM RIES, wie man mit Dezimalzahlen zu rechnen hat: Will jemand zum Beispiel 56,305 zu 11,04 addieren, so gilt es, genau genommen, 56 305 Tausendstel zu 1104 Hundertstel zu addieren. So ohne weiteres geht das natürlich nicht: wie addiert man Tausendstel zu Hundertstel? Dazu muss man wissen, dass 1104 Hundertstel zehnmal mehr, nämlich 11 040 Tausendstel sind. Erst dann kann man die 56 305 Tausendstel dazuzählen und zur Summe von 67 345 Tausendstel, also zur Dezimalzahl 67,345 gelangen. ADAM RIES hat all dies zuerst an vielen Beispielen seinen Leserinnen und Lesern lang und breit erklärt. Schließlich brachte er ihnen eine leicht zu merkende Rechenregel bei, mit denen man, ohne lange nachdenken zu müssen, Dezimalzahlen addiert: Er forderte, die Summanden so untereinander zu schreiben, dass die beiden Kommas senkrecht untereinander liegen. Dann habe man die Zahlen so zu addieren, wie wenn das Komma nicht vorhanden wäre (und wo keine Ziffer steht, habe man sich eine Null zu denken). Schließlich trägt man im Ergebnis das Komma an der Stelle ein, worüber sich die Kommas der Summanden befinden. Also besteht die Rechnung aus den folgenden drei Schritten:

11,04	11,040	11,04
56,305	56,305	56,305
	67 345	67,345

Auch für das Subtrahieren, das Multiplizieren, das Dividieren von Dezimalzahlen fand er Rechenregeln, die seit seiner Zeit bis heute unverändert geblieben sind. Mehr als hundert Mal musste das Rechenbuch des ADAM RIES nachgedruckt werden, so gut verkaufte es sich. Es war wirklich ein Wunderwerk. Alle Zahlen, die riesengroßen, bei denen die Buchstaben der römischen Zahlzeichen bei weitem nicht ausreichen, und die winzig kleinen, welche die Römer mit ihren Zahlzeichen nicht einmal anschreiben konnten, alle unendlich vielen Zahlen waren bei ADAM RIES mit den zehn Ziffern und dem Komma erfasst. Und selbst die aberwitzigsten Rechnungen mit Zahlengiganten und mit Zahlenzwergen lehrte er aufs Einfachste durchzuführen. Vor allem war das Buch deshalb so erfolgreich, weil es nicht in Latein, sondern in Deutsch abgefasst war. Es war nicht für die wenigen Gelehrten, sondern für alle geschrieben. Denn ADAM RIES wollte, dass möglichst viele seiner Mitbürgerinnen und Mitbürger rechnen können, wissen, wie man mit Zahlen im Handel, im Gewerbe und beim Messen und Wägen umgeht, und dadurch die Welt besser verstehen. Er ist das Vorbild aller ihm nachfolgenden Lehrerinnen und Lehrer.

2. Petrus Apianus und der Dreisatz

RUDOLF TASCHNER

PETER BIENEWITZ hieß der 1495 in Leisnig in Sachsen geborene Mann, der sich später PETRUS APIANUS nannte. Apis ist nämlich das lateinische Wort für Honigbiene, und es war in der frühen Neuzeit sehr beliebt, seinen gewöhnlich klingenden deutschen Namen viel wichtiger und geheimnisvoller tönen zu lassen, indem man ihn ins Lateinische oder gar ins Griechische übersetzte. Im nahegelegenen Röchlitz ging PETRUS APIANUS in die Lateinschule und durfte danach in Leipzig an die Universität. Doch der begabte junge Mann suchte die damals beste Universität, die ihn diejenigen Fächer lehrte, für die er am begabtesten war: die Geographie, die Astronomie und vor allem die Mathematik. Und dies war damals fraglos die Universität in Wien.

Dort hatte der von Kaiser Maximilian I. berufene CONRAD CELTES (der eigentlich KONRAD BICKEL hieß) für alle ihm folgenden Gelehrten prägend gewirkt. Einer unter ihnen war GEORGIUS COLLIMITIUS (der eigentlich GEORG TANNSTETTER hieß). Als bester aller damals wirkenden Professoren lehrte er Medizin, das genaue Konstruieren von Landkarten, vor allem aber Mathematik. Diesen GEORG TANNSTETTER hat sich PETRUS APIANUS als Lehrmeister gewählt und um 1520, noch als sogenannter Baccalaureus, als angehender „Geselle" im Lehrbetrieb, eine ganze Weltkarte entworfen.

Die 1521 in Wien ausgebrochene Pest ließ PETRUS APIANUS seine Wirkungsstätte wechseln: Er ging nach Bayern. Schließlich beherbergte ihn die Universität in Ingolstadt und war auf ihn, der von Kaiser Karl V. gefördert und geadelt wurde, sehr stolz. 1527, 25 Jahre vor seinem Tod, erschien ein von ihm verfasstes Buch, das nichts mit Kartenentwürfen oder mit Kometen zu tun hatte, sondern mit jenem Teil von Mathematik, der für die damaligen Bürgerinnen und Bürger der wichtigste war: dem elementaren Rechnen. Das Buch hieß: „*Ein newe und wolgegründete underweisung aller Kauffmanns Rechnung in dreyen Büchern, mit schönen Regeln und fragstücken begriffen*".

Im ersten dieser drei Bücher geht er so vor, wie man es heute noch in den Schulbüchern lernt: Zuerst kommt eine „Numeratio", PETRUS APIANUS lehrt die Zahlen lesen und schreiben – es handelt sich ja um die damals noch modernen arabischen, und nicht um die alten römischen Zahlzeichen. Danach werden die Grundrechnungsarten, die er *Additio*, *Subtractio*, *Multiplicatio* und *Divisio* nennt, ausführlich erklärt. Das Kernstück aber bildet die *Regula de tri*, der sogenannte *Dreisatz*, was heutzutage als *Schlussrechnung* bezeichnet wird.

Dreisatz nennt PETRUS APIANUS diese Rechnung, weil die Aufgabe fast immer aus drei Sätzen besteht. Er erklärt alles, indem er eine Unzahl von gleichartigen Beispielen vorrechnet.

Die Rechenmethode begründet er nicht allgemein, sondern er erwartet von seinen

G. Glaeser (Hrsg.), *77-mal Mathematik für zwischendurch*, https://doi.org/10.1007/978-3-662-61766-3_2

Leserinnen und Lesern, dass diese in der Einübung all dieser Beispiele das Wesentliche begreifen. Versuchen wir es anhand eines einfachen „Dreisatzes" vorzuführen:

1. Satz: 6 𝕰llen 𝕾toff koften 18 𝕶reuzer.

2. Satz: 10 𝕰llen 𝕾toff werden gekauft.

3. Satz: 𝖂ie viele 𝕶reuzer mufs man bezahlen?

Zuerst lehrt PETRUS APIANUS, die in diesem Dreisatz vorkommenden Zahlen in einer Zeile der Reihe nach aufzuschreiben, für die Ellen, dann für die Kreuzer, dann für die Ellen:

$$\text{———— } 6 \text{ ———— } 18 \text{ ———— } 10 \text{ ————}$$

Und dann behauptet er, ohne näher zu erläutern, warum dies so zu geschehen habe, dass man die letzte mit der mittleren Zahl zu multiplizieren und das Ergebnis durch die erste Zahl zu dividieren habe, um zum Resultat zu gelangen. In unserem Beispiel läuft dies auf die Rechnung $(10 \cdot 18) : 6 = 180 : 6 = 30$ hinaus. Tatsächlich werden die zehn Ellen Stoff 30 Kreuzer kosten.

Heute verstehen wir natürlich, warum das wirklich stimmt, aber damals war es bereits ein Fortschritt, wenn die angehenden Kaufleute durch Training und Drill sich diese Methode einprägten. Daher gleich ein weiteres Beispiel:

1. Satz: 7 𝕺chfen fchleppen 42 𝕾aecke.

2. Satz: 12 𝕺chfen hat der 𝕭auer.

3. Satz: 𝖂ie viele 𝕾aecke fchleppen feine 𝕺chfen?

Jetzt die Zahlen anschreiben, für die Ochsen, dann für die Säcke, dann für die Ochsen:

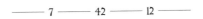

$$\text{———— } 7 \text{ ———— } 42 \text{ ———— } 12 \text{ ————}$$

dann die letzte Zahl mal der mittleren Zahl, und dies durch die vordere Zahl dividieren: $(12 \cdot 42) : 7 = 504 : 7 = 72$ und fertig ist das Ergebnis: 72 Säcke werden von den 12 Ochsen des Bauern geschleppt. Doch so einfach das zu sein scheint: Die Gefahren lauern am nächsten Eck: Wenn man glaubt, den Dreisatz

1. Satz: 7 𝕺chfen fchleppen 42 𝕾aecke.

2. Satz: 84 𝕾aecke find zu fchleppen.

3. Satz: 𝖂ie viele 𝕺chfen braucht man dafuer?

genauso mit dem Anschreiben der drei Zahlen

$$\text{——— } 7 \text{ ——— } 42 \text{ ——— } 84 \text{ ———}$$

lösen zu können, irrt man gewaltig. PETRUS APIANUS muss seinen Schülerinnen und Schülern lang und breit erklären, dass die vordere und die hintere Zahl immer *Anzahlen vom Gleichen* zu sein haben: beim ersten Beispiel die Ellen, beim zweiten Beispiel die Ochsen. Also müssen es beim dritten Beispiel die Säcke sein. Folglich hat bei diesem Beispiel der Ansatz

$$\text{——— } 42 \text{ ——— } 7 \text{ ——— } 84 \text{ ———}$$

zu lauten. Aber selbst wenn man sich daran hält, beim Dreisatz

1. Satz: 4 Knechte brauchen 12 Tage zum Pfluegen.

2. Satz: 3 Knechte hat der Bauer.

3. Satz: Wie viele Tage brauchen sie zum Pfluegen?

ist überhaupt alles „verkehrt". Man hat für ihn eine neue Regel zu lernen, bei der die Zahlen in verkehrter Reihenfolge angeschrieben werden. Ganz einfach ist die Regula de tri also nicht, und PETRUS APIANUS hat seine liebe Müh, für die wissbegierigen Lernenden alle Hindernisse aus dem Weg zu räumen.

3. Olympische Spiele 2017

WALTHER JANOUS

Dem Andenken von Wolfgang Gmeiner (1940 – 2017)

Nein, nein – keine Sorge, 2017 wurde auch nach der neuen Jahreszuordnung olympischer Spiele nicht in eine gerade Zahl umgewandelt. Im Folgenden ist die Rede von einigen Spiele-Aufgaben verschiedener Schwierigkeitsgrade, die im Jahr 2017 von Schülerinnen und Schülern bei mathematischen Wettbewerben zu bearbeiten waren, die in Form sogenannter Olympiaden ablaufen. Ich lade Sie ein, sich zuerst ein wenig an den vier Aufgaben zu versuchen und gegebenenfalls einen kurzen Blick auf die Lösungen zu werfen.

Also,

Aufgabe 1. Alice und Bob spielen folgendes 2017er-Spiel (mit abwechselnd ausgeführten Subtraktionen):

- Alice wählt (geheim) eine Zahl $a \in \{2,4,6,8\}$.

- Ebenso wählt Bob eine Zahl $b \in \{3,5,7,9\}$.

- Am Spielfeld steht die Zahl $z = 2^4 + 0^4 + 1^4 + 7^4$.

Nun beginnt das Spiel mit dem Ziel, die Zahl 2017 zu erreichen. Zuerst subtrahiert Alice von z die Zahl a, anschließend Bob vom Ergebnis die Zahl b, dann wieder Alice die Zahl a, dann wieder Bob die Zahl b usw., solange, bis Alice oder Bob die Zahl 2017 erreicht und damit das Spiel gewonnen hat. Andernfalls endet das Spiel unentschieden.

Man beweise, dass Bob das Spiel unter keinen Umständen gewinnen kann, und man entscheide, ob dies auch für Alice so ist.

Aufgabe 2. Auf einer Tafel stehen die Zahlen $1, \frac{1}{2}, \frac{1}{3}, \ldots, \frac{1}{2017}$. Alice und Bob reduzieren abwechselnd die Zahlen nach folgender Regel:

- In jedem Zug darf man zwei beliebige Zahlen x und y von der Tafel streichen und durch die neue Zahl $z = x + y + xy$ ersetzen.

- Das Spiel endet, sobald nur noch eine Zahl auf der Tafel steht.

Gewonnen hat, wer als Letzter eine ganze Zahl auf die Tafel geschrieben hat.
Man entscheide, ob Alice als Erste oder als Zweite in das Spiel einsteigen soll, wenn sie das Spiel gewinnen will, oder ob dies keinen Einfluss auf ihre Gewinnchance hat.

© Der/die Herausgeber bzw. der/die Autor(en), exklusiv lizenziert durch
Springer-Verlag GmbH, DE, ein Teil von Springer Nature 2020
G. Glaeser (Hrsg.), *77-mal Mathematik für zwischendurch*,
https://doi.org/10.1007/978-3-662-61766-3_3

Aufgabe 3. Auf der Tafel stehen die drei natürlichen Zahlen 2000, 17 und n. Alice und Bob spielen folgendes Spiel: Alice beginnt, dann sind sie abwechselnd am Zug. Ein Zug besteht darin, eine der drei Zahlen auf der Tafel durch den Betrag der Differenz der beiden anderen Zahlen zu ersetzen. Dabei ist kein Zug erlaubt, bei dem sich keine der drei Zahlen verändert. Wer an der Reihe ist und keinen erlaubten Zug mehr machen kann, hat verloren.

- Man beweise, dass das Spiel für jedes n irgendwann zu Ende geht.

- Wer gewinnt, wenn $n = 2017$ ist?

Aufgabe 4. Auf einer Tafel stehen die Zahlen 1, 2, 3, …, 88. Alice und Bob wählen abwechselnd eine der Zahlen, die dann von der Tafel gelöscht wird, solange, bis keine Zahl mehr auf der Tafel steht. Alice beginnt das Spiel und zählt am Schluss ihre vierzig gewählten Zahlen zusammen. Wenn sie dabei die Zahl 2017 erhält, hat sie gewonnen, andernfalls Bob. Man entscheide, ob es für Alice oder Bob möglich ist, ihren bzw. seinen Sieg zu erzwingen.

Lösungen

Aufgabe 1. Wir haben $z = 2418$. Bob kann niemals gewinnen. Andernfalls müssten Alice und Bob gleich viele Züge ausführen. Wenn wir ihre Anzahl mit n bezeichnen, müsste die Gleichung

$$2418 - n(a+b) = 2017, \text{ d.h. } n(a+b) = 401$$

gelten. Weil 401 eine Primzahl ist, ergäbe sich aber $n = 1$ oder $a + b = 1$. Beide Fälle sind aber nicht erfüllbar.

Nun zu Alice. Weil sie im Fall ihres Sieges einen Zug mehr als Bob auszuführen hat, ergibt sich die Gleichung

$$2418 - n(a+b) - a = 2017, \text{ d.h. } n(a+b) = 401 - a$$

Von den Zahlen $401 - a \in \{393, 395, 397, 399\}$ ist 397 eine Primzahl. Die übrigen haben die Primfaktorzerlegungen $393 = 3 \cdot 131$, $395 = 5 \cdot 79$ bzw. $399 = 3 \cdot 7 \cdot 19$. Wegen $5 \le a + b \le 17$ liefert 399 die einzig mögliche Gewinnzahl von Alice, nämlich $a = 2$. Mit ihr gewinnt Alice nach 57 Zügen genau dann, wenn Bob die Zahl $b = 5$ gewählt hat.

Aufgabe 2. Es seien $x_j = \frac{1}{j}$, $j = 1, 2, \ldots, 2017$, die am Beginn des Spiels auf der Tafel stehenden Zahlen. Wegen

$$z = x + y + xy = (x+1)(y+1) - 1, \text{ d.h. } z + 1 = (x+1)(y+1)$$

ist es naheliegend, die Zahlen der ursprünglichen Tafel durch die neuen Zahlen $X_j = x_j + 1$, $j = 1, 2, \ldots, 2017$, zu ersetzen. Einem ursprünglichen Spielzug entspricht es deshalb, zwei der neuen Zahlen zu streichen und durch ihr Produkt zu ersetzen. Folglich muss die letzte Zahl der neuen Tafel

$$X_1 \cdot X_2 \cdot \ldots \cdot X_{2017} = \frac{1+1}{1} \cdot \frac{1+2}{2} \cdot \ldots \cdot \frac{1+2017}{2017} = 2018$$

sein. Das heißt aber, dass jedes denkbare Spiel mit der Zahl 2017 endet. Deshalb sollte Alice als Zweite in das Spiel einsteigen.

Aufgabe 3. Wenn drei Zahlen auf der Tafel stehen und bei einem Zug eine der drei Zahlen durch die (positive) Differenz der anderen beiden Zahlen ersetzt wird, so stehen nach diesem Zug zwei Zahlen und die Summe der beiden Zahlen auf der Tafel. Auf der Tafel sollen die Zahlen a, b und $a+b$ stehen, wobei o. B. d. A. $b > a$ ist. Dann gibt es wegen $a+b-b = a$ und $a+b-a = b$ nur einen möglichen Zug und es stehen danach a, b und $b-a$ auf der Tafel. Auch dann ist eine der Zahlen (nämlich b) die Summe der anderen beiden und es gibt nur einen möglichen Zug.

Man erkennt also, dass es spätestens ab dem zweiten Zug keine Auswahl der Züge mehr gibt und alle Züge zwangsläufig sind. Weiters erkennt man, dass ab dem zweiten Zug bei jedem Zug die größte der drei Zahlen verkleinert wird, und, weil keine der Zahlen negativ werden kann, muss nach endlich vielen Zügen eine Zahl 0 sein. Da 0 die Differenz der anderen beiden Zahlen ist, müssen diese gleich sein, es steht also 0, a, a auf der Tafel. Wegen $a-0 = a$ und $a-a = 0$ ist das der Endzustand, es ist kein Zug mehr möglich. Dieser Endzustand muss also jedenfalls erreicht werden. Sieger ist demnach, wer 0, a, a auf die Tafel schreibt.

Spielverlauf, wenn zu Beginn 2000, 17, 2017 auf der Tafel steht:

> 1. Zug (A): 2000, 17, 1983
> 2. Zug (B): 1966, 17, 1983
> 3. Zug (A): 1966, 17, 1949
>
> usw. (wegen $2000 : 17 = 117{,}6\ldots$)

> 117. Zug (A): $2000 - 116 \cdot 17 = 28$, 17, $2000 - 117 \cdot 17 = 11$
> 118. Zug (B): 6, 17, 11
> 119. Zug (A): 6, 5, 11
> 120. Zug (B): 6, 5, 1
> 121. Zug (A): 4, 5, 1
> 122. Zug (B): 4, 3, 1
> 123. Zug (A): 2, 3, 1
> 124. Zug (B): 2, 1, 1
> 125. Zug (A): 0, 1, 1

und A gewinnt.

Aufgabe 4. Es scheint naheliegend, dass Bob konsequent eine Spiegel-Strategie verfolgen sollte, mit der er den Sieg von Alice immer verhindern kann. Nur welche? Die Summe der 44 Zahlen 1, 2, …, 44 beträgt 990. Deshalb hat die Summe der restlichen Zahlen 45, 46, ..., 88 den Wert $990 + 44 \cdot 44$. Damit ist jeder dieser zwei Summenwerte eine gerade Zahl. Weil 2017 eine Primzahl ist, sollte Bob folgendermaßen vorgehen:

- Wenn Alice eine Zahl $x \leq 44$ wählt, wählt Bob die Zahl $x + 44$.

- Wenn Alice eine Zahl $x > 44$ wählt, wählt Bob die Zahl $x - 44$.

Bei Einhaltung dieses Vorgehens muss Alice immer einen Summenwert der Art $990 + 44 \cdot k$ erhalten, wobei der Faktor k angibt, wie viele Zahlen Alice gewählt hat, die größer als 44 sind. Weil alle dieser Werte gerade sind, verliert Alice immer.

Bemerkung. Jede der vier Aufgaben lässt Erweiterungen in verschiedene Richtungen zu.

Am Schluss dieses Beitrages bitte ich Sie, interessierte und begabte Schülerinnen und Schüler auf die *mathematische Olympiade* hinzuweisen und zur Teilnahme zu ermuntern[1]. Insbesondere verweise ich auf die sehr informative Seite `https://www.math.aau.at/OeMO/`, die auch unter `https://oemo.at/OeMO/` erreichbar ist und vielfältigste Materialien bereithält.

---

[1]Übrigens ist das österreichische Team von der internationalen Mathematikolympiade (IMO 2017) in Rio de Janeiro mit zwei Silbermedaillen und ebenso vielen Ehrenden Erwähnungen heimgekehrt.

4. Cardano und die algebraische Gleichung dritten Grades

Gilbert Helmberg

Eine gute alte Bekannte ist die quadratische Gleichung

$$x^2 + px + q = 0. \tag{4.1}$$

Sie hat im Allgemeinen zwei Lösungen

$$x_1 = -\frac{p}{2} + \sqrt{\frac{p^2}{4} - q}, \qquad x_2 = -\frac{p}{2} - \sqrt{\frac{p^2}{4} - q} \tag{4.2}$$

und lässt sich mit ihnen auch so schreiben:

$$\begin{aligned} x^2 + px + q &= (x - x_1)(x - x_2) \\ &= x^2 - (x_1 + x_2)x + x_1 x_2 = 0. \end{aligned}$$

Ein Vergleich mit (18.1) liefert den sogenannten Wurzelsatz von Vieta

$$x_1 + x_2 = -p, \qquad x_1 x_2 = q. \tag{4.3}$$

Es ist nicht verwunderlich, dass sich schon im Mittelalter Mathematiker gefragt haben, wie man auf eine Lösung der Gleichung

$$x^3 + ux^2 + vx + w = 0 \tag{4.4}$$

kommen könnte, und tatsächlich hat diese Frage zu einem erbitterten Streit zwischen den italienischen Mathematikern Gerolamo Cardano (1501–1576) und Niccolò Tartaglia (1500–1557) geführt. Folgen wir ihren Spuren:

Als ersten Schritt vereinfachen wir die Gleichung (18.4) durch Elimination des Gliedes ux^2 mittels der Substitution

$$x = y + \alpha. \tag{4.5}$$

Diese führt – nachdem wir uns an die Binomialformeln für $(y + \alpha)^3$ und $(y + \alpha)^2$ erinnert haben — Gleichung (18.4) über in

$$\begin{aligned} (y^3 + 3\alpha y^2 + 3\alpha^2 y + \alpha^3) + u(y^2 + 2\alpha y + \alpha^2) + v(y + \alpha) + w &= 0, \\ y^3 + (3\alpha + u)y^2 + (3\alpha^2 + 2\alpha u + v)y + (\alpha^3 + \alpha^2 u + \alpha v + w) &= 0. \end{aligned}$$

Jetzt wählen wir $\alpha = -\frac{u}{3}$ und setzen für die anderen zwei Klammerausdrücke

$$a = \frac{u^2}{3} - 2\frac{u^2}{3} + v \qquad = -\frac{u^2}{3} + v$$

$$b = -\frac{u^3}{27} + \frac{u^3}{9} - \frac{uv}{3} + w = \frac{2u^3}{27} - \frac{uv}{3} + w.$$

G. Glaeser (Hrsg.), *77-mal Mathematik für zwischendurch*, https://doi.org/10.1007/978-3-662-61766-3_4

Gleichung (18.4) nimmt damit folgende Gestalt an:

$$y^3 + ay + b = 0. \tag{4.6}$$

Wenn wir diese Gleichung lösen können, brauchen wir nur $x = y - \frac{u}{3}$ zu setzen und haben die Lösungen der Gleichung (18.4).

Jetzt kommt die Königsidee: Wir zerlegen y in eine Differenz $\gamma - \beta$ und versuchen, die beiden Zahlen β und γ so zu finden, dass $y = \gamma - \beta$ die Gleichung (18.6) erfüllt. Dazu überlegen wir uns die folgenden Schritte:

$$\gamma = y + \beta,$$
$$\gamma^3 = y^3 + 3\beta y^2 + 3\beta^2 y + \beta^3 = y^3 + 3\beta y(y + \beta) + \beta^3 = y^3 + 3\beta\gamma y + \beta^3.$$

Der letzte Schritt liefert uns die Gleichung

$$y^3 + (3\beta\gamma)y + (\beta^3 - \gamma^3) = 0, \tag{4.7}$$

die also von $y = \gamma - \beta$ erfüllt wird. Wenn es uns gelingt, die Zahlen β und γ so zu finden, dass sie

$$3\beta\gamma = a, \qquad \beta^3 - \gamma^3 = b \tag{4.8}$$

erfüllen, dann ist $y = \gamma - \beta$ eine Lösung der Gleichung (18.6). Dazu erinnern wir uns an den Satz von VIETA, in dem wir

$$x_1 = \beta^3, \qquad x_2 = -\gamma^3$$

setzen – das mag etwas willkürlich anmuten, ist aber zielführend. Die erste Gleichung in (4.8) liefert uns $a^3 = 27\beta^3\gamma^3$ und zusammen mit der zweiten Gleichung in (4.8)

$$x_1 + x_2 = b, \qquad x_1 x_2 = -\frac{a^3}{27}.$$

Also sind $x_1 = \beta^3$ und $x_2 = -\gamma^3$ die Lösungen der quadratischen Gleichung

$$x^2 - bx - \frac{a^3}{27} = 0$$

und wir erhalten

$$\beta^3 = x_1 = \frac{b}{2} + \sqrt{\frac{b^2}{4} + \frac{a^3}{27}}, \qquad -\gamma^3 = x_2 = \frac{b}{2} - \sqrt{\frac{b^2}{4} + \frac{a^3}{27}}$$

$$y = \gamma - \beta = \sqrt[3]{-\frac{b}{2} + \sqrt{\frac{b^2}{4} + \frac{a^3}{27}}} - \sqrt[3]{\frac{b}{2} + \sqrt{\frac{b^2}{4} + \frac{a^3}{27}}} \tag{4.9}$$

$$= \sqrt[3]{-\frac{b}{2} + \frac{\sqrt{27b^2 + 4a^3}}{6\sqrt{3}}} - \sqrt[3]{\frac{b}{2} + \frac{\sqrt{27b^2 + 4a^3}}{6\sqrt{3}}}.$$

Diese Lösung hatte TARTAGLIA 1535 anlässlich eines Wettstreites mit ANTONIO MARIA FIOR, einem Schüler des Bologneser Professors SCIPIONE DAL FERRO (1465–1526) gefunden. Sein Fachkollege CARDANO war 1539 anlässlich der Fertigstellung seines Buches *Practica Arithmeticae Generalis* sehr daran interessiert, die Lösung der Gleichung dritten Grades kennenzulernen und entlockte sie dem widerstrebenden TARTAGLIA gegen das Versprechen, sie nicht zu publizieren. Allerdings brachte er 1543 bei einem Besuch bei DAL FERROs Nachfolger, ANNIBALE DELLA NAVE, in Erfahrung, dass DAL FERRO diese Lösung bereits gekannt habe. Offenbar hatte er daraufhin keine Skrupel, diese Lösung 1545 in seinem Buch *Ars Magna* bekannt zu machen, sehr zum Missvergnügen TARTAGLIAS.

Die heutzutage unter dem Namen CARDANOs bekannte Formel (4.9) ist noch für einige Überraschungen gut. Für die Gleichung

$$x^3 + 3x - 4 = 0$$

liefert sie beispielsweise die Lösung

$$x = \sqrt[3]{2 + \sqrt{5}} - \sqrt[3]{-2 + \sqrt{5}},$$

die für einen brauchbaren Taschenrechner (und auch mathematisch) mit der offensichtlichen Lösung $x = 1$ übereinstimmt, eine Formel, die auf anderem Wege schwer ableitbar ist.

Offenbar bleibt man bei der Berechnung der Lösung (4.9) nur dann im Bereich der reellen Zahlen, wenn die Größe

$$\Delta = 27b^2 + 4a^3$$

größer als oder gleich Null ist. Wenn das nicht der Fall ist, wie bei der Gleichung

$$x^3 - 4x + 3 = 0,$$

die ja auch die Lösung $x = 1$ besitzt, führt uns die Formel (4.9) unweigerlich ins Komplexe — sie liefert uns nur

$$x = \sqrt[3]{-\frac{3}{2} + \frac{\sqrt{-13}}{6\sqrt{3}}} - \sqrt[3]{\frac{3}{2} + \frac{\sqrt{-13}}{6\sqrt{3}}}.$$

Außerdem erwarten wir für eine algebraische Gleichung dritten Grades doch eigentlich nicht nur eine Lösung, sondern drei Lösungen, von denen allerdings zwei möglicherweise konjugiert komplex sein können. Offenbar spielen hier komplexe dritte Wurzeln, an die man zunächst nicht denkt, eine Rolle.

Eine bessere Einsicht in diese Situation erhalten wir am besten auf geometrischem Wege, indem wir den Graphen der Funktion

$$y = x^3 + ax + b \qquad (4.10)$$

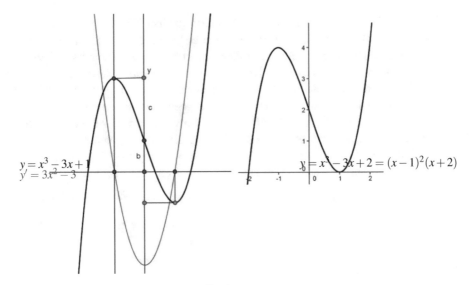

$$y = x^3 - 3x + 1$$
$$y' = 3x^2 - 3$$

$$y = x^3 - 3x + 2 = (x-1)^2(x+2)$$

Fig. 1

auf Nullstellen untersuchen. Die Funktion (4.10) strebt für $x \to -\infty$ gegen $-\infty$ und für $x \to +\infty$ gegen $+\infty$. Als stetige Funktion muß sie deshalb mindestens eine reelle Nullstelle besitzen. Zwei getrennt liegende lokale Extrema nimmt sie nur für $a < 0$ an, und zwar — wenn wir zur Vereinfachung der Schreibweise

$$c = -\frac{2a}{3}\sqrt{-\frac{a}{3}} > 0$$

setzen — ein lokales Maximum im Punkt $\left(-\sqrt{-\frac{a}{3}}, b+c\right)$ und ein lokales Minimum im Punkt $\left(\sqrt{-\frac{a}{3}}, b-c\right)$.

Sie hat also drei reelle Nullstellen, wenn das Maximum und das Minimum der Funktionswerte verschiedene Vorzeichen haben, also wenn $|b| < c$, eine einfache und eine doppelte reelle Nullstelle, wenn $|b| = c$ — beispielsweise für $y = x^3 - 3x + 2 = (x+2)(x-1)^2$ —, und genau eine reelle Nullstelle, wenn $|b| > c$ (natürlich können alle numerisch, z.B. mit dem Newtonschen Näherungsverfahren, mit beliebiger Genauigkeit berechnet werden).

Dieser letzte Fall ist gekennzeichnet durch die Ungleichung $b^2 > c^2 = -\frac{4a^3}{27}$ oder, äquivalenterweise,
$$27b^2 + 4a^3 > 0,$$
und in diesem Falle — der auch für $a \geq 0$ eintritt — liefert die Formel (4.9) die einzige reelle Nullstelle. Wenn $27b^2 + 4a^3 = 0$, dann liefert (4.9) noch die einfache reelle Nullstelle $x = -2 \cdot \sqrt[3]{b/2}$, und wenn $27b^2 + 4a^3 < 0$ — für CARDANO war das der *casus irreducibilis* — müssen komplexe dritte Wurzeln herhalten, um die reellen Nullstellen zu liefern — aber das ist eine andere Geschichte.

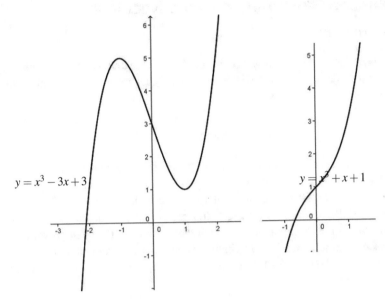

$$y = x^3 - 3x + 3$$

$$y = x^3 + x + 1$$

Fig. 2

Weiterführende Literatur

[1] Gindikin, S. (2007). *Tales of mathematicians and physicists*. Springer.

5. Kubische Gleichungen – eine Nachlese

GILBERT HELMBERG

Im vorangegangenen Abschnitt wurde die auf CARDANO und TARTAGLIA zurückgehende Lösung der kubischen Gleichung betrachtet. Dazu wird die kubische Gleichung auf die Form

$$x^3 + px + q = 0 \tag{5.1}$$

gebracht. Wie sich dabei herausgestellt hat, spielt die sogenannte *Diskriminante* $\Delta = 27q^2 + 4p^3$ eine bedeutsame Rolle. Ist $\Delta > 0$, so besitzt die Gleichung (1) nur eine reelle Nullstelle. Ist $\Delta = 0$, so besitzt sie eine reelle und eine weitere reelle doppelte Nullstelle, und im Falle $\Delta < 0$ drei reelle Nullstellen. Im weiteren Verlauf wollen wir den Koeffizienten p konstant halten und den Parameter q variieren. Geometrisch entspricht dies der Verschiebung der kubischen Parabel in Richtung y-Achse. Drei Graphiken, die Prof. Karl Fuchs angefertigt hat, sollen den Sachverhalt veranschaulichen.

Ist $p > 0$, so besitzt die kubische Parabel $y = x^3 + px + q$ keine lokalen Extrema, wohl aber den Wendepunkt $(0, q)$. Daher wollen wir uns auf den Fall $p < 0$ beschränken. Wenn $q < 0$ dem Betrag nach genügend groß ist, so gibt es nur eine reelle Nullstelle $\alpha > 0$. Nun lassen wir den Parameter q wachsen.

Für $q = q_- = \frac{2p}{3} \cdot \sqrt{\frac{-p}{3}} < 0$ (siehe Bild rechts) wird erstmals

$$27(q_-)^2 + 4p^3 = 0.$$

Die Gleichung (1) hat die einfache Nullstelle

$$\alpha_1 = 2\sqrt[3]{-\frac{q_-}{2}}$$

und die zweifache Nullstelle

$$\alpha_2 = \alpha_3 = -\sqrt[3]{-\frac{q_-}{2}}.$$

Wenn nun q weiter wächst, so schiebt sich der Graph der kubischen Parabel nach oben. Bei $q = 0$ erreicht man $\alpha_3 = -\alpha_1$ und $\alpha_2 = 0$.

Für $q > 0$ hat man zunächst $\alpha_3 < 0$ und $0 < \alpha_2 < \alpha_1$. Wenn dann für $q = q_+ = -q_- > 0$ wieder gilt $27(q_+)^2 + 4p^3 = 0$, ist $\alpha_2 = \alpha_1$.

Für $q > q_+$ gibt es nur mehr eine reelle Nullstelle $\alpha < 0$.

Diese geometrischen Betrachtungen können arithmetisch ergänzt werden. Wir wollen zuerst den *casus irreducibilis* von CARDANO, in dem die Formel

$$\alpha = \sqrt[3]{-\frac{q}{2} + \frac{\sqrt{\Delta}}{6\sqrt{3}}} + \sqrt[3]{-\frac{q}{2} - \frac{\sqrt{\Delta}}{6\sqrt{3}}} \tag{5.2}$$

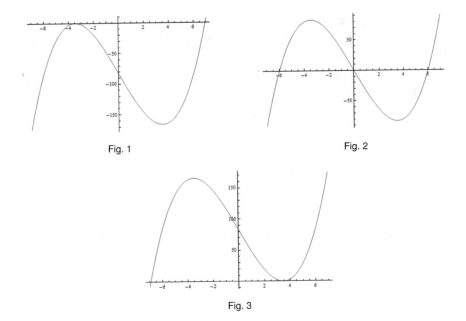

Fig. 1

Fig. 2

Fig. 3

eigentlich drei verschiedene reelle Nullstellen liefern sollte, näher studieren. Zu diesem Zweck setzen wir

$$U \ := \ -\frac{q}{2}$$

$$V \ := \ \frac{\sqrt{-\Delta}}{6\sqrt{3}}, \quad \text{so} \quad \text{dass}$$

$$\alpha \ = \ \sqrt[3]{U + iV} + \sqrt[3]{U - iV}.$$

Wenn wir uns daran erinnern, dass Multiplikation zweier komplexer Zahlen die Multiplikation ihrer Absolutbeträge und die Addition der Winkel bedeutet, die ihre Ortsvektoren mit der positiven reellen Achse einschließen, hat das umgekehrt zur

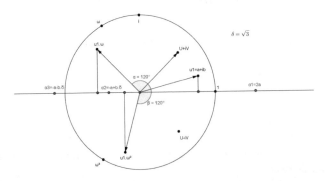

Fig. 4

Folge, dass wir eine Kubikwurzel u_1 aus einer komplexen Zahl wie $U + iV$ erhalten, wenn wir aus dem Absolutbetrag $|U + iV| = \sqrt{U^2 + V^2}$ die dritte Wurzel ziehen und den Winkel $\arg(U + iV)$ dritteln.

Wenn wir das auch für die zu $U + iV$ *konjugiert komplexe* Zahl $\overline{U + iV} = U - iV$ durchführen, bekommen wir mit $\overline{u_1}$ eine Kubikwurzel aus $U - iV$ und $\alpha_1 = u_1 + \overline{u_1}$ ist eine Nullstelle von (1). In der Skizze ist das für $U + iV = 0{,}512 \cos \frac{\pi}{4} + i \cdot 0{,}512 \sin \frac{\pi}{4}$ und $u_1 = 0{,}8 \cos \frac{\pi}{12} + i \cdot 0{,}8 \sin \frac{\pi}{12}$ illustriert.

Aber wo sind die zwei weiteren reellen Nullstellen? Um das herauszufinden, bemühen wir die zwei komplexen Zahlen

$$\omega = -\frac{1}{2} + i\frac{\sqrt{3}}{2}, \qquad \overline{\omega} = -\frac{1}{2} - i\frac{\sqrt{3}}{2},$$

zusammen mit der Zahl 1 genannt *dritte Einheitswurzeln*, weil ihre dritten Potenzen 1 ergeben:

$$\omega^2 = \left(-\frac{1}{2} + i\frac{\sqrt{3}}{2}\right) \cdot \left(-\frac{1}{2} + i\frac{\sqrt{3}}{2}\right) = -\frac{1}{2} - i\frac{\sqrt{3}}{2} = \overline{\omega},$$

$$\omega^3 = \overline{\omega} \cdot \omega = \left(-\frac{1}{2} - i\frac{\sqrt{3}}{2}\right) \cdot \left(-\frac{1}{2} + i\frac{\sqrt{3}}{2}\right) = 1.$$

Alternativ liefert auch eine Anwendung des binomischen Lehrsatzes für die dritte Potenz eines Binoms

$$\left(-\frac{1}{2} + i\frac{\sqrt{3}}{2}\right)^3 = -\frac{1}{8} - 3\frac{1}{4} \cdot i\frac{\sqrt{3}}{2} + 3\frac{1}{2} \cdot \frac{3}{4} + i\frac{3}{4}\frac{\sqrt{3}}{2} = 1.$$

Damit erhalten wir mit $u_2 = u_1 \cdot \overline{\omega}$ und $u_3 = u_1 \cdot \omega$ zwei weitere Kubikwurzeln aus $U + iV$. Die Summen $u_2 + \overline{u_2}$ und $u_3 + \overline{u_3}$ sind dann die gesuchten restlichen zwei reellen Nullstellen von (1).

Für $u_1 = a + ib$ ergibt das $\alpha_1 = 2a$, $\alpha_2 = -a + b\sqrt{3}$ und $\alpha_3 = -a - b\sqrt{3}$ (wir können $b \geq 0$ annehmen). Da α_1, α_2 und α_3 Nullstellen von $x^3 + px + q = 0$ sind, errechnet man

$$p = \alpha_1\alpha_2 + \alpha_2\alpha_3 + \alpha_3\alpha_1 = -3a^2 - 3b^2, \quad q = -\alpha_1\alpha_2\alpha_3 = 6ab^2 - 2a^3.$$

Wer Freude am Rechnen hat, kann auch noch

$$\Delta = -4 \cdot 27b^2(3a^2 - b^2)^2 \tag{5.3}$$

nachrechnen!

Wir betrachten die beiden Parameter a und b in einer ab-Ebene. Die Punkte (a, b) liegen auf der Kreislinie

$$a^2 + b^2 = -\frac{p}{3}.$$

Für den Wert q_-, für den $\Delta = 0$ ist, hat man nach (2) den Startpunkt

$$(a,b) = \left(\sqrt[3]{-\frac{q_-}{2}}, 0 \right).$$

Wenn nun der Parameter q wächst, bewegt sich der Punkt (a,b) (mit $b > 0$) auf der Kreislinie gegen den Uhrzeigersinn. Im Punkt

$$(a,b) = \left(\frac{\sqrt{-p}}{2}, \frac{\sqrt{-3p}}{6} \right)$$

ist $q = 0$, also $\alpha_2 = 0$. Dieser Punkt ist der Schnittpunkt des Kreises mit der Geraden $\sqrt{3}b = a$ ($\arg u_1 = \frac{\pi}{6}$ entsprechend einem Winkel von 30°). Im Schnittpunkt mit der Geraden $b = \sqrt{3}a$ ($\arg u_1 = \frac{\pi}{3}$ entsprechend einem Winkel von 60°), nämlich

$$(a,b) = \left(\frac{\sqrt{-3p}}{6}, \frac{\sqrt{-p}}{2} \right)$$

ist nach (3) wiederum $\Delta = 0$, also $q = q_+$ und somit $\alpha_3 = -a - b\sqrt{3}$ und $\alpha_2 = \alpha_1 = 2a$.

6. Schneller rechnen!

GÜNTER PILZ

Es ist ein seltsames Phänomen in der Mathematik, dass man manchmal Aufgaben einfacher oder schneller lösen kann, wenn man sie vorher komplizierter macht. Wir sehen uns zwei recht überraschende Beispiele dafür an. Eine Warnung vorab: Es handelt sich nicht darum, jemandem mit Rechenschwäche das Zusammenzählen von 19 und 23 zu erleichtern, sondern um die Erklärung von Techniken, die zweckmäßigerweise bei der Arbeit mit großen Zahlen per Computer angewandt werden können. Wir beginnen mit einer Erinnerung an die *modulare Arithmetik*.

Schneller rechnen mit ganzen Zahlen

Wenn es 20 Uhr ist und man zählt 5 Stunden dazu, dann erhält man nicht 25 Uhr, sondern 1 Uhr. Man setzt 24 und 0 Uhr gleich und beginnt dann von neuem zu zählen. In ganzen Stunden hat man also nur die Zahlen $0,1,\dots,23$ und die „Gleichungen" $24 = 0$, $25 = 1$, etc.

Beim Addieren und Multiplizieren dieser Zahlen tut man dies zunächst so wie in den ganzen Zahlen und zählt dann so oft 24 ab, bis man im Bereich $\{0,1,2,\dots,23\}$ landet. Man kann es auch so sagen: man nimmt den Rest der „gewöhnlichen" Addition bzw. Multiplikation nach Division durch 24. Man sagt, man *rechnet modulo 24*.

Dort gelten also neue Rechenregeln wie etwa $20 + 5 = 1$ und $15 \cdot 4 = (60) = 12$. Es gibt auch Überraschungen wie $6 \cdot 8 = 0$. Auch Subtrahieren hat Sinn: $1 - 5 = 20$, weil ja $20 + 5 = 1$ ist. Dividieren ist problematischer, weil ja z.B. $12 \cdot 3 = 12 \cdot 5 = 12 = 12 \cdot 1$ ist und man hier sicher nicht durch 12 dividieren kann, um $3 = 5 = 1$ zu bekommen. Um den Überblick nicht zu verlieren und keine Verwechslung mit den üblichen Rechenoperationen zu erzeugen, schreiben wir die obigen Rechnungen präziser an:

$$[20+5]_{24} = 1, \quad [15 \cdot 4]_{24} = 12, \quad [6 \cdot 8]_{24} = 0, \quad [1-5]_{24} = 20, \quad \text{und so weiter.}$$

Was man mit 24 tun kann, das kann man auch mit 12 machen (wie bei den Uhrzeiten im angelsächsischen Raum), oder überhaupt mit jeder anderen natürlichen Zahl n. Dann ist das Zahlensystem die Menge $\{0,1,2,\dots,n-1\}$, versehen mit den zusätzlichen Gleichungen $n = 0$, $n+1 = 1$ und so weiter. Man rechnet „modulo n".

Es gibt immer unendlich viele Zahlen, die sich modulo n auf dasselbe reduzieren, z.B.

$$[20]_{24} = [44]_{24} = [68]_{24} = [-4]_{24} = \dots \quad \text{und} \quad [20]_{10} = [0]_{10} = [60]_{10} = [-10]_{10} = \dots$$

Es gilt $[a]_n = [b]_n$ genau dann, wenn $a - b$ ein ganzzahliges Vielfaches von n ist oder — was auf dasselbe hinausläuft – falls a und b bei Division durch n denselben Rest ergeben. Man sagt, b liegt dann in derselben *Restklasse* wie a modulo n.

© Der/die Herausgeber bzw. der/die Autor(en), exklusiv lizenziert durch Springer-Verlag GmbH, DE, ein Teil von Springer Nature 2020
G. Glaeser (Hrsg.), *77-mal Mathematik für zwischendurch*,
https://doi.org/10.1007/978-3-662-61766-3_6

Es ist nicht schwierig zu sehen, dass beim Rechen die verschiedenen Vertreter einer Restklasse untereinander austauschbar sind, dass also z.B. gilt:

$$[20+5]_{24} = [44+5]_{24} = [45+29]_{24} = [68-19]_{24} = \ldots$$

So, jetzt zum schnelleren Rechnen. Wenn man zum Beispiel 19 und 23 addieren will, ist es egal, ob man dies im Bereich der reellen Zahlen, der rationalen Zahlen oder der natürlichen Zahlen macht. Man kann es auch modulo n rechnen, vorausgesetzt, n ist sicher größer als die erwartete Summe.

In einem weiteren Schritt zerlegen wir das n unserer Wahl in Primzahlpotenzen $n = p_1 \cdot p_2 \cdots p_k$. Zum Beispiel wird $n = 60$ in $60 = 4 \cdot 3 \cdot 5$ zerlegt. Anstatt die gewünschte Rechnung direkt durchzuführen, bestimmen wir nun zuerst die Reste der beteiligten Zahlen modulo $p_1, p_2, \ldots$

$$19 \text{ ergibt die Reste } ([19]_4, [19]_3, [19]_5) = ([3]_4, [1]_3, [4]_5),$$
$$23 \text{ ergibt die Reste } ([23]_4, [23]_3, [23]_5) = ([3]_4, [2]_3, [3]_5).$$

Anschließend führt man die Rechnung modulo p_1, modulo p_2 etc. durch:

$$([19+23]_4, \ [19+23]_3, \ [19+23]_5) = ([3+3]_4, \ [1+2]_3, \ [4+3]_5) = ([2]_4, [0]_3, [2]_5).$$

Man kennt nun noch immer nicht das ersehnte Ergebnis „x" der Addition $9 + 23$, sondern nur die Reste von x bei Division durch 4, 3 und 5, nämlich 2, 0 und 2. Aber es gibt einen Satz, den sogenannten *Chinesischen Restsatz*, benannt nach dem chinesischen Mathematiker Sun Zi, der bereits vermutlich um das Jahr 250 ein Verfahren zur Berechnung von x (in Spezialfällen) für militärische Anwendungen beschrieb. Es geht so:

Satz (Chinesischer Restsatz). *Angenommen, von einer natürlichen Zahl x kennt man die Reste $y_1 = [x]_{p_1}$ usw. bis $y_k = [x]_{p_k}$ bei Division durch Primzahlpotenzen $p_1, \ldots, p_k$, wobei die dazugehörigen Primzahlen alle verschieden sein sollen. Dann findet man x auf die folgende Art und Weise:*

1. *Man berechne alle $q_i = \frac{n}{p_i}$, wobei $n = p_1 \cdot p_2 \cdots p_k$.*

2. *Zu jedem q_i suche man ein (garantiert existierendes!) $r_i \in \{1, \ldots, p_i - 1\}$ mit $[q_i \cdot r_i]_{p_i} = 1$.*

3. *$x = y_1 q_1 r_1 + \ldots + y_k q_k r_k$ ist die einzige Zahl in $\{0, 1, \ldots, n-1\}$ mit den vorgegebenen Resten $y_1, \ldots, y_k$.*

In unserem Beispiel mit $x = 19 + 23$ und $n = 60$, $p_1 = 4$, $p_2 = 3$, $p_3 = 5$ haben wir

$$q_1 = \frac{60}{4} = 15, \quad q_2 = \frac{60}{3} = 20, \quad q_3 = \frac{60}{5} = 12,$$

Die Zahlen r_i finden wir durch Probieren, denn es gibt z.B. für r_1 nur die Möglichkeiten 1,2,3 :

$$
\begin{aligned}
15 \text{ mal wieviel ist } 1 \text{ (modulo 4)?} \quad & [15 \cdot 3]_4 = [3 \cdot 3]_4 = 1 \implies r_1 = 3, \\
20 \text{ mal wieviel ist } 1 \text{ (modulo 3)?} \quad & [20 \cdot 2]_3 = [2 \cdot 2]_3 = 1 \implies r_2 = 2, \\
12 \text{ mal wieviel ist } 1 \text{ (modulo 5)?} \quad & [12 \cdot 3]_5 = [2 \cdot 3]_5 = 1 \implies r_3 = 3.
\end{aligned}
$$

Damit haben wir die Lösung

$$ x = 2 \cdot 15 \cdot 3 + 0 \cdot 20 \cdot 2 + 2 \cdot 12 \cdot 3 = 42. $$

Man wird einwenden, dass diese Rechnung viel komplizierter ist als das direkte Auswerten der Summe $x = 19 + 23$. Dies trifft jedoch dann nicht mehr zu, wenn die beteiligten Zahlen sehr groß sind, oder wenn man mit denselben Zahlen immer wieder rechnen muss. Hier ist es tatsächlich ein Gewinn, zuerst alle Rechnungen zuerst mit Resten durchzuführen, und erst zum Schluss den doch etwas lästigen Chinesischen Restsatz zu bemühen. Bei komplexen Rechnungen, bei denen sowohl Speicherplatz als auch Rechenzeit eines Computers an ihre Grenzen kommen, so ist die Verkleinerung der Zahlen, mit denen tatsächlich hantiert werden muss, ein essentieller Beitrag zur Lösung. Es ist auch möglich, die Lösung eines großen Problems auf mehrere parallel arbeitende Rechner aufzuteilen. Eine lange Liste von Anwendungen des Chinesischen Restsatzes findet sich z.B. auf der Webseite `http://mathoverflow.net/questions/10014/applications-of-the-chinese-remainder-theorem`. In der Praxis wird man mit der Wahl von $n = 60$ kaum auskommen. Wählt man jedoch

$$
\begin{aligned}
n &= 2^5 \cdot 3^3 \cdot 5^2 \cdot 7^2 \cdot 11 \cdot 13 \cdot 17 \cdot 19 \cdot 23 \cdot 29 \cdot 31 \cdot 37 \cdot 41 \cdot 43 \cdot 47 = \\
&= 32 \cdot 27 \cdot 25 \cdot 49 \cdot 11 \cdot 13 \cdot 17 \cdot 19 \cdot 23 \cdot 29 \cdot 31 \cdot 37 \cdot 41 \cdot 43 \cdot 47 \approx 3 \cdot 10^{21},
\end{aligned}
$$

so kann man im ganzen Zahlbereich von 0 bis $3 \cdot 10^{21}$ unbeschränkt addieren, subtrahieren und multiplizieren, ohne mit einzelnen Zahlen größer als 48 hantieren zu müssen, bevor abschließend der Chinesische Restsatz angewendet wird.

Schnelles Multiplizieren von Polynomen

Als der Autor dieses Beitrags die folgende Methode, zwei Polynome p, q zu multiplizieren, zum ersten Mal sah, dachte er, das wäre so ziemlich die ungeschickteste Methode, dies zu tun:

1. Man wähle ausreichend viele Stellen $x_0, \dots, x_n$ und berechne Werte $p(x_i) = u_i$ und $q(x_i) = v_i$. Dabei muss die Anzahl der Stellen mindestens $n + 1 = \text{Grad}(p) + \text{Grad}(q) + 1$ sein.

2. Durch die Lagrangesche Interpolationsformel suche man ein Polynom r, das an den Stellen x_i die Werte $u_i \cdot v_i$ annimmt. Dann gilt $r = p \cdot q$.

Dazu ein paar Bemerkungen:

- Ist $p = a_0 + a_1 x + a_2 x^2 + \ldots + a_m x^m$, so berechnet man für eine Zahl c den Funktionswert $p(c)$ am besten durch $p(c) = a_0 + c\big(a_1 + c(a_2 + c(\ldots))\big)$.

- Die Lagrangesche Interpolationsformel zum Bestimmen des Polynoms r aus den Werten $w_0 = r(x_0), \ldots, w_n = r(x_n)$ lautet

$$r = w_0 l_0 + \cdots w_n l_n, \quad \text{wobei} \quad l_i(x) = \frac{(x - x_0)\,(x - x_1)\cdots \cancel{(x - x_i)} \cdots (x - x_n)}{(x_i - x_0)(x_i - x_1)\cdots \cancel{(x_i - x_i)} \cdots (x_i - x_n)}.$$

- Es ist eine gute Idee, mit jeder Stelle x_i auch die Stelle $-x_i$ zu nehmen. Denn sind $\mathrm{ger}(p)$ die Summe der Terme in p mit geradem Exponenten und $\mathrm{unger}(p)$ die Summer der restlichen Terme, so ist $p(c) = \mathrm{ger}(c) + \mathrm{unger}(c)$ und $p(-c) = \mathrm{ger}(c) - \mathrm{unger}(c)$. Durch $\mathrm{ger}(c)$ und $\mathrm{unger}(c)$ kann man also gleich die zwei Werte p(c) und $p(-c)$ bekommen.

Man kann also das obige Polynom p entweder durch seine Koeffizienten $a_0, \ldots, a_m$, oder alternativ durch seine Werte $u_0, \ldots, u_m$ an Stellen $x_0, \ldots, x_m$ eindeutig charakterisieren. Die zweite Folge nennt man die Spektralform von p. Der Unterschied zwischen den beiden Darstellungen wird besonders deutlich, wenn man die zeitraubende Multiplikation von Polynomen (welche durch ihre Koeffizienten gegeben sind) vergleicht mit der direkt möglichen Multiplikation von Werten:

Polynom	Koeffizienten	Werte
p	$(a_0, a_1, a_2, \ldots)$	$(u_0, u_1, u_2, \ldots)$
q	$(b_0, b_1, b_2, \ldots)$	$(v_0, v_1, v_2, \ldots)$
$p + q$	$(a_0 + b_0,\ a_1 + b_1,\ a_2 + b_2, \ldots)$	$(u_0 + v_0,\ u_1 + v_1,\ u_2 + v_2, \ldots)$
$p \cdot q$	$(a_0 b_0,\ a_0 b_1 + a_1 b_0,\ a_0 b_2 + a_1 b_1 + a_2 b_0,\ \ldots)$	$(u_0 \cdot v_0, u_1 \cdot v_1, u_2 \cdot v_2, \ldots)$

7. How to Share a Secret

GÜNTER PILZ

Die Aufgabe

Stellen Sie sich vor, Sie wären in einem großen Betrieb für die Sicherheit der geheimsten Herstellungsmethoden (Rezepte, Materialmischungen, ...) verantwortlich. Es sollte nicht ein Einziger Zugang zum Tresor mit den „großen Geheimnissen" haben, sondern es sollten nur mehrere gleichzeitig den Tresor öffnen können. Es soll ja schon vorgekommen sein, dass sich der Herr Generaldirektor persönlich am Tresor bereichert hat. Auch Generaldirektoren sind nur Menschen!

Die Grundidee der Lösung

Einer der Erfinder des wohl besten Verschlüsselungssystems für geheime Nachrichten, Adi Shamir, hat auch für diese Situation ein geniales (d.h. einfaches und wirksames) Verfahren entdeckt. Es ist tatsächlich im Einsatz, zum Beispiel bei der VOEST (bzw. deren Nachfolgeorganisationen).

Sagen wir, es sollen erst immer 4 Personen von 100 Angestellten in der Lage sein, den Tresor zu öffnen. Wir wählen zufällig ein Polynom

$$f = a_0 + a_1 x + a_2 x^2 + a_3 x^3$$

mit ganzzahligen Koeffizienten a_i. Dann berechnen wir die 100 Paare

$$(1, f(1)), \quad (2, f(2)), \quad \ldots \quad (100, f(100))$$

und verteilen diese 100 Werte auf Chipkarten an die 100 Angestellten. Der geheime Schlüssel ist der Wert a_0.

Kommen nun 4 Personen zusammen und stecken ihre Chipkarten in einen Rechner, so kennt der Rechner die vier x- und die zugehörigen y-Werte, kann z.B. mit der Lagrangeschen Interpolationsformel das Polynom f eindeutig identifizieren, den Wert $a_0 = f(0)$ berechnen und nachprüfen, ob das mit dem Schlüssel übereinstimmt. Denn 2 Punkte bestimmen genau eine Gerade, 3 Punkte genau eine Parabel, 4 Punkte genau ein Polynom vom Grad 3 (immer mit verschiedenen x-Werten) usf. Aber ist dies wirklich sicher? Kennt der Herr Generaldirektor vielleicht doch den geheimen Schlüssel? Wir müssen uns absichern.

Absicherung 1 Oben steht: „Wir wählen zufällig ein Polynom ...". Wer ist „wir"? Sobald es eine Person involviert, ist schon Gefahr am Dach. Das Polynom sollte ein Zufallsgenerator in einem wirklich geschützten Teil eines Computers sein, den niemand auslesen kann.

© Der/die Herausgeber bzw. der/die Autor(en), exklusiv lizenziert durch Springer-Verlag GmbH, DE, ein Teil von Springer Nature 2020
G. Glaeser (Hrsg.), *77-mal Mathematik für zwischendurch*,
https://doi.org/10.1007/978-3-662-61766-3_7

Absicherung 2 Was passiert, wenn eine Chipkarte verlorengeht? Ein Dieb müsste nur 4 Chipkarten sammeln, um den Tresor ganz alleine öffnen zu können. In diesem Fall wählt man ein anderes Polynom und erneuert alle Chipkarten. Einzelne der alten Chipkarten sind nicht gemeinsam mit den neuen Chipkarten verwendbar.

Durchführung der Interpolation

Das Auswerten und das Interpolieren von Polynomen wurde bereits im vorangegangenen Kapitel besprochen. Es gibt noch andere Interpolationsverfahren; wir wollen kurz das (eher unbekannte) *Verfahren von Neville-Aitken* vorstellen. Es hat den großen Vorteil, bei Hinzunahme eines weiteren Interpolationspunktes nicht wieder von vorne beginnen zu müssen; das vorhandene Interpolationspolynom kann einfach adaptiert werden, um den neuen Punkt auch „mitzunehmen".

Gegeben seien paarweise verschiedene reelle Werte $x_1, x_2, \ldots, x_n$ sowie weitere reelle Werte $y_1, y_2, \ldots, y_n$. Wir suchen das eindeutig bestimmte Polynom f vom Grad $n-1$, das an den Stellen x_i die Funktionswerte y_i hat; i läuft dabei von 1 bis n. Es ist sehr einfach, ein Polynom $f_{1,1}$ zu finden, das die Interpolationsaufgabe an der ersten Stelle löst: Wir nehmen einfach das konstante Polynom

$$f_{1,1} = y_1.$$

Um auch an der Stelle x_2 den gewünschten Wert y_2 zu erhalten, berechnen wir das Polynom

$$f_{1,2} = \frac{(x-x_1)y_2 - (x-x_2)y_1}{x_2 - x_1}.$$

Wie man durch Einsetzen sofort sieht, gilt $f_{1,2}(x_1) = y_1$ und $f_{1,2}(x_2) = y_2$. Allgemeiner löst für jedes i zwischen 1 und $n-1$ das Polynom

$$f_{i,i+1} = \frac{(x-x_i)y_{i+1} - (x-x_{i+1})y_i}{x_{i+1} - x_i}$$

die Interpolationsaufgabe an den Stellen Nummer i und $i+1$. Setzen wir $f_{k,k} = y_k$ für alle $k = 1, \ldots, n$, können wir für $i < j$ schrittweise das Polynom

$$f_{i,j} = \frac{(x-x_i)f_{i+1,j} - (x-x_j)f_{i,j-1}}{x_j - x_i}$$

berechnen. Der Grad dieses Polynoms ist j-i. Wie sieht man das ein? Für $i = j$ ist das klar, weil $f_{i,i} = y_i$ eine Konstante, also ein Polynom vom Grad 0 ist. Wenn unsere Vermutung aber für alle Indexdifferenzen kleiner als $j - i$ zutrifft, dann sind $f_{i+1,j}$ und $f_{i,j-1}$ Polynome des Grades $j - i - 1$ und unsere Formel für $f_{i,j}$ liefert offenbar ein Polynom des Grades $j - i$.

Darüber hinaus nimmt das Polynom $f_{i,j}$ an den Stellen $x_i, x_{i+1}, \ldots, x_j$ der Reihe nach die Funktionswerte $y_i, y_{i+1}, \ldots, y_j$ an. Wie kann man das einsehen? Für $f_{i,i+1}$ haben wir das gerade nachgeprüft. Wenn unsere Behauptung für die Polynome $f_{i+1,j}$ und $f_{i,j-1}$ zutrifft, also

$$f_{i+1,j}(x_k) = y_k \qquad \text{für } i+1 \leq k \leq j \quad \text{und}$$
$$f_{i,j-1}(x_k) = y_k \qquad \text{für } i \leq k \leq j-1,$$

dann liefert die Formel für $f_{i,j}$ tatsächlich $f_{i,j}(x_k) = y_k$, wenn $i+1 \leq k \leq j-1$. Dass $f_{i,j}(x_i) = f_{i,j-1}(x_i) = y_i$ und $f_{i,j}(x_j) = f_{i+1,j}(x_j) = y_j$ ist, kann man direkt nachrechnen.

Unsere gesuchte Gesamtlösung f ist dann natürlich $f = f_{1,n}$. Praktischerweise berechnet man alles nach dem Schema

$$
\begin{array}{l}
f_{1,1} \searrow \\
f_{2,2} \to f_{1,2} \searrow \\
f_{3,3} \to f_{2,3} \to f_{1,3} \searrow \\
f_{4,4} \to f_{3,4} \to f_{2,4} \to f_{1,4}.
\end{array}
$$

Ein Beispiel

Das Geheimnis lautet 3081, und der Computer wählt das Polynom

$$f(x) = 3081 + 4x - 133x^2 + 2x^3.$$

Es werden nun die Schlüssel

$$(1, f(1)) \quad (2, f(2)) \quad (3, f(3)) \quad (4, f(4)) \quad (5, f(5)) \quad \ldots \quad (100, f(100)), \text{ d.h.}$$
$$(1, 2954) \quad (2, 2573) \quad (3, 1950) \quad (4, 1097) \quad (5, 26) \quad \ldots \quad (100, 673481),$$

an die Mitarbeiter ausgegeben. Angenommen, die Mitarbeiter Nr. 1, 2, 3 und 5 kommen zusammen und möchten Zugang zum Tresor. Man muss nun ein Polynom f finden, welches an den Stellen $x = 1, 2, 3, 5$ die Werte $y = 2954, 2573, 1950, 26$ annimmt. Im obigen Schema erhalten wir:

$$
\begin{array}{l}
f_{1,1} = 2954 \searrow \\
f_{2,2} = 2573 \to f_{1,2} = 3335 - 381x \searrow \\
f_{3,3} = 1950 \to f_{2,3} = 3819 - 623x \to f_{1,3} = 3093 - 18x - 121x^2 \searrow \\
f_{4,4} = 26 \quad \to f_{3,4} = 4836 - 962x \to f_{2,4} = 3141 - 58x - 113x^2 \to f_{1,4} = 3081 + 4x - 133x^2 + 2x^3.
\end{array}
$$

Und, in der Tat, $f_{1,4}$ ist das gesuchte Polynom, das vorher der Computer gewählt hat.

Absicherung 3 Das Rechnen mit reellen Zahlen oder auch mit ganzen Zahlen ist nicht praktikabel, wegen der unvermeidlichen Rundungsfehler und weil Computer keine unendlichen Zahlbereiche haben. Daher werden in der Praxis alle Rechnungen modulo einer großen Primzahl p durchgeführt. Man ersetzt alle vorkommenden Zahlen x_i und $y_i = f(x_i)$ durch deren Reste bei Division durch p. Die Interpolationsformel bleibt dadurch, wie man zeigen kann, weiterhin gültig. Hält man die Primzahl p ebenfalls geheim, so werden alle Rechnungen für Außenstehende noch weniger nachvollziehbar.[1]

Rechenbeispiele Will man z.B. in einem (viel zu kleinen) Beispiel $5 \cdot 16$ berechnen, so ergibt sich als Ergebnis 12 bei $p = 17$, dagegen 4 bei $p = 19$ und 80 bei $p = 87$. Man wendet dabei also die „modulare Arithmetik" an, der wir bereits im Mathe-Brief 57 begegnet sind. Nach der Wahl von p kann man die vier Grundrechnungsarten und auch Potenzieren ebenso ausführen wie in den ganzen Zahlen, nur dass alle Ergebnisse nach Division durch p im Bereich $0, 1, 2, \ldots, p - 1$ landen. Das gibt zwar „exotische" Ergebnisse, aber wir sind dadurch vor Kommazahlen gefeit. Und das *secret*, das wir teilen wollen, bleibt noch geheimer.

Für ein paar Beispiele fixieren wir die Primzahl $p = 31$ (eigentlich viel zu klein), schreiben Zwischenergebnisse, vor Division durch 31, in runden Klammern an und erhalten

$$14 + 20 = (34) = 3, \quad 14 - 20 = (-6) = (31 - 6) = 25 \quad (\textit{Probe: } 25 + 20 = (45) = 14),$$
$$14 \cdot 20 = (280) = 1, \quad 14/20 = 10 \quad (\textit{Probe: } 20 \cdot 10 = (200) = 16).$$

Die Zahl $10 = 14/20$ kann man durch Probieren finden, denn sie muss ja eine der Zahlen $0, 1, 2, \ldots 30$ sein.[2] Potenzen wie 14^{20} berechnet man am besten durch *square and multiply*:

$$14^2 = (196) = 10 \implies 14^4 = 14^2 \cdot 14^2 = 10 \cdot 10 = (100) = 7 \implies 14^8 = 7 \cdot 7 = 18$$
$$\implies 14^{16} = 18 \cdot 18 = (324) = 14 \implies 14^{20} = 14^{16} \cdot 14^4 = 14 \cdot 7 = (98) = 5.$$

---

[1] Wenn man mit den Zahlen $\{0, 1, 2, \ldots, p - 1\}$ auf die beschriebene Art rechnet, bleibt man stets in diesem Bereich, den man meist mit $\mathbb{Z}_p$ bezeichnet und dessen Elemente $0, 1, 2, \ldots, p - 1$ dann die „Restklassen modulo p" heißen.

[2] Das ist eine ziemlich blöde Methode, wenn p zum Beispiel 100-stellig ist. Eine „rechnerische" Methode ist die folgende: Es reicht natürlich, den Wert von $1/20$ zu wissen. Intime Kenner der Berechnung größter gemeinsamer Teiler zweier Zahlen a, b sind klar im Vorteil: Sie wissen, dass man durch Kettendivision ganze Zahlen x und y findet, sodaß $\mathrm{ggT}(a, b) = a \cdot x + b \cdot y$ gilt. Hier berechnen wir $1 = \mathrm{ggT}(20, 31) = 20 \cdot 14 + 31 \cdot (-9)$. Betrachtet man dieselbe Gleichung modulo 31, so wird sie zu $1 = 20 \cdot 14$, woraus wir $1/20 = 14$ erkennen. Damit ist $14/20 = 14 \cdot \frac{1}{20} = 14 \cdot 14 = 10$. Allgemein ist bei einem gegebenen primen p und einer natürlichen Zahl $a < p$ der Wert von $1/a$ also so zu finden: $\mathrm{ggT}(a, p) = 1$, also gibt es ganzzahlige x, y mit $1 = a \cdot x + p \cdot y$. Geht man über zu Resten bei Division durch p, wird p zu 0 und wir erhalten wir $1 = a \cdot x$. Die Zahl x ist also gerade der gesuchte Kehrwert $1/a$.

8. Wer fürchtet sich vor der vollständigen Induktion?

GILBERT HELMBERG

Als ich als Mathematik-Student zum ersten Mal einen Beweis „mit vollständiger Induktion" vorgeführt bekam, hatte ich den Eindruck, hier geschehe etwas Geheimnisvolles aus den lichten Höhen unzugänglicher Mathematik. Erst mit der Zeit habe ich begriffen, dass nur ein paar sehr einfache und durchaus verständliche Überlegungen angestellt werden, um sicherzustellen, dass eine angeblich für jede natürliche Zahl n geltende Behauptung tatsächlich zutrifft.

Wir können uns etwa vorstellen, dass wir vor einer Leiter stehen (möglicherweise ist ihr Ende gar nicht in Sicht) und uns besorgt fragen, ob wir wohl imstande sind, auf dieser Leiter beliebig hoch hinaufzusteigen. Wir können jedenfalls dann beruhigt sein, wenn wir über zweierlei sicher sind: erstens, dass wir es auf die erste Sprosse schaffen, und zweitens, dass wir imstande sind, von jeder Stufe auf die nächste hinaufzuklettern. Wenn beides zutrifft, sind wir sicher, dass wir von der ersten Sprosse auf die zweite, von dieser auf die dritte usw. und schließlich auf jede beliebig hoch gelegene Sprosse hinaufkommen.

Eine für alle natürliche Zahlen n aufgestellte Behauptung ist so eine Leiter. Beispielsweise können wir uns für die Summe der ersten n natürlichen Zahlen

$$s_1(n) = \sum_{k=1}^{n} k = 1 + 2 + \cdots + n$$

interessieren.[1] Die Formel „ $s_1(n) = \frac{n(n+1)}{2}$ " wäre eine „Sprosse" dieser Leiter, und „hinaufklettern" heißt in diesem Falle, sich davon zu überzeugen, dass für jedes n diese Behauptung tatsächlich stimmt. Kommen wir auf die erste Sprosse hinauf? Stimmt es tatsächlich, dass $s_1(1) = \frac{1 \cdot 2}{2}$ ist? Ja, natürlich, $s_1(1) = 1$ und $\frac{1 \cdot 2}{2}$ ist ebenfalls 1 (das nennt man den „Induktionsbeginn").

Nun nehmen wir an, wir hätten die n-te Sprosse bereits erstiegen, das heißt, wir könnten uns bereits darauf verlassen, dass für dieses n die Formel $s_1(n) = \frac{n(n+1)}{2}$ stimmt (das nennt man die „Induktionsvoraussetzung"; für $n = 1$ haben wir das ja gerade nachgeprüft). Können wir uns dann irgendwie vergewissern, dass diese Formel auch für die nächste Zahl $n+1$ an Stelle von n zutreffen muss? Hier hilft uns die folgende Überlegung: Die Summe $s_1(n+1) = \sum_{k=1}^{n+1} k = 1 + 2 + \cdots + n + (n+1)$ ist offenbar gleich $s_1(n+1) = s_1(n) + (n+1)$. Weil wir bereits davon ausgehen können, dass $s_1(n) = \frac{n(n+1)}{2}$ stimmt, können wir $s_1(n+1)$ tatsächlich ausrechnen:

---

[1] Ob man mit den „natürlichen Zahlen" die Menge $\{0,1,2,3,\dots\}$ oder die Menge $\{1,2,3,\dots\}$ meint, ist Ansichtssache und offenbar der Mode unterworfen. Derzeit wird in Österreich in den vom zuständigen Ministerium veröffentlichten Lehrplänen und Grundkompetenzen zur Reifeprüfung davon ausgegangen, dass 0 zu den natürlichen Zahlen gehört. In diesem Mathe-Brief geht es uns um die Zahlen 1, 2, 3 und so weiter, wir wollen sie gerne, der Tradition folgend, als die natürliche Zahlen bezeichnen. Wer darauf besteht, dass die natürlichen Zahlen auch 0 enthalten und die hier vorkommenden Summen auch für den Fall $n = 0$ betrachten möchte, muss nur einer leeren Summe den Wert 0 zuweisen, also zum Beispiel $\sum_{k=1}^{0} k = 0$.

© Der/die Herausgeber bzw. der/die Autor(en), exklusiv lizenziert durch
Springer-Verlag GmbH, DE, ein Teil von Springer Nature 2020
G. Glaeser (Hrsg.), *77-mal Mathematik für zwischendurch*,
https://doi.org/10.1007/978-3-662-61766-3_8

$$s_1(n+1) \;=\; s_1(n)+n+1 = \frac{n(n+1)}{2}+n+1 =$$
$$=\; \frac{n(n+1)+2(n+1)}{2} = \frac{(n+1)(n+2)}{2}.$$

Das ist aber genau die Formel, nach der die Summe der ersten $n+1$ natürliche nZahlen angeblich zu berechnen ist. Wir sind also tatsächlich in der Lage, von Spro s-se n auf Sprosse $n+1$ zu klimmen (das nennt man den „Induktionsschritt"). Al so – so schließen wir – stimmt die Formel für jede natürliche Zahl n.

Eine bekannte Anekdote berichtet, dass der berühmte Mathematiker GAUSS als Schüler seinen Lehrer in Erstaunen versetzt hat, als dieser der Klasse, um eine Zeitlang Ruhe zu haben, die Aufgabe stellte, die Zahlen von 1 bis 100 zusammen-zuzählen. GAUSS kam nach kurzer Zeit mit der Antwort „*Die Summe ist 5050.*" daher. Gefragt, wie er denn darauf gekommen sei, erklärte der Kleine einfach, man könne doch jeweils die Zahlen 1 und 100, 2 und 99 usw. zu 101 zusammenzählen, und das 50 mal machen.

Unsere Formel ergibt die gleiche Summe, wenn auch der kleine GAUSS für seine Überlegung keine vollständige Induktion brauchte. Wie steht es aber mit der Behauptung, die Summe $s_2(n)$ der ersten n Quadratzahlen

$$s_2(n) = \sum_{k=1}^{n} k^2 = 1+4+\cdots+n^2$$

wäre gleich

$$s_2(n) = \frac{n(n+1)(2n+1)}{6}\,?$$

Versuchen wir es wieder mit vollständiger Induktion: Gilt die Formel für $n=1$? Jawohl, denn $\frac{1\cdot 2\cdot 3}{6}=1$. Nehmen wir an, sie stimmt für ein festes n und prüfen wir nach, ob sie dann auch für $n+1$ and Stelle von n gilt:

$$s_2(n+1) \;=\; s_2(n)+(n+1)^2 = \frac{n(n+1)(2n+1)+6(n+1)^2}{6} =$$
$$=\; \frac{(n+1)[n(2n+1)+6n+6]}{6} = \frac{(n+1)(2n^2+7n+6)}{6} =$$
$$=\; \frac{(n+1)(n+2)(2n+3)}{6}.$$

Wieder stellen wir fest: Wenn die Formel für ein n stimmt, dann stimmt sie auch für die nächste Zahl $n+1$, also muss sie für alle natürlichen Zahlen stimmen.

Allerdings bleibt dabei die Frage offen, welche Quelle uns denn die Formel, deren Richtigkeit wir bewiesen haben, geliefert haben könnte. Hier hilft ein Tipp, — der natürlich auch einmal bewiesen werden muss, — wonach die Summe $s_p(n)$ der ersten n Potenzen 1^p, 2^p, $\cdots$, n^p durch ein Polynom des Grades $p+1$ gegeben ist, also für $p=2$

$$s_2(n) = an^3 + bn^2 + cn + d. \tag{8.1}$$

Und wie kommt man an die Koeffizienten a,b,c,d ?. Beispielsweise, indem man in Gleichung 8.1 auf beiden Seiten für n der Reihe nach vier Zahlen einsetzt. Das liefert vier lineare Gleichungen in den vier Unbekannten a,b,c,d, die man dann ausrechnen kann. Beispielsweise liefern die Zahlen $n = 1,2,3,4$ die Gleichungen

$$
\begin{aligned}
1 &= a &+ b &+ c &+ d \\
5 &= 8a &+ 4b &+ 2c &+ d \\
14 &= 27a &+ 9b &+ 3c &+ d \\
30 &= 64a &+ 16b &+ 4c &+ d
\end{aligned}
$$

und damit die Zahlen $a = \frac{1}{3}$, $b = \frac{1}{2}$, $c = \frac{1}{6}$, $d = 0$, also

$$s_2(n) = \frac{n^3}{3} + \frac{n^2}{2} + \frac{n}{6} = \frac{n(2n^2 + 3n + 1)}{6} = \frac{n(n+1)(2n+1)}{6}.$$

Die Tatsache, dass d gleich Null ist, hätten wir auch schon aus der Gleichung $s_2(0) = 0$ ableiten können, allerdings mit etwas schlechtem Gewissen, weil der Fall $n = 0$ (Summe ohne Summanden) eigentlich ausgeschlossen war.

Noch einfacher ist die folgende Berechnung:

$$
\begin{aligned}
n^2 = s_2(n) - s_2(n-1) &= \\
&= an^3 + bn^2 + cn + d - a(n-1)^3 - b(n-1)^2 - c(n-1) - d = \\
&= an^3 + bn^2 + cn + d - an^3 + 3an^2 - 3an + a - bn^2 + 2bn - b - cn + c - d = \\
&= 3an^2 - 3an + a + 2bn - b + c \\
\Longrightarrow 0 &= (3a - 1)n^2 - (3a - 2b)n + a - b + c. \tag{8.2}
\end{aligned}
$$

Weil das für jedes n gelten muss, ein quadratisches Polynom aber höchstens 2 Nullstellen haben kann, folgt daraus unmittelbar, dass alle Koeffizienten dieses Polynoms verschwinden müssen, also

$$a = \frac{1}{3}, \ b = \frac{1}{2}, \ c = \frac{1}{6}.$$

Behauptung. *Für jede Wahl von p gibt es ein Polynom P vom Grad $p + 1$ mit rationalen Koeffizienten und der Eigenschaft, dass*

$$s_p(n) = \sum_{k=1}^{n} k^p = 1^p + 2^p + \cdots + n^p = P(n)$$

für alle natürlichen Zahlen n gilt.

Unser Tipp ruft wieder nach vollständiger Induktion. Als Hilfsmittel überzeugen wir uns vonfolgender Tatsache:

Hilfssatz. *Für jede Wahl von p gibt es ein Polynom der Form[2]*

$$P(n) = a_{p+1}n^{p+1} + a_p n^p + \cdots + a_1 n = \sum_{m=1}^{p+1} a_m n^m$$

mit rationalen Koeffizienten, sodass für alle natürlichen Zahlen gilt:

$$P(n) - P(n-1) = n^p.$$

BEWEIS (des Hilfssatzes): Wir erinnern uns an $(x-1)^m = x^m - mx^{m-1} + \frac{m(m-1)}{2}x^{m-2} + \cdots \pm mx \mp 1$ und überlegen dann wie folgt: Wenn unsere Behauptung stimmt, dann muss

$$P(x) - P(x-1) - x^p = \sum_{m=1}^{p+1} a_m x^m - \sum_{m=1}^{p+1} a_m (x-1)^m - x^p$$

ein Polynom des Grades $\leq p + 1$ sein, das für alle natürlichen Zahlen n den Wert 0 annimmt. Weil ein nicht verschwindendes Polynom des Grades $\leq p + 1$ höchstens $p + 1$ Nullstellen haben kann, müssen also alle $p + 1$ Koeffizienten dieses Polynoms zu 0 werden. Das liefert $p + 1$ lineare Gleichungen in den Koeffizienten a_m ($1 \leq m \leq p + 1$). Wenn man sich die Mühe macht, diese aufzustellen, erhält man ein inhomogenes lineares Gleichungssystem in Dreiecksform, welches ohne weitere Elimination von Variablen eindeutig und explizit auflösbar ist. Als Konsequenz sind auch alle Koeffizienten a_m ($1 \leq m \leq p + 1$), die man aus diesem Gleichungssystem berechnen kann, rationale Zahlen, wie schon in (52.2) gesehen; beispielsweise ist $a_{p+1} = \frac{1}{p+1}$. Jedenfalls ist damit das Polynom P eindeutig bestimmt. $\square$

BEWEIS (der Behauptung): Obwohl in unserer Hilfs-Überlegung von „allen natürlichen Zahlen n" die Rede war, hatte das bisher noch nichts mit vollständiger Induktion zu tun, weil n bloß als Platzhalter für beliebig einsetzbare Zahlen fungiert hat. Wenn wir aber behaupten, das gegenständliche Polynom hätte für jedes n den gleichen Wert wie unsere Summe $s_p(n)$, müssen wir das mit vollständiger Induktion nachweisen:

---

[2]Der Koeffizient von n^0 ist also 0.

Wie steht es mit dem Induktionsbeginn? Für $n = 1$ ist $P(1) - P(0) = P(1) = 1$, also das Gleiche wie $s_p(1) = 1$. Wir gehen also davon aus, dass $s_p(n) = P(n)$ (das ist unsere Induktions-Voraussetzung) und kümmern uns um

$$s_p(n+1) = s_p(n) + (n+1)^p = P(n) + (n+1)^p = P(n+1)$$

(nach unserem Hilfssatz). Damit haben wir aber den Induktionsschritt schon erfolgreich vollzogen und bewiesen, dass die Behauptung (der „Tipp") zutreffend ist. □

Traut sich jetzt jemand über die Formel

$$\sum_{k=1}^{n} k^3 = \frac{n^2(n+1)^2}{4} \ ?$$

Weiterführende Literatur

Viele weitere interessante Aufgaben finden sich im Buch [3], das explizit für Schülerinnen und Schüler verfasst wurde.

[1] Graham, R. L., Knuth, D. E., Patashnik, O., & Liu, S. (1989). *Concrete mathematics*. Addison-Wesley.

[2] Koecher, M. (1987). *Klassische elementare Analysis*. Springer.

[3] Sominskij, I. S., Golovina, L. I., & Jaglom, I. M. (1991). *Die vollständige Induktion*. Verlag Harri Deutsch.

9. Verblüffende Mathematik

LEONHARD SUMMERER

„Denke Dir eine beliebige ganze Zahl, ohne sie mir bekanntzugeben. Subtrahiere 1, verdopple das Resultat, addiere dazu die gedachte Zahl und sage mir nun das Ergebnis. Die gedachte Zahl war…"

Mit solchen und ähnlichen Tricks lassen sich vielleicht Volksschüler beeindrucken, aber jeder, der mit Unbekannten zu rechnen versteht, wird wissen, dass dahinter nur elementare Umformungen von Gleichungen stecken. Bezeichnet man in obigem Beispiel die gedachte Zahl mit x, so liefern die befohlenen Umformungen schrittweise

$$x \quad \longrightarrow \quad x-1 \quad \longrightarrow \quad 2(x-1) \quad \longrightarrow \quad 2(x-1)+x = 3x-2,$$

und Auflösen der Gleichung nach der bekanntgegebenen Zahl $y = 3x - 2$ nach x liefert

$$x = (y+2)/3.$$

Ein wenig spannender ist da schon folgendes:

„Denke an eine ganze Zahl zwischen 1 und 60. Teile sie durch 3,4 und 5 und gib mir jeweils den dabei übrig bleibenden Rest mit. Du hast an … gedacht."

Hier findet man nicht mit dem Umformen von Gleichungen das Auslangen: Der mathematische Hintergrund ist das simultane Lösen von Kongruenzen, genauer eine Anwendung des Chinesischen Restsatzes. In der Tat sind die Moduln $3, 4, 5$ paarweise zueinander teilerfremd, sodass genau eine Lösung x_0 des Systems von Kongruenzen

$$x \equiv r_1 \pmod 3,$$
$$x \equiv r_2 \pmod 4,$$
$$x \equiv r_3 \pmod 5$$

zwischen 1 und $3 \cdot 4 \cdot 5 = 60$ existiert. Um diese schnell im Kopf zu ermitteln, berechnet man zunächst die Größe $S = 40r_1 + 45r_2 + 36r_3$ (siehe [1], um zu verstehen warum) und ermittelt dann den kleinsten positiven Repräsentanten der Restklasse von S mod 60. Zugegeben, etwas Kopfrechnen muss man dabei schon!

Wer sich auch dadurch nicht beeindrucken lässt, dem imponiert vielleicht die Tatsache, dass sich nicht nur gedachte Zahlen, sondern auch Polynome erraten lassen. Dabei ist nur das Erfragen des Werts des Polynom an vom Ratenden geschickt gewählten Stellen nötig. Das erstaunt zunächst nicht, denn jedes Polynom vom Grad n ist durch seine Werte an beliebigen $n+1$ verschiedenen Stellen eindeutig bestimmt,

G. Glaeser (Hrsg.), *77-mal Mathematik für zwischendurch*, https://doi.org/10.1007/978-3-662-61766-3_9

worauf auch die Interpolationsformel von Lagrange (siehe [2]) beruht. Doch was, wenn der Grad des gedachten Polynoms dem Ratenden nicht bekannt ist?

Ohne irgendeine weitere Information ist das Erraten dann unmöglich, aber bereits die Einschränkung auf Polynome P mit ganzen, positiven Koeffizienten bewirkt, dass es schon mit nur zwei Fragen gelingt, das gedachte Polynom zweifelsfrei angeben zu können. An welchen zwei Stellen soll man das Polynom also auswerten lassen?

Die erste Frage zielt darauf ab, sich eine Vorstellung von der Größe der Koeffizienten von P zu machen. In der Tat liefert $P(1)$ die Summe der Koeffizienten, und da diese alle positiv sind, muss jeder Koeffizient kleiner oder gleich $P(1)$ sein und daher insbesondere höchstens so viele Stellen (in der Dezimalentwicklung) haben, wie $P(1)$. Bezeichnet k die Anzahl dieser Stellen, so erkundigt man sich als nächstes nach $P(10^k)$ und kann aus dem bekanntgegebenen Wert unmittelbar die Koeffizienten des zu erratenden Polynoms ablesen.

Zur Veranschaulichung gleich ein Beispiel. Angenommen $P(x) = 34x^4 + 15x^2 + 22x + 80$. Dann entnimmt man $P(1) = 151$, dass alle Koeffizienten von P höchstens dreistellig sein können. Den Wert $P(10^3) = 34000015022080$ unterteilt man dann in Dreierblöcke 080, 022, 015, 000 sowie 034 und liest im i−ten Block von links den Koeffizienten von x^i in P ab. Die Ganzzahligkeit der Koeffizienten von P und die Kenntnis der maximalen Stellenzahl dieser Koeffizienten bewirkt, dass jeder Koeffizient nur einen Block beeinflusst und so eindeutig erkannt werden kann.

Schwieriger wird es, wenn auch nicht ganzzahlige Koeffizienten zugelassen sind. Dann kann man zwar keine feste Grenze für die Anzahl der nötigen Fragen angeben, aber es ist immer noch möglich aus der Kenntnis von geeignet vielen Werten des Polynoms P an geeigneten Stellen, P eindeutig anzugeben. Genauer, es sind $n+2$ Fragen nötig, wenn P den Grad n hat (den der Ratende jedoch nicht kennt!).

Dazu wählt man eine beliebige arithmetische Progression der Länge $n+2$, am einfachsten die Zahlen $0, 1, 2, \ldots, n, n+1$ und beginnt damit, $P(0)$ und $P(1)$ zu erfragen. Gilt $P(1) - P(0) = 1$, so muss P, das ja positive Koeffizienten hat, konstant sein, also $P = P(0)$, fertig.

Ist $P(1) - P(0) > 0$, so fragt man weiter nach $P(2)$ und bildet die Differenzen $P(2) - P(1)$ und $P(1) - P(0)$ und anschließend die Differenz zweiter Ordnung

$$(P(2) - P(0)) - (P(1) - P(0)) = P(2) - 2P(1) + P(0).$$

Ist letztere Differenz gleich 0, so ist P linear und lässt sich durch $P(0)$ und $P(1)$ eindeutig bestimmen. In der Tat sind $P(2) - P(1)$ und $P(1) - P(0)$ Werte des Polynoms $Q(x) = P(x+1) - P(x)$ an den Stellen 0 und 1. Es ist $\deg Q = \deg P - 1$ wie man leicht nachrechnet und Q hat erneut positive Koeffizienten, also folgt aus $Q(0) = Q(1)$, dass Q konstant ist. Q ist wegen $P(1) > P(0)$ nicht identisch Null, sodass P also linear sein muss.

Dieser Prozess der iterativen Differenzenbildung lässt sich induktiv fortsetzen, da beginnend mit einem Polynom P mit $\deg P = n$, $P(x) = \sum_{k=0}^{n} a_i x^i$, mit positiven a_i auch die Koeffizienten von $Q(x) = P(x+1) - P(x)$ erneut positiv sind und $\deg Q = n - 1$. Dies sieht man anhand von

$$\sum_{k=0}^{n} a_k(x+1)^k - \sum_{k=0}^{n} a_k x^k = \sum_{k=0}^{n} a_k \sum_{j=0}^{k-1} \binom{k}{j} x^k.$$

So kommt man bei jedem Polynom vom Grad n ausgehend von $n+2$ Werten nach $n+1$ iterierten Differenzen auf null und kann $\deg P$ und in der Folge mittels Lagrange-Interpolation die Koeffizienten von P unzweifelhaft bestimmen.

Auch dazu ein kurzes Beispiel: Das gedachte Polynom sei $x^2 + \sqrt{2}x + 1/2$. Dann ist

$$P(0) = 1/2, \ P(1) = 3/2 + \sqrt{2}, \text{ also } P(1) - P(0) = 1 + \sqrt{2} \neq 0.$$

Weiters ist $P(2) = 4 + 2\sqrt{2} + 1/2$, sodass

$$(P(2) - P(0)) - (P(1) - P(0)) = 2 \neq 0.$$

Die Frage nach dem Wert bei 3 ist daher nötig und ergibt $P(3) = 9 + 3\sqrt{2} + 1/2$. Nun wird

$$(P(3) - P(2)) - (P(2) - P(1)) = (5 + \sqrt{2}) - 3 + \sqrt{2} = 2$$

berechnet, sodass

$$[(P(3) - P(2)) - (P(2) - P(1))] - [(P(2) - P(1)) - (P(1) - P(0))] = 0.$$

Damit steht fest, dass der Grad des gedachten Polynoms $4 - 2 = 2$ ist, aus $P(0), P(1), P(2)$ kann P nun ermittelt werden.

Weiterführende Literatur

[1] Chinesischer Restsatz. (o. D.). In *Wikipedia*. Abgerufen am 2. März 2020, von `http://de.wikipedia.org/wiki/Chinesischer_Restsatz`.

[2] Polynominterpolation. (o. D.). In *Wikipedia*. Abgerufen am 2. März 2020, von `https://de.wikipedia.org/wiki/Polynominterpolation#Lagrangesche_Interpolationsformel`.

10. 7 = 5

GILBERT HELMBERG

Was für ein Unsinn, werden Sie sagen, und damit haben Sie natürlich Recht. Trotzdem möchte ich Ihnen eine kleine Geschichte erzählen, in der diese ‚Gleichung‘ vorkommt. Die Geschichte ist zwar nicht sehr seriös, aber das darf auch einmal (so hoffe ich) der Fall sein.

Es begann damit, dass meine Maturakollegen aus Niederösterreich fanden, sie wollten die Maturafeier einmal in Innsbruck veranstalten und dabei herausfinden, was ich da so treibe. Also brachte ich sie in einem Hotel in Rum östlich von Innsbruck unter (ich wohne in Arzl, dem nord-östlichsten Stadtteil von Innsbruck) und holte sie morgens zu einer Busfahrt auf die ‚Technik‘ im Westen von Innsbruck ab. Am Schluss der Fahrt prangte vor uns die Martinswand, in der sich seinerzeit Kaiser Maximilian auf einer Gemsenjagd so verstiegen hatte, dass er weder vor noch zurück konnte, sondern auf Hilfe von unten angewiesen war (in der Folklore hat seine Verzweiflung ‚wenn's nur kemmaten‘ dem Ort Kematen am Fuß der Martinswand den Namen gegeben). Schließlich wurde er von einem Engel in Gestalt eines Jägers aus seiner misslichen Lage befreit. Ein Klassenkamerad bemerkte, dass er das schon einmal gehört habe von einem lokalen Touristen-Führer, der seinen Bericht abschloss mit der Bemerkung „oba des hot eam nix gnutzt, weu in Mexiko hams eam dann daschossn“.

Schließlich landeten wir im großen Hörsaal der ‚Technik‘, wo ich meinen Klassenkollegen folgenden Bericht über die neueste Erkenntnis der Mathematik lieferte:

Es sei

$$a$$

irgendeine (reelle) Zahl (das Publikum schweigt, was ich als Zustimmung interpretiere). Dann ist auch

$$\frac{3a}{2} = b$$

eine solche (das Publikum nickt misstrauisch). Wir multiplizieren auf beiden Seiten mit 4 (dadurch wird die Gleichung erhalten bleiben):

$$6a = 4b$$

(das Publikum hat offenbar mitgerechnet, da kein Widerspruch erfolgt). Nun ist $6 = 21 - 15$ und $4 = 14 - 10$. Wir können also schreiben

$$(21 - 15)a = (14 - 10)b$$

(niemand wagt, das zu bezweifeln). Wir können auch ausmultiplizieren

$$21a - 15a = 14b - 10b$$

(das klingt schon verdächtig, aber links stehen immer noch 6a und rechts 4b, und das war akzeptabel). Jetzt kommt etwas, woran man sich aus der Schule erinnern müsste: Beim ‚bringen wir das auf die andere Seite' wechseln die Summanden bzw. Subtrahenden das Vorzeichen. Um jeden Zweifel auszuschalten, denken wir daran, dass wir auf beiden Seiten einer Gleichung das Gleiche machen dürfen, wie wir es vorhin schon einmal gemacht haben. Addieren wir also auf beiden Seiten 15a, dann fällt das auf der linken Seite weg, und wir erhalten

$$21a = 15a + 14b - 10b$$

(es ist mir offenbar gelungen, Zweifler von meinen Argumenten zu überzeugen). Wir subtrahieren auf beiden Seiten 14b:

$$21a - 14b = 15a - 10b.$$

Jetzt heben wir links 7 und rechts 5 heraus:

$$7(3a - 2b) = 5(3a - 2b)$$

und kürzen durch $3a - 2b$:
$$7 = 5.$$

(Es waren keine Naturwissenschaftler im Publikum, aber alle hatten Matura.) Ich musste mir die verschiedensten Vorwürfe anhören, z.B. man könne nicht so einfach ‚a' für eine Zahl setzen usw. Ich wehrte mich, so gut ich konnte und versprach, beim Mittagessen für Aufklärung zu sorgen.

Vielleicht haben Sie Lust, die Geschichte einmal mit Ihren Zöglingen durchzuspielen – vielleicht ist eine oder einer schlauer als mein Maturakollegen.

Beim Mittagessen in einem Gasthof in der Nähe von Innsbruck habe ich meine Kollegen darauf aufmerksam gemacht, dass aus $\frac{3a}{2} = b$ folgt $3a = 2b$ und $3a - 2b = 0$. Die Gleichung $7(3a - 2b) = 5(3a - 2b)$ ist also noch richtig, weil $7 \cdot 0 = 5 \cdot 0$, aber durch die 0, die gut versteckt ist, darf man nicht kürzen.

Alle sind froh nachhause gefahren, zufrieden, dass ‚7 = 5' doch kein mathematisches Resultat ist. „Lei lei" sagt man in Villach. Ich wünsche allen Kolleginnen und Kollegen einen schönen Fasching.

11. 99 = 100?

Manuel Kauers

Im vorangegangenen Abschnitt wurde im Mathebrief ein Beweis der arithmetischen Merkwürdigkeit 5 = 7 diskutiert. Erwartungsgemäß stellte sich heraus, dass der Beweis einen Fehler enthielt. Es wurde in einem Beweisschritt durch Null geteilt. Tatsächlich handelt es sich nach dem derzeitigem Stand der Wissenschaft bei 5 und 7 um verschiedene Zahlen.

Wie sieht es mit 64 und 65 aus? Das folgende Puzzle, das vor mehr als hundert Jahren von Sam Loyd erfunden wurde, und das deshalb viele Leser wahrscheinlich schon kennen, scheint zu belegen, dass 64 = 65 gilt: Die Figur links besteht aus $8 \cdot 8 = 64$ kleinen Kästchen, lässt sich aber offenbar so zerschneiden, dass sich die Einzelteile zu einer Figur zusammensetzen lassen, die aus $5 \cdot 13 = 65$ Kästchen besteht. Wer es nicht glaubt (und des Rätsels Lösung noch nicht kennt), möge bitte nachzählen.

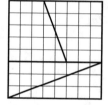 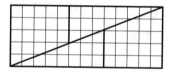

Fig. 1

Interessanter als die Erklärung des Phänomens ist eigentlich die Frage, wie das Rätsel konstruiert wurde. Es ist ja bemerkenswert, dass sich die beiden Flächen um genau eine Flächeneinheit unterscheiden und nicht etwa um eine krumme Bruchzahl. Zum Beispiel lässt sich ein Quadrat der Größe $49 = 7 \cdot 7$ nicht so schön zerlegen und anders wieder zusammensetzen.

Es scheint also etwas mit der Seitenlänge 8 des Quadrats auf sich zu haben. Die Seitenlängen des Rechtecks sind 5 und 13, und es ist verdächtig, dass 5, 8, 13 Fibonacci-Zahlen sind. Nicht nur das: auch die Koordinaten aller Punkte, an denen eine Schnittlinie beginnt oder endet, sind Fibonacci-Zahlen: (0,3), (3,8), (5,3), (3,8) im Quadrat und (5,2), (5,5), (8,3), (13,5) im Rechteck.

Fibonacci-Zahlen sind bekanntlich rekursiv definiert durch $F_0 = 0$, $F_1 = 1$ und $F_{n+2} = F_{n+1} + F_n$ ($n \in \mathbb{N}$). Es handelt sich wohl um die populärste Zahlenfolge in der Amateurmathematik, auch wenn diese Popularität aus Sicht der professionellen Mathematik nicht ganz nachvollziehbar ist. Wie dem auch sei. Das Rätsel scheint jedenfalls auf einer Eigenschaft dieser Zahlen zu beruhen.

In der Tat ist der Schüssel ist die sogenannte Cassini-Identität, die besagt, dass $F_{n+1}F_{n-1} - F_n^2 = (-1)^n$ für alle $n \in \mathbb{N}$ gilt. Dass diese Identität stimmt, lässt sich mühelos mit einem Induktionsbeweis aus der Rekurrenz $F_{n+2} = F_{n+1} + F_n$ herleiten.

© Der/die Herausgeber bzw. der/die Autor(en), exklusiv lizenziert durch Springer-Verlag GmbH, DE, ein Teil von Springer Nature 2020
G. Glaeser (Hrsg.), *77-mal Mathematik für zwischendurch*,
https://doi.org/10.1007/978-3-662-61766-3_11

Etwas eleganter geht es mit Matrizen: Aus der Rekurrenz und den Anfangswerten erhält man die Gleichung

$$\begin{pmatrix} F_{n-1} & F_n \\ F_n & F_{n+1} \end{pmatrix} = \begin{pmatrix} 0 & 1 \\ 1 & 1 \end{pmatrix}^n,$$

und daraus folgt die Cassini-Identität sofort durch Anwendung der Determinante auf beiden Seiten.

Drittens kann man die Cassini-Identität natürlich auch mit Hilfe von Computeralgebra beweisen. Wenn man keine spezielle Software zum Beweisen von Identitäten zur Hand hat, kann man ganz brutal die Binet-Formel $F_n = \frac{1}{\sqrt{5}}((\frac{1+\sqrt{5}}{2})^n - (\frac{1-\sqrt{5}}{2})^n)$ in die linke Seite einsetzen und den resultierenden Ausdruck vereinfachen lassen. Ein gutes Computeralgebrasystem müsste $(-1)^n$ als Ergebnis liefern.

Weitere Beweise für die Cassini-Identität kann man in der Literatur finden.

Für $n = 6$ liefert die Cassini-Identität die Gleichung $13 \cdot 5 - 8 \cdot 8 = 1$, auf der das Rätsel basiert. Da die Cassini-Identität für alle $n \in \mathbb{N}$ gilt, funktioniert auch das Rätsel für jede Wahl von $n \in \mathbb{N}$, aber wenn n zu groß wird, macht das Nachzählen der kleinen Quadrate keinen Spaß mehr, und wenn n zu klein ist, sieht man die Lösung sofort.

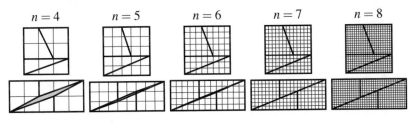

Fig. 2

Wie man an den Bildern für $n = 4$ und $n = 5$ sehen kann, sind die Puzzle-Teile beim Rechteck nicht ganz passgenau. Abhängig davon, ob n gerade oder ungerade ist, bleibt entlang der Diagonalen entweder ein kleiner Spalt oder man hat eine kleine Überlappung. Im Fall $n = 6$ ist der Spalt schon so schmal, dass man ihn leicht übersieht (zumindest wenn man die Schnittsegmente dick genug einzeichnet).

Die Cassini-Identität gilt nicht nur für Fibonacci-Zahlen, sondern auch für Fibonacci-Polynome. Das n-te Fibonacci-Polynom $F_n(x)$ ist ein Polynom in x vom Grad $n - 1$, das rekursiv definiert ist durch $F_0(x) = 0$, $F_1(x) = 1$ und $F_n(x) = x F_{n-1}(x) + F_{n-2}(x)$ für $n \geq 2$. Damit ergeben sich also $F_2(x) = x$, $F_3(x) = x^2 + 1$, $F_4(x) = x^3 + 2x$, usw. Die Cassini-Identität besagt, dass $F_{n+1}(x)F_{n-1}(x) - F_n(x)^2 = (-1)^n$ für alle $n \in \mathbb{N}$ gilt. Für die spezielle Wahl $x = 1$ kommt man zurück zu den Fibonacci-Zahlen. Für $x = 2$ erhält man die sogenannten Pell-Zahlen $P_n = F_n(2)$. Die ersten Pell-Zahlen lauten $0, 1, 2, 5, 12, 29, 70, 169, \ldots$.

Lässt sich mit den Pell-Zahlen ein Puzzle konstruieren, das die Gleichheit $12^2 = 5 \cdot 29$ nahelegt? Hier ist ein Vorschlag:

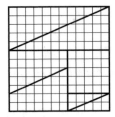 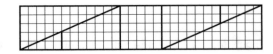

Fig. 3

Das Beispiel ist nicht ganz so schön wie das vorherige, weil es mehr Schnitte benötigt. Andererseits ist es auch schöner, weil die Puzzle-Teile nicht gedreht sondern nur verschoben werden. Das Prinzip ist jedenfalls dasselbe: Alle schrägen Schnittsegmente haben eine Steigung, die dem Quotienten zweier aufeinanderfolgender Pell-Zahlen entspricht. Wegen der Cassini-Identität gilt $P_{n+1}/P_n \approx P_n/P_{n-1}$. Das ermöglicht die Schummelei beim Zusammenlegen.

Für $x = 3$ spezialisieren sich die Fibonacci-Polynome zur Zahlenfolge $0, 1, 3, 10, 33, 109, \ldots$. Wir überlassen es dem Leser, mit dieser Folge ein Puzzle zu konstruieren, das die Identität $100 = 99$ nahelegt.

12. Von Polynomen und solchen, die's gern wären

LEONHARD SUMMERER

Polynome gehören zu den einfachsten Funktionen und dennoch verblüffen sie uns mit so manch erstaunlichen Eigenschaften. Heute wollen wir Polynome in zwei Variablen über einem Körper K genauer unter die Lupe nehmen und der (erstmals in [1] beantworteten) Frage nachgehen, ob jede Funktion $f : K^2 \to K$, $(x,y) \mapsto f(x,y)$, die bei festem x ein Polynom in y und bei festem y eine Polynom in x ist, notwendig eine Polynomfunktion in den zwei Variablen x und y sein muss. Erstaunlicherweise hängt die Antwort auf diese Frage wesentlich davon ab, welchen Körper K man zugrunde legt und wir wollen stellvertretend für endliche, resp. abzählbar unendliche, resp. überabzählbar unendliche Körper die Fälle $K = \mathbb{F}_p$, resp. $K = \mathbb{Q}$, resp. $K = \mathbb{R}$ untersuchen.

Dem aufmerksamen Leser wird bereits aufgefallen sein, dass in der Fragestellung der Begriff Polynom für f durch den Ausdruck Polynomfunktion ersetzt wurde. Dies ist notwendig, zumal wir f nur durch seine Werte an allen Paaren $(x,y) \in K^2$ kennen und nicht f an sich. Polynomfunktionen sind nun Funktionen, deren Auswertung an allen Stellen Werte liefert, die von der Auswertung eines (festen) Polynoms stammen. Diese Unterscheidung ist dadurch nötig, dass die Zuordnung Polynom-Polynomfunktion im Fall von endlichen Körpern nicht eindeutig (genauer: nicht injektiv) ist, und dies schon im Fall von Polynomen in einer Variable.

Als Beispiel wählen wir die Polynome $x^2 + 2$ und $x^6 + 2$ über dem endlichen Körper $\mathbb{F}_5$. Beide liefern die jeweils gleichen Funktionswerte für alle $x \in \mathbb{F}_5$ und definieren somit dieselbe Polynomfunktion f, weil $x^4 \equiv 1$ für alle von 0 verschiedenen $x \in \mathbb{F}_5$. Aus dem gleichen Grunde erfüllt auch die durch $g(0) = 2$, $g(x) = x^{-2} + 2$ auf $\mathbb{F}_5$ definierte Funktion $f(x) = g(x)$ für alle $x \in \mathbb{F}_5$ und sie definiert daher ebenfalls eine (dieselbe) Polynomfunktion, ohne selbst ein Polynom zu sein.

Man kann sogar einen Schritt weitergehen und zeigen, dass *jede* Funktion $f : K \to K$ auf einem endlichen Körper K eine Polynomfunktion definiert. Für $K = \{x_1, x_2, \ldots, x_n\}$ ist nämlich f durch $f(x_1), \ldots, f(x_n)$ eindeutig bestimmt und das Lagrange-Interpolationspolynom

$$L(x) := \sum_{k=1}^{n} f(x_k) \prod_{j \neq k} \frac{x - x_j}{x_k - x_j}$$

erfüllt $L(x_i) = f(x_i)$ für $i = 1, \ldots, n$, wie man durch Einsetzen leicht nachprüft.

Aufgrund dieser Erkenntnis reduziert sich unsere Fragestellung im Fall eines endlichen Körpers K darauf, ob auch jede Funktion $f : K^2 \to K$ eine Polynomfunktion ist, zumal die Bedingung an die beiden Einschränkungen von f auf eine Variable stets erfüllt ist. Wieder ist f durch seine Werte an allen Paaren (x_i, x_j) mit $x_i, x_j \in K$ eindeutig bestimmt und die Beobachtung, dass das Lagrange-Interpolationspolynom in zwei Variablen

© Der/die Herausgeber bzw. der/die Autor(en), exklusiv lizenziert durch Springer-Verlag GmbH, DE, ein Teil von Springer Nature 2020
G. Glaeser (Hrsg.), *77-mal Mathematik für zwischendurch*,
https://doi.org/10.1007/978-3-662-61766-3_12

$$L(x,y) := \sum_{i=1}^{n} \sum_{j=1}^{n} f(x_i, x_j) \prod_{i' \neq i} \prod_{j' \neq j} \frac{(x - x_{i'})(y - y_{j'})}{(x_i - x_{i'})(y_j - y_{j'})}$$

für alle Wertepaare $(x,y) \in K^2$ mit $f(x,y)$ übereinstimmt, beantwortet die Frage positiv.

Gleichzeitig ist das Lagrange-Interpolationspolynom auch der Schlüssel zur Lösung im Fall von Funktionen $f : \mathbb{R}^2 \to \mathbb{R}$. Nach Voraussetzung ist $f(x,y)$ bei festem x ein Polynom in y, dessen Grad schreiben wir kurz $\deg(f(x,y))$. Bezeichnet $E_n := \{x \in \mathbb{R} : \deg(f(x,y)) \leq n\}$ die Menge der reellen Zahlen x, für die $\deg(f(x,y))$ durch die positive, ganze Zahl n beschränkt ist, so kann $\mathbb{R}$ als abzählbare Vereinigung $\bigcup_{n=1}^{\infty} E_n$ geschrieben werden, sodass für mindestens ein n folgt, dass E_n unendlich sein muss.

Für festes $x \in E_n$ ist $f(x,y)$ nach Voraussetzung ein Polynom in y vom Grad $\leq n$, das folglich durch seine Werte an $n+1$ verschiedenen Werten von y, etwa $y_0, y_1, \ldots, y_n$, vollständig bestimmt ist. Somit gilt für alle $x \in E_n$ und alle $y \in \mathbb{R}$:

$$f(x,y) = \sum_{k=0}^{n} f(x, y_k) \prod_{j \neq k} \frac{y - y_j}{y_k - y_j}.$$

Diese Funktion sieht zwar aus wie ein Polynom n-ten Grades in y; weil es aber nur ein einziges Polynom höchstens n-ten Grades gibt, das in $n+1$ verschiedenen Werten von y gegebene Werte in $\mathbb{R}$ annimmt, müssen sich Terme, deren Grad über den des Polynoms $f(x,y)$ in y bei festem x hinausgeht, gegenseitig aufheben. Für festes y sind sowohl $f(x,y)$ als auch die Summe auf der rechten Seite nach Voraussetzung Polynome in x, die auf der unendlichen Menge E_n übereinstimmen, also auf ganz $\mathbb{R}$ idente Werte annehmen. Damit stimmen f und das angegebene Polynom auf der rechten Seite an allen Paaren reeller Zahlen überein, sodass f tatsächlich eine Polynomfunktion ist.

An dieser Stelle lohnt es sich, zu betonen, dass das wesentliche Argument dieser Beweisführung auf der Existenz einer *unendlichen* Teilmenge von K beruht, auf der die jeweilige Einschränkung von f auf eine der Variablen lauter Polynome von beschränktem Grad liefert. Ein solches Argument steht uns im Fall von Funktionen $f : \mathbb{Q}^2 \to \mathbb{Q}$ nicht zur Verfügung; es wäre ja durchaus denkbar, dass für jedes $n \in \mathbb{N}$ die Menge der $(x,y) \in \mathbb{Q}^2$, für die $\deg(f(x,y))$ als Polynom in x oder als Polynom in y durch n beschränkt ist, endlich ist.

Eine solche Funktion hat S. Palais in [2] effektiv angegeben. Bezeichnet $r_1, r_2, r_3, \ldots$ eine Folge, in der jede rationale Zahl genau einmal vorkommt, so definiert

$$f_n(x) := (x - r_1) \cdots (x - r_n)$$

ein Polynom vom Grad n, für das $f_n(r_m) = 0$ für $n \geq m$. Für jedes $(x,y) \in \mathbb{Q}^2$

verschwinden daher in der Summe

$$\sum_{n=1}^{\infty} f_n(x) f_n(y)$$

alle bis auf endlich viele Summanden, sodass durch die formal unendliche Summe eine Funktion $f(x,y) : \mathbb{Q}^2 \to \mathbb{Q}$ festgelegt wird. Die Funktionen $f(x, r_m)$ und $f(r_m, y)$ sind jeweils Polynome vom Grad $m - 1$, da der führenden Koeffizient $\prod_{i=1}^{m-1}(r_m - r_i)$ nach Definition der Folge $(r_n)_{n \geq 1}$ nicht null ist. Daher kann $f(x,y) : \mathbb{Q}^2 \to \mathbb{Q}$ keine Polynomfunktion darstellen, zumal sie als solche dieselben Werte wie ein Polynom in zwei Variablen annehmen müsste. Dessen Grad wäre dann als feste Zahl beschränkt und damit auch der Grad der Einschränkung auf jede der beiden Variablen an den Stellen $x = r_m$ resp. $y = r_m$, ein Widerspruch dazu, dass diese Polynome Grad $m - 1$ haben.

Weiterführende Literatur

[1] Carroll, F. W. (1961). A polynomial in each variable separately is a polynomial. *The American Mathematical Monthly*, 68(1), 42.

[2] Palais, R. S. (1978). Some analogues of Hartogs' theorem in an algebraic setting. *American Journal of Mathematics*, 100(2), 387–405.

13. Wie kommt man auf Quaternionen?

FRITZ SCHWEIGER

Wenn man im Unterricht den Körper der komplexen Zahlen $\mathbb{C}$ als Menge der Paare $(a,b) = a + bi$ (mit reellen Zahlen a, b) einführt, könnte doch jemand fragen, ob es denn so weitergehen könnte, also ob es einen Körper $\mathbb{K}$ gibt, der aus Tripeln $(a,b,c) = a + bi + cj$ (mit reellen Zahlen a, b, c) besteht! Die Antwort ist: Leider nein!

In diesem Körper $\mathbb{K}$ müsste das Produkt $k = ij$ enthalten sein. Dann wäre

$$k = ij = r + si + tj,$$

also einerseits

$$ik = i(ij) = i^2 j = -j,$$

aber auch

$$ik = ri + si^2 + tij = ri - s + tk = -s + rt + (st + r)i + t^2 j.$$

Dann wäre aber $t^2 = -1$. Da aber t eine reelle Zahl ist, ist dies nicht möglich. Wenn man aber darauf verzichtet, dass $k = ij$ im Körper $\mathbb{K}$ liegt, so kann man versuchen, mit Quadrupeln $\alpha = a + bi + cj + dk$ zu arbeiten. WILLIAM ROWAN HAMILTON (1805–1865) hatte die Idee, nun die Regeln

$$i^2 = j^2 = k^2 = ijk = -1$$

einzuführen, und gezeigt, dass man mit diesen Quadrupeln, die er *Quaternionen* (nach lat. *quaterni* „je vier") nannte, fast wie mit komplexen Zahlen rechnen kann. Man hat allerdings das Kommutativgesetz verloren, denn es gilt

$$ij = k = -ji, \; jk = i = -kj, \; ki = j = -ik.$$

Diese Idee soll ihm in den Sinn gekommen sein, als er über eine Brücke zu einer Sitzung der Royal Irish Academy eilte. Bezeichnet man mit $N(\alpha) = a^2 + b^2 + c^2 + d^2$ die *Norm* eines Quaternions, so rechnet man nach, dass die Gleichung $N(\alpha_1 \alpha_2) = N(\alpha_1)N(\alpha_2)$ gilt. Dies verallgemeinert die von den komplexen Zahlen bekannte Gleichung

$$(a_1^2 + b_1^2)(a_2^2 + b_2^2) = (a_1 a_2 - b_1 b_2)^2 + (a_2 b_1 + b_2 a_1)^2.$$

Als Gleichung über das Produkt von Summen aus vier Quadraten, war diese etwas kompliziert aussehende Formel schon LEONHARD EULER (1707–1783) bekannt.

Eine kleine Überraschung soll noch vermerkt werden. Die Gleichung

$$X^2 = -1$$

G. Glaeser (Hrsg.), *77-mal Mathematik für zwischendurch*, https://doi.org/10.1007/978-3-662-61766-3_13

hat unendlich viele Lösungen in $\mathbb{H}$, der Menge der Quaternionen. Man findet etwa $X = \frac{1}{3}i + \frac{2}{3}j + \frac{2}{3}k$ oder $X = \frac{3}{5}i + \frac{4}{5}j$. Da kann man leicht entdecken, dass jedes Pythagoreische Tripel (x, y, z), also ganze Zahlen mit $x^2 + y^2 = z^2$, eine Lösung $X = \frac{x}{z}i + \frac{y}{z}j$ liefert.

Nun könnte man doch fragen, wieso Polynome $p(z) = z^2 + \alpha z + \beta$ zweiten Grades über dem Körper $\mathbb{C}$ höchstens zwei Nullstellen haben, und woran es liegt, dass das bei Quaternionen plötzlich anders ist. Sei ζ eine Nullstelle des quadratischen Polynoms, so dividiert man das Polynom durch das lineare Polynom $z - \zeta$ und es verbleibt ein lineares Polynom $z - \eta$. Es gilt dann $z^2 + \alpha z + \beta = (z - \zeta)(z - \eta)$. Dies scheitert aber bei Quaternionen! Sei $p(Z) = Z^2 + \alpha Z + \beta$ ein Polynom über $\mathbb{H}$ mit zwei Nullstellen ζ und η. Dann ist aber das Produkt

$$(Z - \zeta)(Z - \eta) = Z^2 - \zeta Z - Z\eta + \zeta\eta$$

in der Regel nicht $Z^2 + \alpha Z + \beta$. Da die Multiplikation der Quaternionen nicht kommutativ sein muss, kann man nicht erwarten, dass die Gleichung

$$-\zeta Z - Z\eta = \alpha Z$$

gilt.

II. ANALYSIS

14. Das Problem der Dido

RUDOLF TASCHNER

Von der legendären phönizischen Prinzessin Dido, die auf der Flucht vor ihrem machtgierigen Bruder Pygmalion, gemeinsam mit einem ganzen Hofstaat von Bediensteten und Beratern als Flüchtlingen, an der Küste des heutigen Tunesiens landete, wird berichtet, dass sie den dort regierenden Stammesführer Jarbas um Land bat. Dieser versprach ihr, dass sie soviel Land bekäme, wie sie mit einer Kuhhaut umspannen könne. Dido ging auf den Handel ein, schnitt aber daraufhin die Kuhhaut in hauchdünne Streifen, knüpfte diese aneinander und erhielt so ein langes Band, das sie als Umfang ihres Landes ausspannen wollte. Nun entstand die Frage, welche Form das Band einnehmen sollte, damit es ein Land mit möglichst großem Flächeninhalt umspannt.

Vielleicht, so vermutete der erste Berater der Dido, wäre ein gleichseitiges Dreieck keine schlechte Wahl. Nehmen wir an, das Band hätte den Umfang von einer Meile (wie lang auch immer eine Meile sein mag), so hat das von ihm eingeschlossene gleichseitige Dreieck nur den Inhalt von 0,048... Quadratmeilen — reichlich wenig. Ein anderer Vorschlag war, das Flächenstück als Quadrat zu formen, das Band wird also in Form der Seiten eines Quadrats gelegt, jede Quadratseite ist nur eine Viertelmeile lang und dementsprechend nimmt das Quadrat 0,0625 Quadratmeilen als Flächeninhalt ein. Diese Wahl ist bereits vorteilhafter. Aber noch immer nicht die beste. Noch klüger war der Vorschlag, die Fläche in Form eines regelmäßigen Sechsecks zu wählen. Dieses setzt sich aus sechs gleichseitigen Dreiecken zusammen, von denen jedes eine seiner Seiten zum Umfang beiträgt. Daher ist das Sechstel einer Meile die Seitenlänge jedes der sechs gleichseitigen Dreiecke. Der Flächeninhalt des Sechsecks errechnet sich hieraus als 0,072... Quadratmeilen, das ist bereits eineinhalb man so viel wie der Flächeninhalt des zu Beginn betrachteten Dreiecks. Einige Berater der Dido schlugen vor, nicht das Sechseck, sondern das regelmäßige Achteck als Fläche ihres abzusteckenden Landes zu wählen. Auch dieses kann man in Dreiecke zerlegen und — nicht mehr so leicht wie beim Sechseck, aber doch — die Flächeninhalte der einzelnen Dreiecke ermitteln. Addiert man sie, erhält man den Inhalt des Achtecks, der sich bei einem Umfang von einer Meile als 0,075... Quadratmeilen errechnet. Dido aber hatte eine noch viel bessere Idee: das Land sollte an der geradlinigen Küste zum Mittelmeer von dem Band umspannt werden. Für die Küste selbst braucht man das Band nicht, es muss nur die Binnengrenze festlegen.

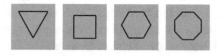

Fig. 1

G. Glaeser (Hrsg.), *77-mal Mathematik für zwischendurch*,
https://doi.org/10.1007/978-3-662-61766-3_14

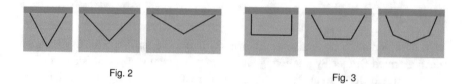

Fig. 2   Fig. 3

Wunderbar, meinte der erste Berater der Dido, dann ziehen wir das Band von einem
Punkt der Küste schräg mitten hinein ins Land bis zur Hälfte des Bandes, und dann
wieder in die andere Richtung schräg hinaus zur Küste. Doch je nachdem, welchen Winkel das Band an seiner Mitte einschließt, ergeben sich Flächen mit verschieden großen Inhalten: Wenn der Winkel 60° beträgt, also die Fläche wieder ein
gleichseitiges Dreieck bildet, errechnet sich deren Inhalt als 0,108… Quadratmeilen. Wenn hingegen der Winkel 90° beträgt, das Band folglich die Katheten eines
rechtwinkligen Dreiecks mit der Küstenlinie als Hypotenuse bildet, errechnet sich
deren Inhalt als 0,125 Quadratmeilen. Und wenn der Winkel 120° beträgt, die Fläche somit aus zwei halben gleichseitigen Dreiecken mit jeweils dem halben Band
als einer begrenzenden Seite besteht, bekommt man wieder die kleineren 0,108…
Quadratmeilen von vorher als deren Inhalt — der Winkel 90° scheint optimal zu
sein.

Doch andere Berater schlugen vor, es mit einem Rechteck zu versuchen, am besten
jenem, bei dem die zur Küste parallele Seite eine halbe Quadratmeile lang ist und
die beiden zur Küste normalen Seiten jeweils eine viertel Quadratmeile lang sind.
Dann erhält man eine Fläche mit 0,125 Quadratmeilen Inhalt, genauso groß wie
beim oben genannten rechtwinkligen Dreieck mit dem Vorteil, dass man nun nicht
so weit ins Landesinnere vordringt.

Wie aber wäre es, meinte eine dritte Beratergruppe, wenn die Fläche ein halbes
regelmäßiges Sechseck mit dessen Durchmesser als Küstenlinie bildet? Sie rech-
neten sich deren Inhalt aus, indem sie die Fläche in drei gleich große gleichseitige
Dreiecke zerlegten, und fanden, dass der so erhaltene Inhalt von 0,144… Quadratmeilen bemerkenswert groß ausfällt. Schließlich kamen die Verfechter des Achtecks zu Wort: Ihrer Meinung nach sollte der Flächeninhalt des halben Achtecks mit
dessen Durchmesser als Küstenlinie noch größer sein als der des halben Sechsecks.
Mit einiger Mühe gelang ihnen der Nachweis: Das halbe Achteck besitzt 0,150…
Quadratmeilen Inhalt, der größte aller bisher erhaltenen Werte. Dido soll sich dazu
entschlossen zu haben, das Band wie einen Halbkreis um die Küste auszulegen.
Offenkundig entnahm sie den Ausführungen ihrer Berater: Je besser sich ihre Vor-
schläge dem Halbkreis annähern, umso größer wird bei vorgegebenem Umfang des
Bandes der eingeschlossene Flächeninhalt. Der Küstenstreifen, den sie auf diese
Weise dem Fürsten Jarbas abluchste, bildete die sogenannte Byrsa, eine mauer-
geschützte Festung. Hieraus entwickelte sich das blühende phönizische Handels-
zentrum Karthago, ein späterer Konkurrent des römischen Reiches, das erst nach
erbitterten Kriegen und schmählichen Intrigen von den Römern zerstört wurde.

15. Volumina, Oberflächen und Schwerpunkte nach Archimedes

Georg Glaeser

Im Folgenden überlegen wir uns, wie man das Volumen der Kugel elementargeometrisch ableiten und daraus z.B. die Oberfläche oder den Schwerpunkt einer Halbkugel bestimmen kann.

Das Volumen der Kugel

Archimedes' berühmter Satz lautet: *Das Volumen einer Kugel ist gleich dem Volumen des umschriebenen Drehzylinders, vermindert um das Volumen eines Drehkegels mit gleichem Basiskreis und gleicher Höhe.*

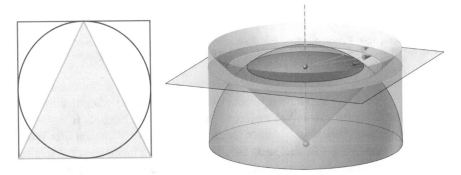

Fig. 1: Links: Das „Logo" von Archimedes. Rechts: Figur zum Beweis

Das zugehörige „Logo" (Figur 1 links) ist in abgewandelter Form auf seinem Grabstein eingemeißelt (Archimedes hatte bei der Formulierung nur den Zylinder verwendet).

Zum Beweis betrachten wir nur die halbe Kugel und dementsprechend auch den halb so hohen umschriebenen Zylinder (Figur 1 rechts). Der Kegel soll auf dem Kopf stehen und ebenfalls halbe Höhe besitzen.

Zu zeigen ist: $V_{\text{Halbkugel}} = V_{\text{Zylinder}} - V_{\text{Kegel}}$.

Schneiden wir nach Archimedes die drei Körper (Kugelradius r) mit einer Ebene parallel zum Basiskreis in der Höhe z, wodurch wir drei Schichtenkreise erhalten. Der Radius des Schichtenkreises auf der Kugel ist $r_1 = \sqrt{r^2 - z^2}$, der des Schichtenkreises des Zylinders stets $r_2 = r$ und der Radius des Schichtenkreises auf dem Kegel ist wegen der 45°-Neigung des Kegels $r_3 = z$. Der Schichtenkreis der Halbkugel hat somit die Fläche $A_z = \pi(r^2 - z^2)$. Dieselbe Fläche hat in jeder Höhe z jener Kreisring, der von Zylinder und Kegel begrenzt wird. Haben zwei Körper in jeder Höhe den gleichen Querschnitt, dann sind ihre Volumina identisch (dieses Prinzip wurde viel später von Cavalieri ausgebaut).

G. Glaeser (Hrsg.), *77-mal Mathematik für zwischendurch*, https://doi.org/10.1007/978-3-662-61766-3_15

Im konkreten Fall haben wir: $V_{\text{Halbkugel}} = \pi r^2 \cdot r - \pi r^2 \cdot \frac{r}{3} = \frac{2\pi}{3} r^3$. Das Volumen der ganzen Kugel ist natürlich doppelt so groß.

Berechnung der Kugeloberfläche aus dem Kugelvolumen

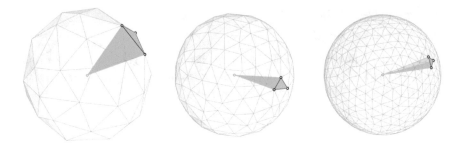

Fig. 2: Beliebig viele Punkte auf der Kugel werden zu einem Dreiecksnetz verbunden. Die Dreiecke bilden mit der Kugelmitte Tetraeder, deren Volumina in Summe annähernd das Kugelvolumen ergeben.

Wir wählen auf der Kugel beliebig viele Punkte und verbinden sie zu einem Dreiecksnetz (Figur 2). Jedes Dreieck bildet zusammen mit der Kugelmitte ein allgemeines Tetraeder, für das die Volumsformel $V_{\text{Tetraeder}} = \text{Grundfläche} \times \text{Höhe}/3$ gilt. Näherungsweise ist das Kugelvolumen gleich der Summe der Volumina aller Tetraeder. Verfeinern wir das Dreiecksnetz auf der Kugel immer mehr, dann konvergiert die Höhe aller Tetraeder gegen den Kugelradius und die Summe der Basisflächen gegen die Kugeloberfläche A. Es gilt somit

$$V_{\text{Kugel}} = \sum V_{\text{Tetraeder}} \implies \frac{4\pi}{3} r^3 = A \cdot \frac{r}{3} \implies A = 4\pi r^2.$$

Demnach ist z.B. die Mantelfläche einer Halbkugel doppelt so groß wie die Fläche ihres Basiskreises bzw. ebenso groß wie die Mantelfläche des umschriebenen Drehzylinders.

Das Hebelgesetz von Archimedes zur Schwerpunktsbestimmung

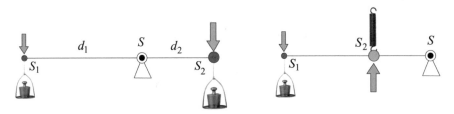

Fig. 3: Links: Die klassische Skizze zum Hebelgesetz. Rechts: Auch „negative" Gewichte sind erlaubt.

Wir betrachten eine Waage mit einem masselosen Hebel (Figur 3 links). Sind m_1 und m_2 zwei Massen, die im Abstand d_1 und d_2 vom Auflagepunkt S Drehmomente ausüben, dann befindet sich die Waage genau dann im Gleichgewicht, wenn $m_1d_1 = m_2d_2$ gilt. S kann als Schwerpunkt der beiden Punkte S_1 und S_2 mit den Massen m_1 und m_2 interpretiert werden. Besitzen S_1 und S_2 die Koordinaten s_1 und s_2 bezüglich eines beliebigen Koordinatenursprungs auf dem Hebel, dann hat der gemeinsame Schwerpunkt die Koordinate

$$s = \frac{1}{m_1 + m_2}(m_1s_1 + m_2s_2).$$

Massen können dabei auch negativ in die Formel eingehen (Figur 3 rechts), je nachdem, ob Druck- oder Zugkräfte resultieren.

Schwerpunkt eines Drehkegels

Fig. 4: Eine regelmäßige Pyramide kann in kongruente Tetraeder-Keile zerlegt werden.

Wir betrachten ein beliebiges Tetraeder. Mittels Vektorrechnung lässt sich zeigen: Der Schwerpunkt teilt die Verbindungsstrecken der Schwerpunkte der Seitenflächen mit der gegenüberliegenden Spitze im Verhältnis 1 : 3. In einem nächsten Schritt ergibt sich daraus, dass der Schwerpunkt einer regelmäßigen Pyramide die Höhe der Pyramide ebenfalls im Verhältnis 1 : 3 teilt, weil die Pyramide durch Rotation von tetruedrischen Keilen zusammengesetzt werden kann (Figur 4). Durch Verfeinerung erhält man:

Der Schwerpunkt eines Drehkegels teilt die Höhe im Verhältnis 1 : 3.

Schwerpunktsbestimmung der Halbkugel

Wir wollen uns nun überlegen, dass der „Ersatzkörper" aus Figur 1 rechts (also der kegelförmig ausgefräste Zylinder) denselben Schwerpunkt besitzt wie die volumsgleiche Halbkugel. Wir schneiden beide Körper in beliebig dünne Schichten parallel zum Basiskreis. Jede Schicht hat bei beiden Körpern nach den vorangegangenen Überlegungen denselben Querschnitt und damit dasselbe Volumen bzw. dieselbe Masse, die wir uns in derselben Höhe auf der lotrechten Rotationsachse vereinigt denken können. Wir können uns statt der Schichten also gleich schwere Massepunkte in der gleichen Höhe vorstellen, die in Summe den gleichen gemeinsamen

Schwerpunkt ergeben. Diesen Schwerpunkt berechnen wir am „Ersatzkörper", der durch Ausfräsen eines Drehkegels (Masse also negativ!) aus dem Drehzylinder entsteht. Der Drehzylinder habe die Masse m_1. Dann hat der Drehkegel die negative Masse $m_2 = -m_1/3$. Der Schwerpunkt des Zylinders liegt in der Höhe $r/2$, jener des Kegels in der Höhe $3r/4$ (bei Drehkegeln teilt der Schwerpunkt die Höhe im Verhältnis 1:3). Mit obiger Formel erhalten wir nun die Höhe des Gesamtschwerpunkts

$$s = \frac{1}{m_1 - \dfrac{m_1}{3}} \left(m_1 \cdot \frac{r}{2} - \frac{m_1}{3} \cdot \frac{3r}{4} \right) = \frac{3r}{8}.$$

Weiterführende Literatur

[1] Glaeser, G., & Polthier, K. (2010). *Bilder der Mathematik* (2. Auflage). Spektrum Akademischer Verlag.

[2] Kugel. (o. D.). In *Wikipedia*. Abgerufen am 2. März 2020, von `http://de.wikipedia.org/wiki/Kugel`.

16. Kurvenkrümmung

Gilbert Helmberg

Aufgabenstellung: Was ist mit „Krümmung" einer ebenen Kurve gemeint und wie kann sie mathematisch erfasst werden?

Bearbeitungsschritte:

(a) *Vorüberlegung:* Wenn die Deichsel eines Leiterwagens schräg zum Wagen festgehalten wird, fährt er eine Kurve, nämlich einen Kreisbogen. Der Mittelpunkt des Kreises liegt dabei im Schnittpunkt der verlängerten Vorder- und Hinterachsen. Dieser Kreis bestimmt das, was man umgangssprachlich als Krümmung des Weges dieses Fahrzeugs bezeichnen würde. Die Punkte (b)–(f) unten geben eine mathematische Beschreibung dieses Sachverhalts.

(b) Eine glatte Kurve erhält man (wenn man das Achsenkreuz passend wählt) als Graph einer Funktion $y = f(x)$ mit $a < x < b$, die auch noch eine erste Ableitung f' und eine zweite Ableitung f'' besitzt. In einem Punkt $P_0 = (x_0, f(x_0))$ hat die Kurve dann eine Tangente mit der Gleichung

$$y - f(x_0) = f'(x_0)(x - x_0).$$

Wir denken uns, dass der Mittelpunkt der Vorderachse die Kurve durchläuft und die Tangente somit die Richtung angibt, in die der Leiterwagen fährt. Die Kurven-normale entspricht der Vorderachse und steht auf die Kurven-Tangente senkrecht. Ihre Gleichung lautet — $f'(x_0) \neq 0$ vorausgesetzt —

$$y - f(x_0) = -\frac{1}{f'(x_0)}(x - x_0).$$

(c) Die Kurven-Normale in einem weiteren Punkt $P_1 = (x_1, f(x_1))$ entspricht der Hinterachse. Die beiden Normalen in P_0 und P_1 schneiden einander in einem Punkt P_N, dessen Koordinaten (x_N, y_N) man aus den beiden Gleichungen

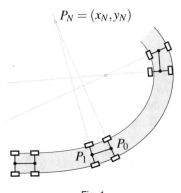

Fig. 1

$$y_N - f(x_0) = -\frac{1}{f'(x_0)}(x_N - x_0),$$

$$y_N - f(x_1) = -\frac{1}{f'(x_1)}(x_N - x_1)$$

bestimmt. Durch Elimination von y_N ergibt sich

$$x_N \frac{f'(x_0) - f'(x_1)}{x_1 - x_0} = f'(x_0)f'(x_1)\frac{f(x_1) - f(x_0)}{x_1 - x_0} + f'(x_0) - x_0\frac{f'(x_1) - f'(x_0)}{x_1 - x_0}.$$

(d) Wenn der Punkt P_1 auf der Kurve gegen den Punkt P_0 wandert, d.h. für $x_1 \to x_0$, strebt der Punkt P_N gegen einen Punkt $P_M = \lim_{x_1 \to x_0} P_N$, genannt „Krümmungsmittelpunkt für den Kurvenpunkt P_0". Seine Koordinaten ergeben sich durch den Grenzübergang $x_1 \to x_0$. Dabei gehen die Differenzenquotienten der vorigen Gleichung in Ableitungen über, und es gilt

$$x_M \cdot f''(x_0) = f'(x_0)^3 + f'(x_0) - x_0 f''(x_0) \implies x_M = x_0 - \frac{f'(x_0)}{f''(x_0)} \cdot (1 + f'^2(x_0))$$

$$y_M = f(x_0) + \frac{1}{f''(x_0)} \cdot (1 + f'^2(x_0)).$$

Hier haben wir $f''(x_0) \neq 0$ vorausgesetzt (andernfalls wandert der Punkt P_M ins Unendliche).

(e) Der Abstand $\rho = \overline{P_M P_0}$ (der *Krümmungsradius der Kurve im Punkt P_0*) hat den Wert

$$\rho = \frac{(1 + f'^2(x_0))^{3/2}}{|f''(x_0)|}.$$

Sein reziproker Wert $\frac{1}{\rho}$ heißt *Krümmung* der Kurve im Punkt P_0. Wenn $|f'(x_0)|$ sehr klein ist, d.h. wenn die Kurventangente im Punkt P_0 parallel oder fast parallel zur x-Achse ist, ist die Krümmung $\frac{1}{\rho}$ also gleich bzw. sehr nahe bei $|f''(x_0)|$.

(f) In jedem Punkt eines Kreises ist dessen Radius der Krümmungsradius.

(g) Eine Ellipse mit den Halbachsen a und b hat in den Scheiteln Krümmungsradien der Längen b^2/a bzw. a^2/b (man braucht nur den Krümmungsradius im Punkt $(0, b)$ zu berechnen; den Krümmungsradius im Punkt $(a, 0)$, in dem die Tangente parallel zur y-Achse ist, erhält man, wenn man die Ellipse um 90 Grad dreht, d.h. die Halbachsen a und b vertauscht.)

(h) Bestimmung der Krümmungsradien im Punkt $(0, 0)$ für die Kurven $y = x^2$, $y = x^3$, $y = x^{2/3}$.

(i) *Zur Motivation:* Straßen sind in Kurven normalerweise so gebaut, dass die Krümmung (die zu Kurvenbeginn 0 ist) proportional zur durchfahrenen Wegstrecke

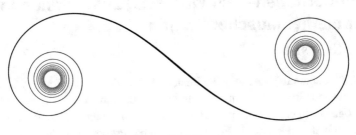

Fig. 2

größer bzw. kleiner wird, damit ein Autofahrer das Lenkrad nicht plötzlich herum-
reißen muss. Eine Kurve, die diese Eigenschaft exakt erfüllt, heißt *Klothoide*:

Die Straßen-Kurve würde also mit einem Klothoidenbogen (vom Mittelpunkt der
Klothoide weg, in dem die Krümmung noch 0 ist) beginnen, in einem Kreisbogen mit derselben Krümmung wie am Ende des Klothoidenbogens weiter führen,
und dann in einem mit der gleichen Krümmung beginnenden Klothoidenbogen bis
zum Mittelpunkt der Klothoide schließen. Außerdem erreicht man so, — und das
ist besonders für die Kurventrassierung von Eisenbahnstrecken von Bedeutung —
dass die im Fahrzeug als Querkraft spürbare Zentrifugalkraft nicht ruckartig einsetzt, sondern in der Kurve stetig von Null bis zur Maximalstärke im Kreisbogen
anwächst.

Mögliche Erweiterungen der Fragestellung: Krümmung von weiteren Kurven,
z.B. der Hyperbel und der Graphen verschiedener Funktionen (trigonometrische
Funktionen, Exponentialfunktion, Hyperbelfunktionen) in ausgezeichneten Punkten.

Weiterführende Literatur:

[1] Bronstein, I. N., & Semendjajew, K. A. (1981). *Taschenbuch der Mathematik*, BG
Teubner.

[2] Klothoide. (o. D.). In *Wikipedia*. Abgerufen am 2. März 2020, von `http://de.`
`wikipedia.org/wiki/klothoide`.

17. Proportionen – ein Werkzeug zum Verständnis vieler mathematischer Fragen

GEORG GLAESER

Zwei Größen seien in Beziehung zueinander. Oft stellt sich die Frage: Was passiert mit der zweiten Größe, wenn man die erste verdoppelt, verdreifacht oder allgemeiner ver-k-facht. In einfachen Spezialfällen spricht man von direkter oder indirekter Proportionalität, direkt oder indirekt quadratischer Proportionalität, usw.

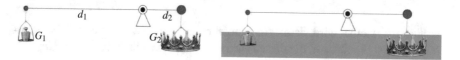

Fig. 1: Der Gold-Test des Archimedes: $G_1 : G_2 = d_2 : d_1$

Ein typisches Beispiel für indirekte Proportionalität ist die Balkenwaage. Fig. 1 illustriert, wie Archimedes durch Anwendung zweier seiner Erfindungen (Hebelgesetz und Auftrieb) in Sekundenschnelle feststellen konnte, ob die Dichte der Krone geringer als die Dichte von reinem Gold war (das Testgewicht muss aus reinem Gold sein): Wenn der Lagerpunkt nach dem Eintauchen in Wasser in Richtung Testgewicht zu verschieben ist, beinhaltet die Krone leichtere Materialien.

Die folgenden beiden Beispiel-Gruppen sollen zeigen, wie relativ einfach man auch vermeintlich komplizierte Berechnungen argumentieren und damit den Mathematikunterricht fächerübergreifend und spannend gestalten kann. Der Lerneffekt ist dabei vielleicht sogar größer als beim Herumrechnen mit Formeln. Indem man gelegentlich durch großzügiges Runden zu „schönen Zahlen" übergeht, kann man auch das oft vernachlässigte Kopfrechnen trainieren (z.B. $\sqrt[3]{25} \approx \sqrt[3]{27} = 3$).

a) Ein Paradoxon mit großen Auswirkungen

Leicht einzusehen, wenn auch nicht trivial, gelten folgende beiden Sätze:

(1) *Skaliert man einen beliebigen Körper mit dem Faktor k, dann nimmt seine Oberfläche – aber auch jeder beliebige Querschnitt– mit dem Faktor k^2 zu.* Zum Beweis nähert man Oberfläche oder Querschnitte des Körpers mit beliebiger Genauigkeit durch winzige Dreiecke an (Triangulierung). Für jedes einzelne Dreieck gilt der Satz, daher auch für die Summe aller Flächeninhalte.

(2) *Skaliert man einen beliebigen Körper mit dem Faktor k, dann nimmt sein Volumen mit dem Faktor k^3 zu.* Zum Beweis nähert man den Körper mit beliebiger Genauigkeit durch winzige Würfel an (Voxelierung). Für jeden einzelnen Würfel gilt der Satz, daher auch für die Summe aller Volumina.

Rechenbeispiel: Als die alten Ägypter beim Bau ihrer großen Pyramiden die halbe Bauhöhe erreichten, war bereits $1 - (1/2)^3 = 7/8$ des Materials „verbaut". Die heute nicht mehr vorhandene glatte Oberfläche aus Kalkstein machte in der unteren

Hälfte $1 - (1/2)^2 = 3/4$ aus.

Aus (1) und (2) folgt dann bereits ein Satz, den man als *Oberflächen-Volumina-Paradoxon* bezeichnen könnte:

(3) *Skaliert man einen beliebigen Körper mit dem Faktor k, verändert sich das Verhältnis von Oberfläche bzw. Querschnitt zum Volumen mit dem Faktor* $1/k$. Das Verhältnis ist also von der absoluten Größe abhängig, was für einen geometrisch-mathematisch denkenden Menschen zunächst gewöhnungsbedürftig ist.

Das Paradoxon (3) hat in der Natur weitreichende Konsequenzen. Hier nur wenige Beispiele (dutzende andere sind z.B. in [1] zu finden, biologische „Anwendungen" sind auch in [2] gut erklärt):

Klassische Beispiele mit „wirklich ähnlichen" Objekten:

• Kleinere Eier sind schneller „kernweich zu kochen" als große, weil sie im Verhältnis eine größere Oberfläche haben. In der Natur: Ein Straußenei hat etwa die 25-fache Masse eines Hühnereis. Der Ähnlichkeitsfaktor ist daher $k = \sqrt[3]{25} \approx 3$, und ein Hühnerei hat im Verhältnis zum Volumen die dreifache Oberfläche.
Im Weltall: Kleine Planeten kühlen schneller ab als große. Unser Mond hat, weil er nur 1/4 des Erddurchmessers hat, im Verhältnis zum Volumen die vierfache Oberfläche wie die Erde und ist deshalb (obwohl sogar etwas jünger) schon ausgekühlt.

• Große Luftblasen steigen schneller auf als kleine. Vergrößert man nämlich eine Luftblase mit dem Faktor k, so nimmt das Volumen und damit der Auftrieb mit dem Faktor k^3 zu, der für den Wasserwiderstand verantwortliche Querschnitt aber nur mit dem Faktor k^2.

• Ein Wassertröpfchen mit 1,3 mm Durchmesser hat, verglichen mit der Erdkugel (ca. 13000 km Durchmesser), eine 10^{10}-Mal so große Oberfläche im Verhältnis zum Volumen. Dementsprechend wird es – im Gegensatz zur Erde – von der Oberflächenspannung zur Kugel geformt.

Qualitative Aussagen mit nur „teilweise ähnlichen" Objekten (die Schlussfolgerungen gelten also nur für starke Größenunterschiede $k \gg 1$*):*

• Große Tiere haben im Verhältnis eine kleinere Oberfläche und leiden in heißen Gegenden oft an Überhitzung: Die „Eigenwärme" kann nur schwer abgegeben werden und summiert sich bei zusätzlicher Hitzeeinwirkung so sehr, dass bald eine kritische Körpertemperatur erreicht wird, bei der das Eiweiß im Gehirn gefährdet ist. In kalter Umgebung hingegen frieren große Tiere weniger. Im Gegensatz dazu haben kleine warmblütige Tiere fast immer Probleme mit der Kälte, und eben deshalb gibt es eine Untergrenze der Körpergröße von Säugetieren und Vögeln (Spitzmaus, Kolibri).

Konkrete Rechenaufgabe: Vergrößert man einen Delfin mit dem Faktor 10, so erhält man recht genau einen großen Wal. Letzterer hat im Verhältnis zu seiner Blutmenge nur noch 1/10 der Oberfläche, kann daher problemlos in den kalten und daher

Fig. 2: Links und Mitte: Dumbo vs. Rosenkäfer (Skalierungsfaktor $k = 200$), rechts: Robbe (warmblütig) vs. weißer Hai (auf Grund seiner enormen Größe „automatisch" fast warmblütig!)

sauerstoffreichen arktischen und antarktischen Gewässern seinen enormen Krill-Bedarf stillen. Zum Gebären der kleinen und dadurch kälteempfindlichen Jungtiere schwimmen die Wale tausende Kilometer in wärmere Gewässer, ohne dort auch nur irgendetwas fressen zu müssen.

• Der weiße Hai (Fig 2 rechts unten) kann – obwohl „prinzipiell kaltblütig" – seine Körpertemperatur wegen des günstigen Verhältnisses Oberfläche zu Volumen und der ständig entstehenden Bewegungsenergie ohne großen Aufwand um bis zu zehn Grad über der Wassertemperatur halten und ist daher agil genug, um auch im kalten Wasser Robben zu jagen. Letztere brauchen enorme Futtermengen, um ihre Körpertemperatur aufrecht zu erhalten.

• Wegen ihrer Ausmaße haben große Wale bzw. Haie einen verhältnismäßig viel geringeren Wasserwiderstand (Querschnitt) bzw. Reibungswiderstand (Kontaktfläche zum Wasser) als kleine.

• Afrikanische Elefanten (Fig. 2 links) haben – im Gegensatz zu praktisch allen kleineren Säugetieren – kein Fell und zusätzlich große Ohren, um die Kühlung des Körpers gewährleisten zu können. Mammuts hatten kleine Ohren und ein Fell und konnten daher sogar in der Eiszeit gut überleben.

• Elefanten haben dicke Beine, weil die Muskelkraft von der Querschnittsfläche (und nicht von der absoluten Größe) des Muskels abhängt, und bei simpler Vergrößerung das Verhältnis Querschnitt zu Volumen (= Gewicht) immer ungünstiger wird. Der Rosenkäfer in Fig. 2 Mitte ist „so pyknisch wie Dumbo", aber um den Faktor $k = 200$ kleiner. Daher genügt ihm ein proportional wesentlich kleinerer Muskelquerschnitt, um im Verhältnis sogar stärker als der Elefant zu sein.

• Fast alle insektengroßen Tiere können – im Gegensatz zu größeren Tieren – fliegen. Die Oberfläche der Flügel ist im Verhältnis zum Gewicht so groß, dass sich die Tiere fast wie in einem Ölbad an der Luft abstoßen können (siehe z.B. Fig. 2 Mitte). Winzige Spinnentiere können sogar ohne Flügel von Winden über hunderte Kilometer transportiert werden.

(b) Satelliten-Umlaufzeiten

Ein Satellit bleibt stabil auf einer nahezu kreisförmigen Bahn, wenn sein Gewicht und die zugehörige Zentripetalkraft gleich groß sind: $a \cdot m = m.v^2/r \Longrightarrow v = \sqrt{a \cdot r}$ mit a als Erdbeschleunigung im Abstand r vom Erdmittelpunkt (weil beide Größen in gleicher Weise von seiner Masse abhängen, spielt diese keine Rolle).

Wir vergleichen nun zwei stabile Satellitenbahnen, deren Abstände vom Erdmittelpunkt sich wie $1 : k$ verhalten. Die Erdbeschleunigungen verhalten sich dann wie $1 : k^2$ und die Geschwindigkeiten wie $\sqrt{a \cdot r} : \sqrt{(a/k^2) \cdot (k \cdot r)} = \sqrt{k} : 1$ (d.h., die Bahngeschwindigkeit eines Satelliten nimmt mit zunehmendem Abstand vergleichsweise langsam ab). Weil der zweite Satellit zudem den k-fachen Umfang zurücklegen muss, verhalten sich die Umlaufzeiten wie $1 : k^{3/2}$, was sich mit dem dritten Keplerschen Gesetz („Die Quadrate der Umlaufzeiten verhalten sich wie die Kuben der großen Bahnhalbachsen") deckt.

Wir kennen nun von einem Satelliten Daten: Der Mond hat eine siderische Umlaufzeit von 27,32 Tagen, und sein durchschnittlicher Abstand vom Erdmittelpunkt beträgt 384 000 km. Daraus kann man auf alle anderen Satellitenbahnen schließen:

- *Geostationäre Satelliten* müssen die Erde über dem Äquator in 23 h 56 min (so lange dauert ein siderischer Tag) umkreisen. Derzeit drängeln sich etwa 300 solche Satelliten (Wettersatelliten, TV-Satelliten) auf einer kreisförmigen Bahn. Die Umlaufzeiten, bezogen auf die Mondbahn, verhalten sich gerundet wie $1 : 27$, und die Radien daher (mit der „schönen Zahl" 27 im Kopf gerechnet) wie $1 : k = 1 : (\sqrt[3]{27})^2 = 1 : 9$. Der Abstand eines geostationären Satelliten vom Erdmittelpunkt ist daher etwa 42 500 km, und die elektrischen Signale brauchen hin und retour immerhin schon mehr als 0,2 Sekunden. Nebenbei: Der Satellit bewegt sich $\sqrt{k} \approx \sqrt{9} = 3$ Mal so schnell wie der Mond.

- *GPS-Satelliten* haben genau einen halben siderischen Tag Umlaufzeit. Im Verhältnis zum geostationären Satelliten gilt für die Umlaufzeiten $1 : 2$, für die Radien daher $1 : \sqrt[3]{2}^2$. Letztere fliegen somit im Abstand 28 670 km vom Erdmittelpunkt oder in einer Flughöhe von gut 20 000 km und fliegen $\sqrt[3]{2}$ Mal so schnell wie die geostationären Satelliten.

Anmerkung zum Problem der Verteilung der (mindestens 24) GPS-Satelliten: Fig. 3 links zeigt, wie man theoretisch 30 solcher Satelliten optimal verteilen könnte. Wegen der genau festgelegten Höhe ist es gar nicht so einfach, potentielle Kollisionen zu vermeiden. Mittlerweile fliegen 24 Satelliten in 6 Ebenen, die zum Äquator unter 55° geneigt sind und jeweils durch Rotation um 60° um die Erdachse ineinander übergehen. Die je vier Satelliten jeder Ebene sind exakt gleichverteilt (Fig. 3 rechts). Damit sind die nicht-polaren Zonen, in denen mehr als 99% der Menschen leben, etwas bevorzugt.

- Die meisten Satelliten fliegen in *Erdnähe* (Abstand 6700 km vom Erdmittelpunkt). Wir vergleichen wieder mit dem Mond und seinen 656 Stunden Umlaufzeit. Aufgerundet auf eine „schöne Zahl" ergäbe sich $k \approx 64$, und damit eine Umlaufzeit

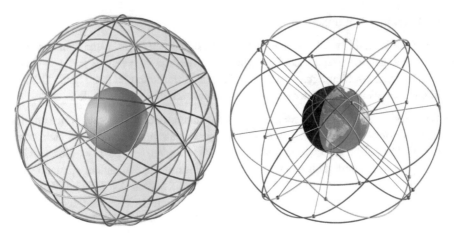

Fig. 3: Verteilung von GPS-Satelliten (links: theoretisch, rechts: praktisch)

von $\approx 656/\sqrt{64}^3 \approx 1{,}3$ h. Tatsächlich sind es einige Minuten mehr.

• Vergleichbare Regeln gelten im ganzen *Planetensystem*. Schon die Mayas wussten: Acht Venusjahren entsprechen ziemlich genau fünf Erdenjahre. Daraus folgt: $k^{3/2} \approx 5/8 \Longrightarrow k \approx 0{,}72$, sodass die Venus etwa $3/4$ so weit von der Sonne entfernt ist wie die Erde.

Weiterführende Literatur

[1] Glaeser, G. (2014). *Der mathematische Werkzeugkasten: Anwendungen in Natur und Technik.* Springer-Verlag.

[2] Lavers, C. (2003). *Warum haben Elefanten so große Ohren? Dem genialen Bauplan der Tiere auf der Spur.* Bastei Lübbe.

18. Das Newtonsche Näherungsverfahren

GILBERT HELMBERG

Stellen wir uns vor, eine Funktion f einer reellen Variablen x wäre auf einem Intervall der x-Achse gegeben, wie etwa in Figur 1. Damit meinen wir, dass wir zu jedem Wert von x in diesem Intervall den zugehörigen Funktionswert $f(x)$ kennen oder berechnen oder dem Graphen entnehmen können. Uns interessiert die Nullstelle x_0 dieser Funktion, die offenbar zwischen 1 und 2 liegt. Eine grobe Schätzung an Hand der Figur legt einen Näherungswert von $x_0 \approx x_1 = 1{,}1$ nahe.

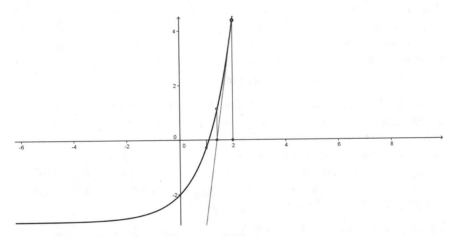

Fig. 1

Wenn wir diesen Wert in die Funktion einsetzen, ergibt das allerdings (weil es sich um den Graphen der Funktion $f(x) = e^x - 3$ handelt) $f(x_1) = e^{1,1} - 3 \approx 0{,}0042$. Wenn wir die Berechnung eines besseren Näherungswertes einem Computer übergeben wollen, könnten wir ihm über ein Programm den folgenden Auftrag geben: Beginnend mit dem Intervall $[a, b] = [1, 2]$ berechne den Intervallmittelpunkt $c = \frac{a+b}{2}$ und das Vorzeichen des Funktionswertes $f(c)$. Wenn $f(c)$ positiv ist, ersetze das Intervall $[a, b]$ durch das Intervall $[a, c]$, wenn $f(c)$ negativ ist, ersetze es durch das Intervall $[c, b]$ (wenn $f(c) = 0$, dann können wir aufhören). Nach dem k-ten Programmschritt wird die Nullstelle x_0 durch ein Intervall $[a_k, b_k]$ der Länge $\frac{b-a}{2^k}$ eingeschlossen, und wir können noch bestimmen, nach welchem Programmschritt wir aufhören, weil wir eine genauere Näherung gar nicht brauchen. Eine Durchführung dieses Programmes ergibt der Reihe nach die folgenden Werte:

$[a_0, b_0] = [1, 2]$	$c_0 = \frac{3}{2}$	$f(c_0) > 0$	$b_0 - a_0 = 1$
$[a_1, b_1] = [1, \frac{3}{2} = 1{,}5]$	$c_1 = \frac{5}{4}$	$f(c_1) > 0$	$b_1 - a_1 = \frac{1}{2}$
$[a_2, b_2] = [1, \frac{5}{4} = 1{,}025]$	$c_2 = \frac{9}{8}$	$f(c_2) < 0$	$b_2 - a_2 = \frac{1}{4}$
$[a_3, b_3] = [\frac{9}{8} = 1{,}0125, \frac{5}{4} = 1{,}025]$	$c_3 = \frac{19}{16}$	$f(c_3) > 0$	$b_3 - a_3 = \frac{1}{8}$
$[a_4, b_4] = [\frac{9}{8} = 1{,}0125, \frac{19}{16} = 1{,}1875]$	$c_4 = \frac{37}{32}$	$f(c_4) > 0$	$b_4 - a_5 = \frac{1}{16}$

G. Glaeser (Hrsg.), *77-mal Mathematik für zwischendurch*, https://doi.org/10.1007/978-3-662-61766-3_18

Nach dem 10. Schritt ist x_0 durch ein Intervall der Länge $\frac{1}{1024} \approx 0,00098$ einge-grenzt, also auf ungefähr 3 Dezimalen genau bestimmt. Auch wenn der Computer uns das nicht übel nimmt, ist es doch recht viel Arbeit für ein eher dürftiges Ergebnis.

Weil die Funktion f nicht nur stetig, sondern offenbar auch differenzierbar ist, bietet sich das folgende Verfahren, das auf ISAAC NEWTON (1643–1727) zurückgeht, als effizienter an: Wir beginnen mit einem Anfangswert x_1 in der Nähe der Nullstelle x_0, etwa $x_1 = 2$. Im Punkt $(x_1, f(x_1)) \approx (2, 4,3891)$ ersetzen wir den Graphen durch seine Tangente mit der Gleichung $y - f(x_1) = f'(x_1)(x - x_1)$ und hoffen darauf, dass ihre Nullstelle $x_2 = x_1 - \frac{f(x_1)}{f'(x_1)}$ näher bei x_0 liegt, als der Anfangswert x_1. Wenn diese Hoffnung nicht trügt, können wir dieses Verfahren fortsetzen, und unserem Computer den Auftrag geben, der Reihe nach die Werte $x_{k+1} = x_k - \frac{f(x_k)}{f'(x_k)}$ $(k = 1, 2, \cdots)$ zu berechnen.

Dass diese Hoffnung berechtigt ist, ergibt sich aus folgenden Überlegungen: Wir setzen voraus, dass sowohl die erste als auch die zweite Ableitung der Funktion f existieren und stetig sind, und dass $f'(x_0) \neq 0$. Dann ist für zwei Konstanten m und M in einem genügend kleinen offenen Intervall I_0 um x_0 sowohl $|f'(x)| > m > 0$ als auch $|f''(x)| < M$. Außerdem nehmen wir an, dass wir mit einem Näherungspunkt x_k erreicht haben, dass $|x_k - x_0| \cdot \frac{2M}{m} < 1$. Das offene Intervall mit den Endpunkten x_k und x_0 $(k > 0)$ bezeichnen wir mit I_k.

Der *Mittelwertsatz der Differentialrechnung* sagt, dass die Steigung $\frac{f(x_0)-f(x_k)}{x_0-x_k}$ der Sekante zwischen zwei Kurvenpunkten $(x_0, f(x_0))$, $(x_k, f(x_k))$ gleich der Steigung $f'(x_k')$ einer (zu ihr parallelen) Tangente in einem Punkt $(x_k', f(x_k'))$ ist, wobei x_k' zwischen x_0 und x_k liegt. Anders geschrieben gilt also wegen $f(x_0) = 0$ für geeignete „Zwischenwerte" x_k', x_k'' und x_k'''

$$f(x_k) = (x_k - x_0) \cdot f'(x_k'), \qquad (x_k' \in I_k), \qquad (18.1)$$
$$f'(x_k) = f'(x_0) + (x_k - x_0) \cdot f''(x_k''), \qquad (x_k'' \in I_k), \qquad (18.2)$$
$$f'(x_k') = f'(x_0) + (x_k' - x_0) \cdot f''(x_k'''), \qquad (x_k''' \in I_k). \qquad (18.3)$$

Listen wir auf, wovon wir noch ausgehen können:

$$|f'(x)| > m > 0, \qquad (x \in I_0), \qquad (18.4)$$
$$|f''(x)| < M, \qquad (x \in I_0), \qquad (18.5)$$
$$\left| \frac{x_k' - x_0}{x_k - x_0} \right| \leq 1, \qquad (18.6)$$
$$|x_k - x_0| \cdot \frac{2M}{m} < 1, \qquad (18.7)$$
$$I_k \subset I_0$$

Aus all dem erhalten wir

$$x_{k+1} - x_0 = x_k - x_0 - \frac{f(x_k)}{f'(x_k)} =$$

$$= x_k - x_0 - \frac{(x_k - x_0) \cdot f'(x_k')}{f'(x_k)} = \quad \text{(wegen (18.1))}$$

$$= (x_k - x_0) \cdot \frac{f'(x_k) - f'(x_k')}{f'(x_k)} =$$

$$= (x_k - x_0) \cdot \frac{(x_k - x_0) \cdot f''(x_k'') - (x_k' - x_0) \cdot f''(x_k''')}{f'(x_k)} = \quad \text{(wegen (18.2) und (18.3))}$$

$$= (x_k - x_0)^2 \cdot \frac{1}{f'(x_k)} \cdot \left(f''(x_k'') - \frac{x_k' - x_0}{x_k - x_0} f''(x_k''') \right),$$

$$|x_{k+1} - x_0| \leq (x_k - x_0)^2 \cdot \frac{2M}{m} < |x_k - x_0| \quad \text{wegen (18.4), (18.5), (18.6) und (18.7)}.$$

Sobald $|x_k - x_0| < 1$ ist, wird nach der letzten Abschätzung wegen des quadratischen Gliedes der Abstand $|x_{k+1} - x_0|$ für wachsendes k rasch klein. Praktischerweise wird man den Näherungsprozess abbrechen, sobald die Differenz $|x_{k+1} - x_k|$ eine geeignete vorgegebene Schranke unterschreitet.

In unserem Beispiel, in dem wir den natürlichen Logarithmus von 3 berechnen ($e^{\log 3} = 3$), liefert das Newtonsche Näherungsverfahren mit den Anfangswerten $x_1 = 2$, $f(x_1) \approx 4{,}3891$, $f'(x_1) \approx 7{,}3891$ und der Formel $x_{k+1} = x_k - 1 + 3 \cdot e^{-x_k}$ die folgenden Näherungswerte:

$x_2 \approx 1{,}4060,$	$f(x_2) \approx 1{,}0796,$	$f'(x_2) \approx 4{,}0796,$
$x_3 \approx 1{,}1414,$	$f(x_3) \approx 0{,}1310,$	$f'(x_3) \approx 3{,}1310,$
$x_4 \approx 1{,}0995,$	$f(x_4) \approx 0{,}0027,$	$f'(x_4) \approx 3{,}1310,$
$x_5 \approx 1{,}0986,$	$f(x_5) \approx 0{,}0000,$	$f'(x_5) \approx 3{,}0000.$

Damit ist bereits in fünf Schritten die Nullstelle auf 4 Dezimalen genau bestimmt. Wenn als Anfangswert $x_0 = 1$ mit $f(1) \approx -0{,}2817$ und $'(1) \approx 2{,}7183$ gewählt wird, liefert das Newtonsche Näherungsverfahren

$x_2 \approx 1{,}1036,$	$f(x_2) \approx 0{,}0151,$	$f'(x_2) \approx 3{,}0151,$
$x_3 \approx 1{,}0986,$	$f(x_3) \approx 0{,}0000,$	$f'(x_3) \approx 3{,}0000.$

Bei der Berechnung der Nullstellen der Funktion $f(x) = x^3 - 3x + 1$ (Figur 2) versagt die Formel von Cardano (sie wurde im Mathe-Brief 34 abgeleitet) für die Wurzeln der Gleichung $x^3 + ax + b = 0$:

$$x = \sqrt[3]{-\frac{b}{2} + \sqrt{\frac{b^2}{4} + \frac{a^3}{27}}} - \sqrt[3]{\frac{b}{2} + \sqrt{\frac{b^2}{4} + \frac{a^3}{27}}}$$

Weil der Ausdruck unter der Quadratwurzel den Wert $\frac{1}{4} - 1 = -\frac{3}{4}$ annimmt, führt sie in komplexe Irrwege. (Im Mathe-Brief 39 wurde darauf näher eingegangen.)

Die dem Newtonschen Näherungsverfahren zugrunde liegende Formel liefert für die Funktion $f(x) = x^3 - 3x + 1$ die Näherungswerte

$$x_{k+1} \;=\; x_k - \frac{f(x_k)}{f'(x_k)} = \frac{2x_k^3 - 1}{3x_k^2 - 3}$$

und mit den Anfangswerten

$$x_1 = -2 \quad \text{nach 4 Schritten die Nullstelle } x \approx -1{,}8795,$$
$$x_1 = 0 \quad\;\; \text{nach 4 Schritten die Nullstelle } x \approx 0{,}3475,$$
$$x_1 = 2 \quad\;\; \text{nach 5 Schritten die Nullstelle } x \approx 1{,}5321.$$

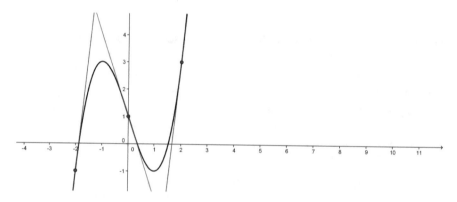

Fig. 2

Eine besonders einfache Gestalt nimmt das Newtonsche Näherungsverfahren bei der Berechnung der Quadratwurzel aus einer positiven Zahl a an, in der $f(x) = x^2 - a$:

$$x_{k+1} = x_k - \frac{x_k^2 - a}{2x_k} = \frac{x_k^2 + a}{2x_k} = \frac{x_k}{2} + \frac{a}{2x_k}$$

(Leser des Mathe-Briefes Nr. 33 haben es als *Babylonisches Wurzelziehen* kennengelernt.) Mit dem Anfangswert $x_1 = 2$ liefert dieses Verfahren

$$x_2 = \tfrac{3}{2} = 1{,}5$$
$$x_3 = \tfrac{17}{12} = 1{,}14\overline{6}$$
$$x_4 = \tfrac{577}{408} = 1{,}414215\ldots$$
$$x_5 = \tfrac{665857}{470832} = 1{,}4142135623734\ldots$$

was bereits auf 12 Dezimalen mit dem Wert $\sqrt{2} = 1{,}4142135623730\ldots$ übereinstimmt. Diesen Wert hat der Taschenrechner aber vermutlich auch nur mit etwas
mehr Schritten des Newtonschen Näherungsverfahrens berechnet.

Weiterführende Literatur

[1] Kaballo, W. (2000). *Einführung in die Analysis 1*. Spektrum Akademischer Verlag.

19. Die Koch-Kurve

GILBERT HELMBERG

Unser Ziel ist die Konstruktion einer bemerkenswerten Kurve in der Ebene: Sie hat den Anfangspunkt $A = (0,0)$, den Endpunkt $B = (1,0)$, hat im Dreieck mit den Eckpunkten A, B, $C = \left(\frac{1}{2}, \frac{\sqrt{3}}{6}\right)$ Platz, ist aber unendlich lang, nirgends differenzierbar und in einem bestimmten Sinn (der durch ihre *Dimension* grösser als 1 und kleiner als 2 ausgedrückt wird) „dicker als eine Linie" aber „dünner als ein Flächenstück".

Die Konstruktion verläuft schrittweise und sehr einfach: Wir beginnen mit dem Einheitsintervall $[A, B]$ und ersetzen das mittlere Drittel durch zwei Seiten des darüber errichteten gleichseitigen Dreiecks (Fig. 1).

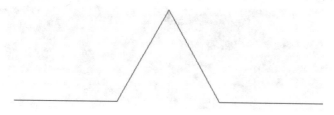

Fig. 1

Mathematisch gesprochen erhalten wir den Graphen einer stetigen stückweise linearen Funktion f_1, die auf dem Einheitsintervall gegeben ist durch

$$
f_1(x) = \begin{cases}
0, & \left(0 \le x \le \frac{1}{3}\right), \\
\sqrt{3}\left(x - \frac{1}{3}\right), & \left(\frac{1}{3} \le x \le \frac{1}{2}\right), \\
\frac{\sqrt{3}}{6} - \sqrt{3}\left(x - \frac{1}{2}\right), & \left(\frac{1}{2} \le x \le \frac{2}{3}\right), \\
0, & \left(\frac{1}{3} \le x \le 1\right).
\end{cases}
$$

Wenn wir uns die Freiheit nehmen, diesen Graphen als 'Kurve' TI zu bezeichnen (wir haben auf das Einheitsintervall I eine Transformation T ausgeübt), dann besteht diese Kurve aus 4 aneinanderhängenden Segmenten der Länge $\frac{1}{3}$. Ihre Gesamtlänge ist also $\frac{4}{3}$. Im Folgenden interpretieren wir f_1 als Abbildung des Einheitsintervalles in die Ebene $\mathbb{R}^2$, die dem Argument $x \in I$ den Punkt $f_1(x) \in \mathbb{R}^2$ des Graphen mit der ersten Koordinate x zuordnet.

Nach diesem ersten Schritt bedienen wir uns der einfachen mit T bezeichneten Vorschrift: Ersetze jedes vorliegende Segment durch eine entsprechend verkleinerte Kopie der Kurve TI. Wenn wir T jetzt in einem zweiten Schritt auf die Kurve TI ausüben, liefert uns das eine neue stetige, stückweise lineare Kurve T^2I, die aus 4^2 aneinanderhängenden Segmenten der Länge $\frac{1}{3^2}$ besteht, also die Gesamtlänge

G. Glaeser (Hrsg.), *77-mal Mathematik für zwischendurch*,
https://doi.org/10.1007/978-3-662-61766-3_19

$\left(\frac{4}{3}\right)^2 = \frac{16}{9}$ hat (Fig. 2).

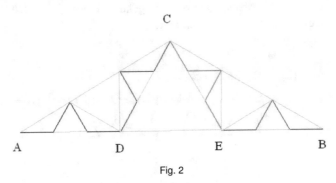

Fig. 2

Wir können sie auffassen als *Graphen* einer Funktion $f_2 = T f_1$, die das Einheitsintervall in die Ebene $I\!R^2$ abbildet, aber jeweils auf dem Intervall $\left[\frac{k}{9}, \frac{k+1}{9}\right]$ $(0 \leq k < 9)$ durch eine neue geeignete stückweise lineare Abbildung dieses Intervalles in die Ebene. Wir können uns auch noch Gedanken machen über die *Abweichung* der neuen Funktion f_2 von der Funktion f_1 (d.h. also vom *Abstand* der Kurve $T^2 I$ von der Kurve $T I$): Weil auf jedem Segment der Kurve $T I$, das die Länge $\frac{1}{3}$ hatte, nur ein *Buckel* der Höhe $\frac{1}{3} \cdot \frac{\sqrt{3}}{6} = \frac{1}{9} \cdot \frac{\sqrt{3}}{2}$ angebracht wurde, ist die *Abweichung* $\|f_2 - f_1\| = \sup_{0 \leq x \leq 1} \|f_2(x) - f_1(x)\| = \frac{1}{9} \cdot \frac{\sqrt{3}}{2}$, das ist also ein Drittel der *Abweichung* $\|f_1 - f_0\| = \sup_{0 \leq x \leq 1} \|f_1(x) - (x,0)\| = \frac{1}{3} \cdot \frac{\sqrt{3}}{2}$ der Funktion $f_1 = T f_0$ von unserer Ausgangsfunktion f_0, die jedem $x \in I$ den Punkt $(x,0)$ zuordnet.

Jeder weitere Konstruktionsschritt besteht nun aus einer weiteren Anwendung der Transformation T. Dabei wird die Anzahl der vorliegenden Segmente mit 4 multipliziert, ihre Länge aber auf ein Drittel reduziert. Nach k Schritten liefert das eine Kurve $T^k I$, die Graph einer stetigen, stückweise linearen Funktion $f_k = T^k f_0$ ist. Sie hat also die Gesamtlänge $4^k \cdot \frac{1}{3^k} = \left(\frac{4}{3}\right)^k$. Ihre *Abweichung* von der vorhergehenden Funktion f_{k-1} beträgt $\|f_k - f_{k-1}\| = \left(\frac{1}{3}\right)^k \cdot \frac{\sqrt{3}}{2}$ (Fig. 3).

Fig. 3

Erfreulicherweise konvergiert für jedes $x \in I = [0,1]$ die Folge der Funktionswerte $\{f_k(x)\}_{k=0}^{\infty}$ gegen einen — natürlich von x abhängigen — Grenzwert.

Um das einzusehen, erinnern wir uns an das Cauchy-Kriterium für die Konvergenz einer Folge $\{a_k\}_{k=0}^{\infty}$ in der Ebene: Sie konvergiert genau dann, wenn ab einem geeigneten Index k_0 der Abstand je zweier folgender Glieder $\|a_n - a_m\|$ ($k_0 \leq m \leq n$) beliebig klein wird. In unserem Falle gilt

$$
\begin{aligned}
\|f_n(x) - f_m(x)\| &\leq \|f_n - f_m\| \\
&\leq \|f_{m+1} - f_m\| + \|f_{m+2} - f_{m+1}\| + \cdots + \|f_n - f_{n-1}\| \\
&\leq \sum_{j=m+1}^{n} \left(\frac{1}{3}\right)^j \cdot \frac{\sqrt{3}}{2} \leq \frac{\sqrt{3}}{2} \cdot \sum_{j=k_0}^{\infty} \left(\frac{1}{3}\right)^j = \\
&= \frac{\sqrt{3}}{2} \cdot \frac{\left(\frac{1}{3}\right)^{k_0+1} - \left(\frac{1}{3}\right)^{k_0}}{\frac{1}{3} - 1} = \frac{\sqrt{3}}{2} \cdot \left(\frac{1}{3}\right)^{k_0}
\end{aligned}
$$

Diese letzte Schranke wird für ein genügend großes k_0 beliebig klein, also konvergiert die Folge $\{f_k(x)\}_{k=0}^{\infty}$ gegen einen Grenzwert

$$
f_\infty(x) = \lim_{k \to \infty} f_k(x).
$$

Weil diese Schranke sogar nur von k_0, nicht aber von x abhängig ist, konvergiert die Folge der Funktionen $\{f_k\}_{k=0}^{\infty}$ sogar gleichmäßig. Nach einem bekannten Satz der Analysis ist die Grenzfunktion f_∞ als gleichmäßiger Grenzwert einer Folge von stetigen Funktionen wieder eine stetige Funktion. Ihr Graph ist die nach dem dänischen Mathematiker H. VON KOCH benannte Koch-Kurve (Fig. 4).

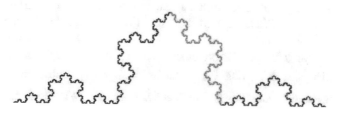

Fig. 4

Jedes der beiden gleichschenkeligen Dreiecke ACD und BCE ist ähnlich dem gleichschenkeligen Dreieck ABC. Das hat zur Folge, dass die Anwendung von T auf jedes der Segmente AD, DC, CE, EB eine Kopie von TI liefert, die wieder im Dreieck ABC enthalten ist (Figur 2), und damit auch jede der Kurven $T^k I (0 \leq k)$. Dann ist aber auch die Grenzwert-Kurve $T^\infty I$, der Graph der Funktion f_∞, in diesem Dreieck enthalten.

Die Endpunkte alle Segmente, aus denen sich $T^k I$ zusammensetzt, bleiben bei jeder weiteren Anwendung von T an ihrem Platz, sind also auch Punkte der Kurve $T^\infty I$. Die Kurve $T^k I$ besteht also aus aneinanderfolgenden Sehnen der Kurve $T^\infty I$. Die Gesamtlänge dieser Sehnenfolge ist $\left(\frac{4}{3}\right)^k \cdot \frac{\sqrt{3}}{2}$. Sie wird für wachsendes k beliebig groß, also ist die Kurve $T^\infty I$ unendlich lang.

Wenn die Kurve $T^\infty I$ als Graph der Funktion $T^\infty f_0$ in einem Punkt P differenzierbar wäre, würde das heißen, dass sie in diesem Punkt eine Tangente hätte. In einem beliebig kleinen Kreis mit dem Mittelpunkt P liegt aber für hinreichend großes k eine (sehr kleine) Kopie $T^k(ABC)$ des Dreiecks ABC. Die Verbindung von P mit den Eckpunkten dieses Dreiecks liefert Sehnen, die nicht alle gleichzeitig nahe bei einer einzigen Geraden sein können. Also gibt es in P keine Tangente, die ja eine Grenzlage von Sekanten sein müsste, die P mit naheliegenden Kurvenpunkten verbinden.

Die Kurve $T^\infty I$ hat noch eine bemerkenswerte Eigenschaft, von der bisher noch keine Rede war: Weil wir sie durch fortgesetzte Anwendung von T auf die vier Segmente AD, DC, CE, EB erhalten, besteht sie aus vier ähnlichen Kopien ihrer selbst — sie ist *selbstähnlich*. Weil das auch für jede dieser Kopien zutrifft, besteht sie sogar aus beliebig vielen verkleinerten Kopien ihrer selbst. Das hat eine entscheidende Folge für eine geometrische Maßzahl, ihre *Dimension*.

Wenn wir uns fragen, warum ein Intervall die Dimension 1 hat, ein Quadrat die Dimension 2, oder ein Würfel die Dimension 3, so ist die Antwort: ein Intervall besteht aus n^1 mit dem Faktor $\frac{1}{n}$ verkleinerten Kopien seiner selbst. Ein Einheits-Quadrat ist zusammengesetzt aus n^2 Quadraten der Seitenlänge $\frac{1}{n}$, und ein Würfel mit Kantenlänge 1 besteht aus n^3 kleinen Würfeln mit Kantenlänge $\frac{1}{n}$. Allgemeiner, wenn ein geometrisches Objekt zusammengesetzt ist aus $N = n^d$ Objekten, die mit dem Ähnlichkeitsfaktor $\frac{1}{n}$ verkleinerte Kopien diese Objektes sind, dann kann $d = \frac{\log N}{\log n}$ als (Selbstähnlichkeits-)Dimension diese Objektes bezeichnet werden. Angewandt auf die Koch-Kurve ergibt das als ihre (Selbstähnlichkeits-)Dimension $\frac{\log 4}{\log 3} \approx 1{,}26$.

Weiterführende Literatur

[1] Addison, P. S. (1997). *Fractals and chaos: An illustrated course.* CRC Press.

[2] Barnsley, M. F. (1988). *Fractals everywhere.* Academic Press.

[3] Edgar, G. (2007). *Measure, topology, and fractal geometry.* Springer.

[4] Helmberg, G. (2008). *Getting acquainted with Fractals.* deGruyter.

[5] Koch, H. V. (1904). Sur une courbe continue sans tangente, obtenue par une construction géométrique élémentaire. *Arkiv for Matematik, Astronomi och Fysik,* 1, 681–704.

[6] Zeitler, H., & Pagon, D. (2000). Fraktale Geometrie – Eine Einführung: Für Studienanfänger. Vieweg.

20. Ein Mathematiker im Hotel

GILBERT HELMBERG

„... und eine Flasche Wein aufs Zimmer!" stand im diesjährigen Angebotsbrief unseres Schi-Hotels. Nun hatten wir zwar etliche Flaschen Wein in unserem Keller, aber eine solche aufs Zimmer war etwas Besonderes. Außerdem hatte es uns die letzten zwei Jahre dort im Zimmer 26 gut gefallen, also fixierten wir die Bestellung.

Zimmer 26 war nicht, wo ich es in Erinnerung hatte, und das jetzige Zimmer 26 gefiel uns bei weitem nicht so gut. Offenbar war die Nummerierung geändert worden. „Aber doch schon vergangenes Jahr!" machte mich der Wirt aufmerksam. — Ja, ja, das stimmt, dämmerte es mir, aber im Gegensatz zu heuer war damals das ehemalige Zimmer 26 doch noch frei gewesen und keine Schwierigkeit aufgetreten. Nach einer kurzen mentalen Rekonstruktion meines Erinnerungsfehlers versuchte ich beschämt, dem Wirt den Grund für meine Fehl-Erinnerung zu erläutern: „Sehen Sie, ich bin Mathematiker. Als das nette Zimmer 26 noch Zimmer 26 war, habe ich mir extra eingeprägt, dass 26 das Doppelte der Primzahl 13 ist, um die Nummer ja nicht zu vergessen. Das habe ich tatsächlich gut behalten, besser als die Erinnerung an die Umnummerierung Ihrer Zimmer vom vergangenen Jahr." Ich habe den Verdacht, beim Wirt darauf ein leichtes Kopfschütteln beobachtet zu haben. Jedenfalls hat er es zuwege gebracht, ein annähernd ebenso nettes Zimmer für uns aufzutreiben. Eine Flasche Wein war nicht im Zimmer, aber das brauchte ja auch nicht schon am ersten Tage der Fall zu sein, schon gar nicht nach solchen Umständlichkeiten.

Einige Tage darauf — ich versuchte gerade, im Bademantel unbemerkt in Richtung Hallenbad an der Rezeption vorbeizukommen, an der sich der Wirt stirnrunzelnd mit einem weiteren stirngerunzelten Angehörigen seines Stabes unterhielt — fiel das Auge des Wirtes dabei auf mich und nagelte mich noch auf der ersten Treppenstufe fest: „Sie sind doch Mathematiker? In meinem Öltank kann ich zwar mit einem Stecken den Ölstand messen, aber wieviel drin ist und ob das genug ist, weiß ich trotzdem nicht. Können Sie das nicht ausrechnen?" Seine Beschreibung übersetzte ich für mich rasch in einen horizontal auf einer Mantellinie liegenden Kreiszylinder, für den man das Ölvolumen eines Segmentes der Höhe h berechnen sollte — mit einigen Integrationen nichts leichter als das. Ich versprach, mich im Schwimmbad dieser Aufgabe zu widmen. Mit einem bei der Rezeption ausgeliehen Bleistift und einem im Schwimmbad durch zügellos hineinspringende Jugendliche etwas feucht gewordenen Papierblatt glückte dies im Prinzip ohne wesentliche Schwierigkeiten. Bei der Rückkehr ins Zimmer präsentierte ich dem Wirt stolz die Formel. Einen Taschenrechner müsste er aber schon dafür benützen, und zwar einen, der die Arcuscosinusfunktion berechnen könnte. Diese Mitteilung dämpfte die anfängliche Zufriedenheit meines Gegenübers etwas, aber nach kurzem Besinnen erklärte er, einen Cousin zu besitzen, der seinerseits vermutlich über so ein Instrument verfüge. Mit dem Versprechen, die Formel gut aufzuschreiben, begab ich mich in mein Zimmer.

G. Glaeser (Hrsg.), *77-mal Mathematik für zwischendurch*, https://doi.org/10.1007/978-3-662-61766-3_20

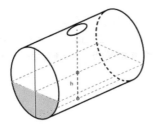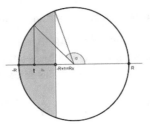

Fig. 1

Dort fiel mir zunächst auf, dass die Formel einen Fehler enthalten musste, da bei einer Testberechnung eine negative Ölmenge herauskam. Diesen Fehler und einen vergessenen Faktor 2 konnte ich beheben, aber die Reaktion des Wirtes hatte in mir Zweifel genährt, ob dieser mit einer Formel, die einen Arcuscosinus enthielt, je etwas anfangen können würde. Jedenfalls musste ich eine Situation vermeiden, in der er sich jedesmal, wenn sein Stecken eine gewisse Öl-Höhe anzeige, telefonisch an mich wenden würde mit der Bitte, doch kurz die noch vorhandene Ölmenge mit oder ohne Arcuscosinusfunktion zu berechnen. Ein Ausweg wäre, auf meinem Laptop ein Programm für die Berechnung zu entwickeln - aber das müsste ich dann auf seinen Rezeptionscomputer übertragen, und es war fraglich, ob dieser dann nicht jeweils an Stelle der Hotelrechnung für die Gäste den Tankinhalt ausgeben würde. Das Risiko und die Verantwortung hierfür schien mir zu groß. Schließlich kam mir die Königsidee, diesen Tankinhalt für je 5 cm gemessenen Ölstand auszurechnen, in einer Tabelle aufzuschreiben und diese Tabelle (im Zimmer kamen auch keine Wasserflecken darauf) dem Wirt auszuhändigen.

Am Tag darauf fand ich in unserem Zimmer eine Flasche Wein. Ich bedankte mich natürlich und versicherte, das sei doch nicht nötig gewesen. Aber ich weiß bis heute noch nicht, ob das die ursprünglich verheißene oder eine aus Dankbarkeit gespendete Flasche Wein war. Ich habe sie deshalb nachhause mitgenommen und angesichts der ungeklärten Situation vorläufig zu den anderen in meinem Keller gestellt.

Für die Leser, die neugierig sind, die Formel für den Öl-Inhalt des Tanks lautet wie folgt. Die Abmessungen des Tanks (eines liegenden Kreiszylinders) sind (in Metern):

Radius der kreisförmigen Seitenflächen	$R = 1{,}5$,
Länge des Zylinders	$L = 9$,
Gemessene Höhe des Ölspiegels	h,
Differenz zur halben Zylinderhöhe (=Radius des Zylinders)	$-R+h = R \cdot x$.

Das Heizöl im Tank füllt geometrisch ein Prisma mit der Seitenlänge L und einem Kreissegment als Grundfläche; der Radius des Kreissegmentes ist R, seine Höhe ist h. Der Öl-Inhalt ist das Volumen dieses Prismas, also Grundfläche mal Seitenlänge. Allerdings ist dabei die Fläche des Kreissegmentes noch zu berechnen, was auf mindesten zwei Weisen geschehen kann.

Eine erste Lösung dieser Aufgabe ist zugeschnitten auf Liebhaber der Analysis, die dabei ihren Integrations-Hobbies frönen können. Die Fläche F des halben Kreissegmentes ist nämlich das Integral

$$F = \int_{-R}^{-R+h} \sqrt{R^2 - t^2}\, dt.$$

Das Integral lässt sich am besten mit der Substitution lösen:

$$t = R\cos\alpha \quad (\pi \leq \alpha \leq \arccos x), \qquad dt = -R\sin\alpha$$

lösen:

$$F = -\int_{\pi}^{\arccos x} \sqrt{R^2 - R^2\cos^2\alpha} \cdot R\sin\alpha\, d\alpha = -R^2 \int_{\pi}^{\arccos x} \sqrt{1 - \cos^2\alpha} \cdot \sin\alpha\, d\alpha =$$

$$= -R^2 \int_{\pi}^{\arccos x} \sin^2\alpha\, d\alpha = -R^2 \int_{\pi}^{\arccos x} \tfrac{1}{2}(1 - \cos 2\alpha)\, d\alpha,$$

wenn man $\cos^2\alpha - \sin^2\alpha = \cos 2\alpha$ benutzt. In dieser Form lässt sich das Integral ausrechnen:

$$F = \tfrac{1}{4}R^2 \sin 2\alpha \Big|_{\pi}^{\arccos x} + \tfrac{1}{2}R^2(\pi - \arccos x)$$

$$= \tfrac{1}{2}R^2 \sin\alpha \cdot \cos\alpha \Big|_{\pi}^{\arccos x} + \tfrac{1}{2}R^2(\pi - \arccos x)$$

$$= \tfrac{1}{2}R^2 \sin(\arccos x) \cdot \cos(\arccos x) + \tfrac{1}{2}R^2(\pi - \arccos x)$$

$$= \tfrac{1}{2}R^2 \sqrt{1 - \cos^2(\arccos x)} \cdot \cos(\arccos x) + \tfrac{1}{2}R^2(\pi - \arccos x) \qquad (\cos(\arccos x) = x)$$

$$= \tfrac{1}{2}R^2 \sqrt{1 - x^2} \cdot x + \tfrac{1}{2}R^2(\pi - \arccos x).$$

Wahrscheinlich wurde der Analysis-Liebhaber aber inzwischen überholt vom Geometer, der eine zweite Weise der Berechnung verwendet und kurz überlegt, dass F aus einem Kreissektor mit dem Zentriwinkel $\pi - \arccos x$ und dem Flächeninhalt $\tfrac{1}{2}R^2(\pi - \arccos x)$ besteht, der — im Falle eines negativen x — um ein Dreieck mit dem Flächeninhalt $\tfrac{1}{2}R^2 \cdot |x| \sqrt{1 - x^2}$ vermindert, bzw. — im Falle eines positiven x — mit einem solchen Dreieck ergänzt wird. Beide kommen jedenfalls übereinstimmend zum Schluss, dass der Tank noch

$$1000 \cdot L \cdot \left[R^2 \left(\pi - \arccos \frac{h - R}{R}\right) + (h - R)\sqrt{R^2 - (h - R)^2)} \right]$$

Liter Heizöl enthält. Wenn er voll ist (d.h. $h = 2R = 3$), fasst er 63617 l Heizöl. Hier ist eine Tabelle des Heizölinhaltes $H(h)$ in Litern (gerundet) bei einer gemessenen Ölstandshöhe h in Metern, mit der der Wirt sicher mehr anstellen konnte als mit der Formel.

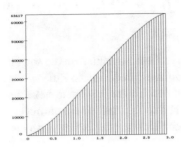

Fig. 2

h	H	h	H	h	H	h	H	h	H
0,05	231	0,35	4150	0,65	10154	0,95	17298	1,25	25090
0,10	651	0,40	5043	0,70	11281	1,00	18563	1,30	26425
0,15	1189	0,45	5984	0,75	12437	1,05	19843	1,35	27765
0,20	1821	0,50	6969	0,80	13619	1,10	21138	1,40	29111
0,25	2532	0,55	7995	0,85	14824	1,15	22445	1,45	30459
0,30	3311	0,60	9058	0,90	16052	1,20	23763	1,50	31809

Für eine Ölstandshöhe $h > 1{,}50$ ist $H(h) = 63617 - H(3 - h)$, z.B. $H(2{,}35) = 63617 - H(0{,}65) = 63617 - 10154 = 53463$.

Für alle daran Interessierten zeigt die Figur 2 noch den Graphen der Funktion $H(h)$ (in Litern l) in Abhängigkeit von der Ölstandshöhe h (in Metern).

21. Logarithmisch rechnen – auch heute noch!

GILBERT HELMBERG

Wenn man logarithmisch rechnet, so kann man die so genannten Schutzstellen[1] eines Taschenrechners ausnutzen, um die ersten Ziffern von auch sehr großen Zahlen herauszufinden, z.B. jene der größten bis heute bekannten Primzahl. Es ist doch eigentlich sehr erstaunlich, dass man mit einem normalen Taschenrechner bei einer Potenz, die ca. 13 Millionen Dezimalstellen hat, noch die ersten 7 Stellen ausrechnen kann! Wie dies geht, soll in der folgenden kurzen Note dargestellt werden.

Seit der Erfindung von Taschenrechnern und Computern ist das logarithmische Rechnen ziemlich in Vergessenheit geraten, natürlich zu Recht, wenn es nur um die Multiplikation von *normalen* Zahlen geht. Es stellt sich aber heraus, dass man mit Hilfe von Logarithmen die Möglichkeiten eines normalen Taschenrechners ganz erheblich erweitern kann, z.B. wenn es darum geht, große Potenzen auszurechnen.

Denn der Bereich der Zehnerexponenten ist beim Taschenrechner in der Regel auf ± 99 begrenzt, Tabellenkalkulationsprogramme schaffen bis zu ± 307. Für den täglichen Gebrauch reicht das natürlich vollkommen aus. Aber was ist z.B. mit der 2008 entdeckten Primzahl, nämlich $2^{43\,112\,609} - 1$? (Dies war die erste Primzahl mit mehr als 10 Mio. Dezimalstellen; dafür war sehr lange Zeit ein Preis von 100 000 US-Dollar ausgesetzt, der auch ausbezahlt wurde.)

Zunächst ist die genaue Anzahl der Dezimalstellen interessant: Wie bekommt man die Anzahl der Dezimalstellen einer natürlichen Zahl? Z.B. von 100 bis 999 haben die Zahlen 3 Stellen, die zugehörigen Zehnerlogarithmen[2] sind 2 bzw. ca. 2,9996. Daraus ist schon zu erkennen, dass sich für die Anzahl A der Dezimalstellen einer Zahl n ergibt: $A(n) = \lfloor \log n \rfloor + 1$, wobei $\lfloor x \rfloor$ die nach unten gerundete Zahl bezeichnet (manchmal auch mit eckigen Klammern geschrieben: „Gauß-Klammer"). In den meisten Fällen könnte man auch $A(n) = \lceil \log n \rceil$ (nach oben gerundet) schreiben, nur bei den reinen Zehnerpotenzen würde es dann nicht stimmen, denn z.B. $100 = 10^2$ hat schon 3 Ziffern.

Ob man 1 von der Zweierpotenz abzieht oder nicht, spielt dafür keine Rolle, auch im Folgenden nicht, deshalb rechnen wir jetzt einfach mit $a = 2^{43\,112\,609}$. Der Taschenrechner[3] ergibt:

$$\log(a) = 43\,112\,609 \cdot \log(2) = 12\,978\,188{,}5$$

Also hat a genau 12 978 189 Dezimalstellen. So weit, so gut. Aber es geht viel besser!

---

[1] Dies sind Stellen, mit denen der Taschenrechner zwar intern rechnet, die er aber nicht mehr am Display anzeigt.

[2] Mit log ist im Folgenden immer der Zehnerlogarithmus bezeichnet („logarithmus generalis").

[3] Die Rechnungen wurden mit einem Taschenrechner vom Typ Casio fx-991 ES ausgeführt; andere Typen (vor allem ältere) könnten evtl. andere Resultate zeigen.

© Der/die Herausgeber bzw. der/die Autor(en), exklusiv lizenziert durch
Springer-Verlag GmbH, DE, ein Teil von Springer Nature 2020
G. Glaeser (Hrsg.), *77-mal Mathematik für zwischendurch*,
https://doi.org/10.1007/978-3-662-61766-3_21

Wenn man $a = m \cdot 10^b$ mit einer so genannten Mantisse $1 \leq m < 10$ ansetzt, dann ist:

$$\log(a) = \log(m) + b \qquad \text{mit} \quad 0 \leq \log(m) < 1.$$

Also ist $\log(m)$ der gebrochene Anteil von $\log(a)$, und wenn man $b = 12\,978\,188$ von $\log(a)$ abzieht, dann erhält man auf dem Taschenrechner-Display:

$$\log(m) = 0{,}5003329.$$

Das sind sechs Stellen mehr als vorhin angezeigt. Die normale Anzeige ist 10-stellig; $\log(a)$ enthielt nur 9, das wird aber jetzt verständlich, denn die auf die letzte Stelle (5) folgende 0 wurde „verschluckt". Immerhin heißt das: Der Taschenrechner rechnet mit 15 Stellen, das sind 5 mehr als er anzeigt. Um m auszurechnen, tippt man einfach 10^{ANS} und erhält

$$m = 3{,}164702572.$$

Das heißt aber nicht, dass diese 10 angezeigten Stellen der Mantisse signifikant[4] sind! Eine numerische Faustregel besagt: Man kann nicht mehr rausholen als man reinsteckt. $\log(m)$ hat nur 7 signifikante Stellen, also kann man eigentlich bei m auch nicht mehr als 7 signifikante Stellen erwarten. Gleichwohl soll das nun überprüft werden.

Die absolute Fehlerschranke für den Rundungsfehler von $\log(m)$ beträgt $5 \cdot 10^{-8}$. Setzt man $\tilde{m}$ gleich der obigen Taschenrechner-Anzeige, dann gilt:

$$\log(m) = \log(\tilde{m}) \pm 5 \cdot 10^{-8} = 0{,}5003329 \pm 5 \cdot 10^{-8} \qquad \Longrightarrow \qquad m = \tilde{m} \cdot 10^{\pm 5 \cdot 10^{-8}}.$$

Wenn x nahe bei 0 ist, dann ist 10^x nahe bei 1. Der Taschenrechner sagt:

$$10^{5 \cdot 10^{-8}} = 1{,}000000115 \,; \qquad 10^{5 \cdot 10^{-8}} - 1 = 1{,}1512926 \cdot 10^{-7}.$$

Wieder einmal werden beim zweiten Ergebnis 5 Stellen mehr angezeigt als beim ersten. Für $c = 1{,}1512926 \cdot 10^{-7}$ ist

$$10^{-5 \cdot 10^{-8}} = \frac{1}{1+c} > 1 - c,$$

$$1 - 1{,}16 \cdot 10^{-7} < 10^{\pm 5 \cdot 10^{-8}} < 1 + 1{,}16 \cdot 10^{10^{-7}}.$$

Damit ergibt sich:

$$m = \tilde{m} \cdot \left(1 \pm 1{,}16 \cdot 10^{-7}\right) = \tilde{m} \pm \tilde{m} \cdot 1{,}16 \cdot 10^{-7}$$

(hier wurde absichtlich *auf*gerundet, da es sich um Fehler*schranken* handelt).

---

[4]Eine Ziffer in einem Näherungswert heißt *signifikant*, wenn der Fehler des Näherungswertes höchstens eine halbe Einheit des Stellenwertes der betrachteten Ziffer ist. Wenn man korrekt rundet, so enthält der gerundete Näherungswert nur signifikante Ziffern.

Mit $\tilde{m} \approx 3{,}2$ kann man grob abschätzen:

$$m = \tilde{m} \ \pm \ 4 \cdot 10^{-7}$$

Das heißt: Der Fehler in $m = 3{,}164702572$ liegt höchstens in der 7. Nachkommastelle, die ersten 6 Nachkommastellen zusammen mit der Stelle vor dem Komma ergeben in der Tat 7 signifikante Stellen, genau so viele wie bei $\log(m)$ angezeigt wurden.

Kontrolle z.B. mit *Maple* (dabei bitte nicht die reine Zweierpotenz eingeben, sonst „explodiert" der PC; nur mit „evalf" auswerten, etwa 12-stellig): $m = 3{,}16470269330$, d.h. das Ergebnis der Fehlerabschätzung wird bestätigt.

Anmerkungen

- Bei größeren Mantissen ($m \approx 10$) wird die Abschätzung etwas schlechter, bei s Stellen von $\log(m)$ sind dann möglicherweise nur mehr $s - 1$ Stellen signifikant.

- Wir sind hier davon ausgegangen, dass es sich beim Fehler des Taschenrechner-Wertes für $\log(m)$ um einen reinen Rundungsfehler handelt, d.h. dass der Logarithmus richtig berechnet wurde. Rechenungenauigkeiten in der 15. Stelle können natürlich noch hinzukommen.

- Interessant ist vielleicht noch die allgemeine Näherung für 10^x bei $x \approx 0$ (hier wird $e^y \approx 1 + y$ für $y \approx 0$ verwendet):

$$10^x = \left(e^{\ln(10)}\right)^x = e^{\ln(10) \cdot x} \approx 1 + \ln(10) \cdot x \qquad \text{mit} \quad \ln(10) \approx 2{,}3 \ .$$

Man kann natürlich einwenden: Warum nimmt man für solche Rechnungen nicht gleich ein Computeralgebra-System wie *Maple*? Dazu ist Folgendes zu sagen:

Erstens geht es auch (und besonders) im Mathematikunterricht darum, angemessene und ständig verfügbare Werkzeuge zu nutzen, und zwar bis zu ihrer Leistungsgrenze, die offenbar bei geschicktem Einsatz weit höher liegt als man normalerweise annimmt.

Zweitens hat auch ein Computeralgebra-System seine Grenzen. Das zeigte sich z.B. in [1], als es um das folgende Problem ging: Bei Potenzen b^n mit $b, n \in \mathbb{N}$, $b \geq 2$ gibt es immer wieder welche, die knapp über einer Zehnerpotenz liegen, d.h. mit einer 1 gefolgt von vielen Nullen beginnen (die Nullenfolgen können sogar beliebig lang werden). Zur Demonstration sollten die ersten 12 Stellen von $13^{910265381} = 100000000144\ldots$ berechnet werden (diese Zahl hat über 1 Mrd. Dezimalstellen, auch das kann man mit einem Taschenrechner exakt ausrechnen). *Maple* ist nicht mehr in der Lage, den Befehl *evalf(13^910265381, 12)* auszuwerten („overflow"), aber mit logarithmischer Rechnung funktioniert es (vgl. [1], S. 242).

Aufgabe: Führen Sie Analoges mit den Primzahlen

$$2^{57\,885\,161} - 1 \quad \text{und} \quad 2^{74\,207\,281} - 1$$

durch. Sie wurden im Februar 2013 bzw. Jänner 2016 entdeckt und waren zum Zeitpunkt ihrer Entdeckung die größten bekannten Primzahlen. Sie haben $17\,425\,170$ bzw. $22\,338\,618$ Dezimalstellen. Die ersten sechs signifikanten Ziffern in der Dezimaldarstellung sind

$$581887\ldots \quad \text{bzw.} \quad 300376\ldots.$$

Weiterführende Literatur

[1] Humenberger, H., & Schuppar, B. (2006). Irrationale Dezimalbrüche–nicht nur Wurzeln. In *Realitätsnaher Mathematikunterricht – vom Fach aus und für die Praxis.* (S. 232–245). Franzbecker.

22. Fibonacci und näherungsweise exponentielles Wachstum

GEORG GLAESER

1. Die Fibonacci-Folge

Der erste europäische Mathematiker war Leonardo da Pisa, auch Fibonacci genannt (ca. 1170 – 1240), dessen Name heute hauptsächlich wegen der von ihm untersuchten Zahlenfolge 1, 1, 2, 3, 5, 8, 13, 21, 34,... bekannt ist. Die Folge kann rekursiv definiert werden mit $F(0) = F(1) = 1$, $F(i+1) = F(i) + F(i-1)$. Die nächste Zahl der Folge ist also die Summe der beiden vorangegangenen Zahlen.

Die Zahlenfolge ergab sich aus folgender, der Natur angepassten (wenn auch stark vereinfachten) Überlegung: Ein junges Kaninchen-Pärchen braucht einen Monat, um geschlechtsreif zu werden, und kann ab dann jedes weitere Monat ein Pärchen zur Welt bringen, das sich seinerseits nach einem Monat Reife fortpflanzt (Fig. 1, Mitte).

Die Zahlenfolge wächst rasant (i.W. exponentiell)

Fig. 1: Modell von Fibonacci zur Kaninchen-Vermehrung

Offensichtlich handelt es sich längerfristig um eine nahezu explosionsartige (nämlich, wie sich herausstellen wird, exponentielle) Vermehrung, die so rasch vor sich geht, dass es fast keine Rolle mehr spielt, wenn irgendwann die Elterntiere sterben. Dieses Vermehrungsschema oder Teilungsprinzip ist in der Natur häufig, wenngleich es natürlich nicht so strikt mathematisch vor sich geht: Einmal gibt es mehr, einmal weniger Junge, die Aufteilung der Geschlechter ist nicht exakt 1 : 1, usw. Klassische exponentielle Vermehrung tritt nur bei Bakterien auf, wo sich die einzelnen Lebewesen durch Selbstteilung vermehren und damit keine Restbestände vorhanden sind.

2. Fibonacci-Folge und die goldene Zahl Φ

Mit der Definition kann man durch vollständige Induktion (s. S. 28) leicht beweisen, dass das n-te Glied um eins größer ist als die Summe der ersten $n-2$ Glieder. Es lässt sich weiter zeigen, dass der Quotient $q_n = F(n)/F(n-1)$ gegen die berühmte irrationale „Goldene Zahl"

$$q_n \longrightarrow q = \Phi = (1 + \sqrt{5})/2 = 1{,}6180398\ldots$$

G. Glaeser (Hrsg.), *77-mal Mathematik für zwischendurch*,
https://doi.org/10.1007/978-3-662-61765-6_22

konvergiert. Es muss ja $q = F(n)/F(n-1) = F(n+1)/F(n)$ sein, also $q = (F(n) + F(n-1)/F(n) = 1 + 1/q$, was zu einer quadratischen Gleichung mit der einzigen positiven Lösung $q = \Phi$ führt. Zu zeigen ist allerdings, dass die Folge tatsächlich konvergiert. Dazu zerlegt man die Folge in zwei beschränkte Teilfolgen (gerades und ungerades n).

$$\frac{1}{1}, \frac{2}{1}, \frac{3}{2}, \frac{5}{3}, \frac{8}{5}, \frac{13}{8}, \frac{21}{13}, \frac{34}{21}, \cdots$$

Beide Folgen sind beschränkt (nach oben hin durch 2, nach unten hin durch 0) und, was wieder durch vollständige Induktion gezeigt werden kann, monoton fallend bzw. monoton steigend. Somit konvergieren beide Teilfolgen und daher die gesamte Quotientenfolge, die aus der Fibonacci-Folge gebildet wurde.

Der Grenzwert Φ hat zahlreiche schöne Eigenschaften, die, wie wir sehen werden, teilweise Relevanz in der Natur haben. So folgt aus (1) $\frac{1}{\Phi} = \Phi - 1$ bereits (2) $\Phi = 1 + \cfrac{1}{1 + \cfrac{1}{1 + \cfrac{1}{1 + \frac{1}{1 + \cdots}}}}$.

Die Zahl lässt sich also durch einen unendlichen Bruch (Kettenbruch) darstellen. Es lässt sich zeigen, dass die goldene Zahl insofern „maximal irrational" ist, als sie bei gegebenem Nenner am schlechtesten durch eine rationale Zahl approximierbar ist. Dies hängt damit zusammen, dass die Kettenbruchelemente (die Zahlen, die jeweils an erster Stelle im Nenner stehen) allesamt eins sind.

3. Große Fibonacci-Zahlen sind i.W. gerundete Potenzen von Φ

Bemerkenswert ist, dass sich größere Fibonacci-Zahlen sehr gut durch die Formel $F(n) = c \cdot \Phi^n$ mit $c = \Phi/\sqrt{5} \approx 0{,}7236067977$ beschreiben lassen[1]. Man stellt dies zunächst empirisch für genügend große n fest: So ist z.B. $F(27) = 317811 \approx 0{,}7236067977 \cdot \Phi^{27}$, und ebenso $F(28) = 514229 \approx 0{,}7236067977 \cdot \Phi^{28}$. Wenn es für $F(n-2)$ und $F(n-1)$ „stimmt", dann stimmt es auch für $F(n) = F(n-2) + F(n-1) = c \cdot \Phi^{n-2} + c \cdot \Phi^{n-1} = c \cdot \Phi^{n-1}(\frac{1}{\Phi} + 1) = c \cdot \Phi^n$ (wegen (1)). Damit liegen ab genügend großem n die Punkte $(n, F(n))$ nahezu exakt auf einer Exponentialkurve (siehe Fig. 1 rechts). Die Fibonacci-Folge hat somit tatsächlich direkt mit exponentiellem Wachstum zu tun, und Fibonacci hat – ohne den Begriff der Exponentialfunktion – dieses Phänomen beschrieben.

4. Der Praxistest: Die Entwicklung der Erdbevölkerung

Fig. 2 links zeigt die Entwicklung der Erdbevölkerung, wobei die Zahlen, die sich auf vergangene Zeiten beziehen, nur Schätzungen sind. Erst für die letzten 200 Jahre liegen verlässliche Daten vor. Man braucht kein Mathematiker zu sein, um die Brisanz der rot eingezeichneten Kurve zu erkennen. Die optische Ähnlichkeit zum Funktionsgraphen in Fig. 1 ist auffällig.

---

[1] Siehe z.B. Peter Kirschenhofer, Helmut Prodinger, and Robert F. Tichy: *Fibonacci Numbers of Graphs III: Planted Plane Trees. Fibonacci Numbers and Their Applications.* D. Reidel Dordrecht (1986).

Die Fläche unter der Kurve kann als Maß für die Anzahl aller je geborenen Menschen interpretiert werden. Man schätzt, dass vor 10000 Jahren etwa 5 Millionen Menschen gelebt haben, um die Zeitenwende etwa 300 Millionen. Etwa $6-7\%$ aller je geborenen Menschen leben noch. Im Jahr $y=2045$ werden es 9% sein. Das erinnert an die Eigenschaft der Fibonacci-Folge, wo ja das n-te Glied gleich der um 1 vergrößerten Summe aller vorangegangenen Glieder bis $n-2$ ist.

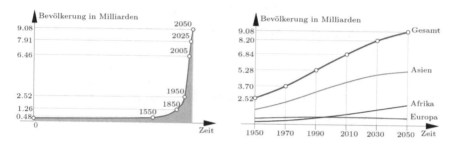

Fig. 2: Links die Entwicklung der Erdbevölkerung, rechts nach Kontinenten aufgeteilt

Exponentielles Wachstum führt aus der Sicht der Mathematik zum Kollaps. In der Praxis zeichnet sich – als Hoffnungsschimmer – ab, dass die Zunahme der Weltbevölkerung abflacht. Fig. 2 (rechts) zeigt einen Detailausschnitt der roten Kurve in einem Zeitraum von 100 Jahren. Derzeit wächst die Weltbevölkerung jährlich um die Einwohnerzahl Deutschlands. Der rechte Teil der Kurve ist natürlich eine Hochrechnung! Wenn sich diese bewahrheitet, ist eine Stabilisierung der Weltbevölkerung auf hohem Niveau zu Ende des Jahrhunderts in Sicht. Man sieht in dieser Hochrechnung auch, wie sich die Bevölkerungszahlen auf den einzelnen Kontinenten entwickeln werden. Offensichtlich hängt alles von Asien ab.

5. Der Goldene Winkel

Teilt man den vollen Winkel von $360°$ im Verhältnis $1:\Phi$, so ergibt sich der als goldener Winkel bezeichnete Winkel $\gamma = 360°/(1+\Phi) = 720°/(3+\sqrt{5}) \approx 137{,}507764...°$. Die „maximale Irrationalität" von Φ wirkt sich nun wie folgt aus: Trägt man den Winkel γ immer und immer wieder auf, wird man trotzdem nie zur Ausgangslage zurückkehren. Bei einem rationalen Teilungsverhältnis $p:q$, p und q teilerfremd, wäre dies nach q-maligem Auftragen der Fall, und der volle Winkel wäre dann p-mal durchlaufen.

Fig. 3 illustriert nun schön, dass das manche Pflanzen durchaus ausnützen: Indem Blätter so angeordnet werden, dass die größeren unteren Blätter immer um den goldenen Winkel gedreht werden, ist der Überdeckungsgrad der Blätter minimal und die Pflanze kann optimiert Photosynthese betreiben. Ist das für das Leben der Pflanze von großer Bedeutung, wird mittels Evolution (Mutationen und deren Vererbung) im Laufe hunderter Generationen der optimale Winkel gefunden. Durch den besseren Vermehrungserfolg bleibt dieser auf lange Sicht erhalten. Die Sache ist jedoch nur für relativ wenige Pflanzen dermaßen essentiell, dass auch wirklich

Fig. 3: Manche Pflanzen ordnen ihre Blätter so an, dass der Überdeckungsgrad minimiert wird (Photosynthese!). Dabei stellt sich im Idealfall der goldene Winkel ein.

aufs Grad der richtige Winkel vorliegen muss, zumal ja die Anzahl der Blätter beschränkt ist.

6. Wachstum von Blütenständen: Phyllotaxis

Anders sieht die Sache aus, wenn eine Pflanze möglichst viele Samen auf kleinster Fläche verteilen will. Beim Wachsen erweist es sich dabei als mit Abstand am günstigsten, die nächste Einzelblüte durch Verdrehen im goldenen Winkel bei gleichzeitiger geringfügiger exponentieller Vergrößerung des Abstands vom Zentrum zu wählen. Jede Pflanze wird den von ihr „gewählten" Winkel an die Nachkommen weitergeben. Durch geringfügige Mutationen wird es zu Veränderungen im Winkel kommen. Jene Pflanze, die den besten Winkel gewählt hat, kann mehr Nachkommen hinterlassen. Dementsprechend setzt sich der optimale Winkel immer wieder aufs Neue durch.

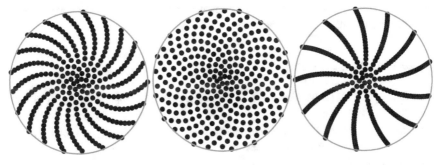

Fig. 4: Computersimulation, bei der 300 Elemente durch Verdrehen um einen immer gleichen Winkel angeordnet werden

Fig. 4 zeigt die Ergebnisse einer Computersimulation, bei der 300 Elemente (Samen) nach dem genannten Prinzip verteilt werden. Links wird der optimale Drehwinkel γ um nur 1/4-Grad verringert, rechts ist der Winkel 1 Grad zu groß. Hier wird ersichtlich, dass es auf Zehntelgrad oder sogar Hundertstelgrad ankommt!

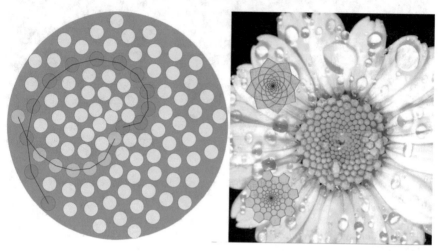

Fig. 5: Sind hier Spiralen zu sehen oder sieht es nur so aus?

7. Vermeintliche Spiralen

Beim Anblick von Sonnenblumen, Gänseblümchen und vieler anderer Blüten (z.B. Echinacea-Arten) erkennt das menschliche Auge Spiralen (Fig. 5). Einmal drehen sie sich im Uhrzeigersinn, das andere Mal dagegen. Oft ist die Zuordnung der Einzelblüten gar nicht so einfach bzw. eindeutig (siehe Computerbild). Die Spiralen ergeben sich als Nebenprodukt bei der Anordnung der Samen. Weil sie mit dem goldenen Winkel bzw. den Fibonacci-Zahlen zusammenhängen und diese i.W. exponentiell ansteigen, kommen dabei „Kurven" zustande, die logarithmischen Spiralen ähneln. Die Blütenknospen sind in der Natur oft sechseckig oder viereckig verpackt und nach außen hin größer werdend. Die beiden Computersimulationen in Fig. 5 rechts zeigen, dass man die Spiralen mehr oder weniger gut sieht, je nach Art der Verpackung der Blütenknospen.

Weiterführende Literatur

[1] Glaeser, G. (2011). *Wie aus der Zahl ein Zebra wird: Ein mathematisches Fotoshooting*. Springer.

[2] Glaeser, G. (2014). *Der mathematische Werkzeugkasten: Anwendungen in Natur und Technik* (4. Auflage). Springer Spektrum.

[3] Werner, B. (2006). *Fibonacci-Zahlen, Goldener Schnitt, Kettenbrüche und Anwendungen für Lehramtsstudierende*. Abgerufen von http://www.math.uni-hamburg.de/home/werner/GruMiFiboSoSe06.pdf

23. Ein hübscher Algorithmus und ein leichter Beweis eines verblüffenden Satzes

Fritz Schweiger

Man nennt zwei Mengen A und B *gleichmächtig*, wenn es eine bijektive Abbildung $\psi : A \to B$ gibt. Man kann auch sagen, dass in diesem Fall A und B *gleich viele Punkte* haben. Hier soll ein einfacher Beweis gegeben werden, dass das Intervall $\{x : 0 < x \leq 1\}$ und das Quadrat $\{(\xi, \eta) : 0 < \xi \leq 1, 0 < \eta \leq 1\}$ gleich viele Punkte haben. Dieser Beweis könnte für Schülerinnen und Schüler der letzten Schulstufen einen interessanten Einstieg in Georg Cantors berühmt-berüchtigte Mengenlehre bedeuten.

Wir benutzen einen Algorithmus, der oft mit dem Namen von Friedrich Hirzebruch verbunden wird, der aber von Erna Zurl in einer Publikation aus 1935 untersucht wurde (biographische Details findet man in Oskar Perrons Buch *Die Lehre von den Kettenbrüchen*). Man betrachte dazu die Abbildung

$$H : (0,1] \to (0,1],$$
$$H(x) = b - \frac{1}{x} \quad \text{für} \quad \frac{1}{b} < x \leq \frac{1}{b-1}, \quad b = 2,3,4\ldots$$

(d.h. $b = b(x) = b_1$ ist die kleinste ganze Zahl, die größer als der Kehrwert $1/x$ ist). Beachte, dass stets $0 < H(x) \leq 1$ gilt. Daraus ergibt sich

$$x = \frac{1}{b - H(x)}.$$

Wenn in der letzten Formel x durch $H(x)$ ersetzt und $b_2 = b(H(x))$ gesetzt wird, ergibt sich

$$H(x) = \frac{1}{b_2 - H(H(x))}.$$

Durch Iteration erhält man die Entwicklung

$$x = \cfrac{1}{b_1 - H(x)} = \cfrac{1}{b_1 - \cfrac{1}{b_2 - H(H(x))}} = \cfrac{1}{b_1 - \cfrac{1}{b_2 - \cfrac{1}{b_3 - H(H(H(x)))}}} = \cfrac{1}{b_1 - \cfrac{1}{b_2 - \cfrac{1}{b_3 - \cdots}}}$$

Diese sogenannte *Kettenbruchentwicklung* ist für jede Zahl $x \in (0,1]$ unendlich und eindeutig! Die rationalen Zahlen bilden keine Ausnahme. Für $x = 1$ ergibt sich zum Beispiel wegen $b_1 = 2$ und $H(1) = 1$ die periodische Entwicklung

$$1 = \cfrac{1}{2 - 1} = \cfrac{1}{2 - \cfrac{1}{2 - 1}} = \cfrac{1}{2 - \cfrac{1}{2 - \cfrac{1}{2 - 1}}} = \cfrac{1}{2 - \cfrac{1}{2 - \cfrac{1}{2 - \cdots}}}.$$

© Der/die Herausgeber bzw. der/die Autor(en), exklusiv lizenziert durch
Springer-Verlag GmbH, DE, ein Teil von Springer Nature 2020
G. Glaeser (Hrsg.), *77-mal Mathematik für zwischendurch*,
https://doi.org/10.1007/978-3-662-61766-3_23

Um für eine allgemeine rationale Zahl $x = \frac{p}{q}$ ($0 < p \leq q$) einzusehen, dass die Kettenbruchentwicklung unendlich und periodisch ist, berechnen wir zuerst

$$H(x) = b_1 - \frac{q}{p} = \frac{b_1 p - q}{p} = \frac{p_1}{q_1}.$$

Wegen $\frac{p}{q} \leq \frac{1}{b_1 - 1}$ ist $b_1 - 1 \leq \frac{q}{p}$ und der Zähler $p_1 = p b_1 - q$ ist kleiner oder gleich p. Wir erhalten $H_n(x) = H(H(\ldots(x)\ldots)) = \frac{p_n}{q_n}$ mit Zählern $p_1 \geq p_2 \geq p_3 \ldots$. Schließlich muß, einmal $p_n = b_n p_{n-1} - q_{n-1} = p_{n-1}$ gelten, was auf $H_{n-1} = \frac{p_{n-1}}{q_{n-1}} = \frac{1}{b_{n-1}}$ und $H_n(x) = 1$ führt. In diesem Fall geht der Kettenbruch, wie oben für $x = 1$ beschrieben, unendlich periodisch weiter.

Als nächstes überlegen wir uns, dass einer beliebigen Folge $b_1, b_2, b_3, \ldots \geq 2$ auch tatsächlich eine reelle Zahl $x \in (0,1]$ entspricht. Die Folge

$$\frac{1}{b_1}, \quad \frac{1}{b_1 - \dfrac{1}{b_2}}, \quad \frac{1}{b_1 - \dfrac{1}{b_2 - \dfrac{1}{b_3}}}, \quad \text{und so weiter}$$

ist *wachsend* (durch Subtraktion im Nenner werden Brüche größer) und sie ist nach oben durch 1 beschränkt, sie besitzt also einen Grenzwert $x \in (0,1]$. Diese Zahl x ist offensichtlich so konstruiert, dass ihre Kettenbruchentwicklung genau die gegebenen Nenner $b_1, b_2, \ldots$ besitzt.

Wir sind nun in der Lage, den angekündigten Beweis zu führen. Für

$$x = \cfrac{1}{b_1 - \cfrac{1}{b_2 - \cfrac{1}{b_3 - \cdots}}}$$

setze man

$$\xi = \cfrac{1}{b_1 - \cfrac{1}{b_3 - \cfrac{1}{b_5 - \cdots}}}, \quad \eta = \cfrac{1}{b_2 - \cfrac{1}{b_4 - \cfrac{1}{b_6 - \cdots}}}.$$

So werden aus einer reellen Zahl $x \in (0,1]$ zwei reelle Zahlen $\xi, \eta \in (0,1]$, und umgekehrt kann man aus beliebigen $\xi, \eta \in (0,1]$ durch Mischen der Kettenbruchentwicklungen eine einzige reelle Zahl x erzeugen[1].

---

[1] Als kleines Postskriptum sei angemerkt, dass man dieselbe Idee auch mit der bekannten Dezimalbruchentwicklung versuchen kann, aber dann erfordern die rationalen Zahlen bzw. die periodischen Entwicklungen eine gesonderte Behandlung.

24. Ein bewährter Weg zur Lösung einfacher Differentialgleichungen

FRITZ SCHWEIGER

In der Oberstufe verschiedener Schulen, vor allem im technischen Bereich, werden zu Recht Differentialgleichungen untersucht. Eine bewährte Methode ist es, ohne viele theoretische Betrachtungen formal zu arbeiten. Was heißt formal? Man verwendet Techniken, mit denen man darauf los rechnet, aber Fragen der Existenz oder Konvergenz einmal vergisst!

Führen wir daher den *Differentialoperator* $Df := f'$ ein, so erfüllt die Funktion $y(x) = e^{\lambda x}$ die Gleichung $Dy = \lambda y$. Unter Verwendung der identischen Abbildung $\mathbf{1}$ können wir auch schreiben $(D - \lambda \mathbf{1})y = 0$. Diese Form eignet sich für das Lösen mancher inhomogener Gleichungen

$$y'(x) - \lambda y(x) = s(x),$$

wo $s(x)$ als Störfunktion bezeichnet wird. Die Gleichung

$$(D - \lambda \mathbf{1})y = s$$

ist äquivalent zu

$$\left(\mathbf{1} - \frac{D}{\lambda}\right) y = -\frac{s}{\lambda}.$$

Nun erinnern wir uns an die Summenformel für die geometrische Reihe. Bekanntlich gilt für $|z| < 1$ die Formel

$$\frac{1}{1-z} = \sum_{n=0}^{\infty} z^n = 1 + z + z^2 + z^3 + \cdots$$

Warum soll man es dann nicht mit der Formel

$$\frac{\mathbf{1}}{1 - \frac{D}{\lambda}} = \sum_{n=0}^{\infty} \left(\frac{D}{\lambda}\right)^n = \mathbf{1} + \frac{D}{\lambda} + \frac{D^2}{\lambda^2} + \cdots$$

versuchen? Dies ergibt die formale Lösung

$$y = -\frac{1}{\lambda} \sum_{n=0}^{\infty} \left(\frac{D}{\lambda}\right)^n s = -\frac{1}{\lambda}\left(s + \frac{s'}{\lambda} + \frac{s''}{\lambda^2} + \cdots\right).$$

Aussicht auf Erfolg haben wir, wenn die Reihe rechts konvergiert. Dies ist sicher der Fall, wenn etwa $s^{(n+1)} = 0$ für ein $n \geq 0$ gilt, d.h. die Störfunktion ist ein Polynom

$$s(x) = A_0 + A_1 x + \cdots + A_n x^n.$$

Ist etwa $s(x) = 1 + x^2$, dann liefert diese Formel die Lösung

$$y(x) = -\frac{1}{\lambda}\left(1 + x^2 + \frac{2x}{\lambda} + \frac{2}{\lambda^2}\right) = \frac{\lambda^2 x^2 + 2\lambda x + \lambda^2 + 2}{\lambda^3}.$$

G. Glaeser (Hrsg.), *77-mal Mathematik für zwischendurch*, https://doi.org/10.1007/978-3-662-61766-3_24

Die Methode geht auch gut, wenn die Ableitungen der Störfunktion s beschränkt sind, etwa bei $s(x) = \sin x$. Dann ist

$$y(x) = -\frac{1}{\lambda}\left(\sin x + \frac{\cos x}{\lambda} - \frac{\sin x}{\lambda^2} - \frac{\cos x}{\lambda^3} + \cdots\right) = \frac{-\lambda\sin x - \cos x}{\lambda^2 + 1}.$$

Die Summierung der geometrischen Reihen erfordert eigentlich $|\frac{1}{\lambda}| < 1$, aber im Endergebnis kann λ beliebig sein und die angegebene Funktion ist, wie man durch Einsetzen bestätigt, Lösung der Differentialgleichung!

Genauso erfolgreich ist man mit $s(x) = e^{\mu x}$. Man erhält

$$y(x) = -\frac{e^{\mu x}}{\lambda}\left(1 + \frac{\mu}{\lambda} + \frac{\mu^2}{\lambda^2} + \cdots\right) = \frac{e^{\mu x}}{\mu - \lambda}.$$

Dies ist eine Lösung, wenn $\mu \neq \lambda$. Für $\lambda = \mu$ versagt diese Methode, aber ein Trick hilft weiter, denn

$$y(x) = \frac{e^{\mu x} - e^{\lambda x}}{\mu - \lambda}$$

ist für $\lambda \neq \mu$ ebenfalls eine Lösung. Setzen wir $\mu = \lambda + h$, so erhält man

$$\lim_{\mu \to \lambda}\frac{e^{\mu x} - e^{\lambda x}}{\mu - \lambda} = \lim_{h \to 0}\frac{e^{(\lambda + h)x} - e^{\lambda x}}{h} = x e^{\lambda x}.$$

Diese Funktion ist, wie man sich überzeugen kann, eine Lösung.

Eine andere Gleichung ist die Schwingungsgleichung

$$y''(x) + \omega^2 y(x) = 0.$$

Dies ist die Gleichung einer ungedämpften Schwingung. Die Einführung des Differentialoperators D legt einen ähnlichen Weg nahe. Man schreibe die Gleichung

$$y''(x) + \omega^2 y(x) = 0$$

in der Form

$$(D^2 + \omega^2\mathbf{1})y = 0.$$

Mit Hilfe komplexer Zahlen, deren Nutzen sich hier wieder zeigt, ist aber

$$(D^2 + \omega^2\mathbf{1})y = (D + i\omega\mathbf{1})(D - i\omega\mathbf{1})y = 0.$$

Daher sollte $(D + i\omega\mathbf{1})y = 0$ oder $(D - i\omega\mathbf{1})y = 0$ sein. Dann sind aber $y(x) = e^{-i\omega x}$ und $y(x) = e^{i\omega x}$ Lösungen. Die Formeln von Euler ergeben dann die Linearkombinationen

$$\cos\omega x = \frac{e^{i\omega x} + e^{-i\omega x}}{2}$$

und

$$\sin\omega x = \frac{e^{i\omega x} - e^{-i\omega x}}{2i}.$$

als reelle Lösungen.

Wie steht es mit der Gleichung für eine gedämpfte Schwingung? Dies ist die Gleichung

$$y''(x) + ky'(x) + \omega^2 y(x) = 0.$$

Nun wir wollen hier eine Anleihe bei der Herleitung der Lösungsformel für quadratische Gleichungen nehmen. Die Gleichung

$$x^2 + ax + b = 0$$

wird mittels der quadratischen Ergänzung, d.h. mittels der Verschiebung

$$\bar{x} = \frac{a}{2} + x,$$

auf die Form

$$\bar{x}^2 = \frac{a^2}{4} - b$$

gebracht. Wir probieren daher den Ansatz

$$\bar{y}(x) = e^{\frac{k}{2}x} y(x).$$

Dann errechnet man, dass

$$\bar{y}''(x) + \beta^2 \bar{y}(x) = 0$$

gilt, wo $\beta^2 = \omega^2 - \frac{k^2}{4}$ gilt. Dann sind die Funktionen $e^{-\frac{k}{2}x} \cos \beta x$ und $e^{-\frac{k}{2}x} \sin \beta x$ Lösungen. Dabei muss $\omega^2 - \frac{k^2}{4} < 0$ sein (d.h. die Dämpfung darf nicht zu stark werden). Wenn $\omega^2 - \frac{k^2}{4} = 0$ gilt, ist $\bar{y}''(x) = 0$, also $\bar{y}(x) = A + Bx$. Dann ist

$$y(x) = e^{-\frac{k}{2}x}(A + Bx)$$

eine Lösung der Differentialgleichung.

Man kann auch versuchen, die inhomogene Gleichung

$$(D^2 + \omega^2 \mathbf{1})y = s$$

mittels der geometrischen Reihe zu lösen. Es ist sodann

$$\frac{\mathbf{1}}{D^2 + \omega^2 \mathbf{1}} = \frac{1}{\omega^2}\left(\mathbf{1} - \frac{D^2}{\omega^2} + \frac{D^4}{\omega^4} - \cdots\right).$$

Die Störfunktion $s(x) = x^5 - x^2$ ergibt

$$y(x) = \frac{1}{\omega^2}\left(x^5 - x^2 - \frac{20x^3 + 2}{\omega^2} + \frac{60x}{\omega^4}\right) = \frac{\omega^4 x^5 - 20\omega^2 x^3 - \omega^4 x^2 + 60x + 2\omega^2}{\omega^6}.$$

Klassisch ist die Untersuchung der Resonanzkatastrophe, wenn also die Störfunktion die Eigenfrequenz ω der Schwingung hat. Wählen wir zunächst eine andere Frequenz α, also

$$y''(x) + \omega^2 y(x) = \sin \alpha x.$$

Dann liefert die Formel die Lösung

$$y(x) = \frac{\sin \alpha x}{\omega^2 - \alpha^2}.$$

Wie zuvor ist auch

$$y(x) = \frac{\sin \alpha x - \sin \omega x}{\omega^2 - \alpha^2} = \frac{\sin \alpha x - \sin \omega x}{(\omega + \alpha)(\omega - \alpha)}$$

eine Lösung. Wir setzen $\alpha = \omega + h$. Dann ist

$$\sin \alpha x = \sin(\omega + h)x = \sin \omega x \cos hx + \cos \omega x \sin hx$$

und daher

$$\lim_{h \to 0} \frac{\sin \omega x \cos hx + \cos \omega x \sin hx - \sin \omega x}{-h} = -x \cos \omega x.$$

Somit ist

$$y(x) = -\frac{1}{2\omega} x \cos \omega x$$

die gesuchte Lösung, die mit $x \to \infty$ nicht beschränkt bleibt, also zur Katastrophe führen wird. Bekanntlich ist

$$y(x) = A \sin \omega x + B \cos \omega x - \frac{1}{2\omega} x \cos \omega x$$

die allgemeine Lösung, aber die Katastrophe kann durch Wahl von A und B nicht abgewendet werden. Besser wäre der Einbau einer geeigneten Dämpfung.

25. Was ist eine Funktion?

Manuel Kauers

Von Mathematikern wird im Allgemeinen angenommen, dass sie sich immer hundertprozentig präzise ausdrücken. Umso größer kann die Verwirrung sein, die wir stiften, wenn wir diesem Anspruch einmal nicht ganz gerecht werden. Das kann zum Beispiel passieren, wenn wir sagen, die Funktion

$$\frac{x + \sin\left(x + \sqrt{1 - x^2}\right)}{1 + \exp(5 + \exp(-x^2))}$$

enthalte einen Sinus. Was meinen wir damit? Kann eine Funktion eine andere enthalten? Wenn wir sagen, dass die Funktion $\sin(x)^2$ einen Sinus enthält, müsste dann nicht auch $1 - \cos(x)^2$ einen Sinus enthalten, oder ist das etwa eine andere Funktion? Enthält $|x|^2$ die Betragsfunktion und x^2 nicht? Wenn die Funktion $|x|^2 - x^2$ ein Quadrat enthält, was ist dann mit der konstanten Funktion 0?

Informal kann man sich eine Funktion bekanntlich als eine Art Gerät vorstellen, in das man Zahlen eingeben kann und das für jede Eingabe x eine bestimmte Zahl $f(x)$ als Ausgabe produziert.

Man könnte meinen, dass eine Funktion f eine zweite enthält, wenn das Kästchen der zweiten Funktion im Kästchen von f irgendwie verbaut wurde. Allerdings ist zu beachten, dass es für eine Funktion nicht wesentlich ist, wie sie zusammengebaut ist. Ein und dieselbe Funktion lässt sich im Allgemeinen auf viele verschiedene Weisen ausdrücken. Außerdem gibt es viele Funktionen, die sich überhaupt nicht aus einfacheren Funktionen zusammenbauen lassen, und die man sich besser gar nicht erst so vorstellt, dass der Funktionswert $f(x)$ aus dem Argument x nach einem bestimmten Verfahren „berechnet" wird.

Am besten werfen wir einen Blick auf die formale Definition des Funktionsbegriffs. In manchen Lehrbüchern liest man, eine Funktion $f : A \to B$ von einer Menge A in eine Menge B sei eine Menge $P \subseteq A \times B$ von Paaren mit der Eigenschaft, dass es für jedes $a \in A$ genau ein $b \in B$ gibt, sodass das Paar (a, b) zu P gehört. Man schreibt dann $f(a)$ für dieses b. Die Menge P darf dabei gerne so kompliziert sein, dass sich zu einem gegebenen a das passende b mit $(a, b) \in P$ nicht systematisch berechnen lässt. Wichtig ist nur, dass jedes $a \in A$ genau einen Partner $b \in B$ hat. Es kommt also nur auf die Menge P an. Die kann man sich anschaulich als Wertetabelle vorstellen:

x	-5	$5/3$	9	-17	$\cdots$
$f(x)$	28	-19	$32/7$	63	$\cdots$

© Der/die Herausgeber bzw. der/die Autor(en), exklusiv lizenziert durch Springer-Verlag GmbH, DE, ein Teil von Springer Nature 2020
G. Glaeser (Hrsg.), *77-mal Mathematik für zwischendurch*,
https://doi.org/10.1007/978-3-662-61766-3_25

Dass jedes $a \in A$ genau einen Partner hat, bedeutet, dass in der oberen Zeile der Tabelle jedes Element aus A genau einmal aufscheint.

Wenn nun eine Funktion „in Wirklichkeit" eine Menge (von Paaren) ist, dann könnten Funktionen prinzipiell ineinander enthalten sein. Bei diesem Enthaltensein handelt es sich aber natürlich um ein ganz anderes Konzept als vorher. Mit der Sichtweise, dass Funktionen einfach Mengen von Paaren sind, wäre zum Beispiel die Funktion $f \colon [0,1] \to \mathbb{R}$ mit $f(x) = x^2$ enthalten in der Funktion $g \colon [-5,5] \to \mathbb{R}$ mit $g(x) = x^2$. Wenn man will, kann man das so sehen. Etwas suspekt ist dabei allerdings, dass es sich bei $f \colon [0,1] \to \mathbb{R}$ mit $f(x) = x^2$ und $h \colon [0,1] \to [0,1]$ mit $h(x) = x^2$ um dieselben Funktionen handelt, wenn man in ihnen jeweils nur eine Menge von Paaren sieht. Das kann nicht ganz stimmen, denn die Funktion h ist surjektiv und die Funktion f nicht.

In der offiziellen Definition des Funktionsbegriffs werden deshalb Definitions- und Wertebereich als Bestandteile der Funktion aufgefasst. Demnach ist eine Funktion ein Tripel (A, B, P), wobei A und B Mengen sind und P eine Teilmenge von $A \times B$ mit der oben schon genannten Eigenschaft, dass zu jedem $a \in A$ genau ein $b \in B$ mit $(a, b) \in P$ existiert. Zwei Funktionen (A, B, P) und (A', B', P') sind gleich, wenn $A = A'$, $B = B'$ und $P = P'$ gilt. Die Funktion $f \colon [0,1] \to \mathbb{R}$ mit $f(x) = x^2$ ist also eine andere Funktion als $g \colon [-5,5] \to \mathbb{R}$ mit $g(x) = x^2$ und auch eine andere als $h \colon [0,1] \to [0,1]$ mit $h(x) = x^2$.

Da für zwei Tripel nicht erklärt ist, was es heißen soll, dass eines das andere enthält, können wir auch nicht sinnvoll davon sprechen, dass eine Funktion eine andere enthält. Die offizielle Definition des Funktionsbegriffs taugt deshalb wenig, um der eingangs zitierten unsauberen Sprechweise einen sauberen Sinn zu verleihen. Immerhin bringt sie uns auf eine Spur. Wenn nämlich Definitions- und Wertebereich integraler Bestandteil einer Funktion sind, dann können wir eigentlich gar nicht so einfach von „der Funktion" $\sin(x)^2$ sprechen.

Aber wenn Definitions- und Wertebereich nun einmal nicht angegeben sind (und wir auch nicht raten wollen, welche Mengen wohl gemeint sein könnten), was könnte $\sin(x)^2$ für sich genommen noch bedeuten? Eine Funktion ist es dann zwar nicht, aber wir können darin immer noch einen *Funktionsausdruck* erkennen. Unter einem (mathematischen) Ausdruck versteht man ein Gebilde, das nach gewissen syntaktischen Regeln aus Formelzeichen (z.B. Variablen, Klammern, Funktionssymbolen usw.) zusammengesetzt ist. Charakteristisch für mathematische Ausdrücke ist, dass man ausgehend von einfachen Ausdrücken nach und nach immer komplexere Ausdrücke bilden kann. Dabei entsteht eine hierarchische Struktur. Die Struktur des Ausdrucks

$$\frac{x + \sin\left(x + \sqrt{1 - x^2}\right)}{1 + \exp(5 + \exp(-x^2))}$$

lässt sich zum Beispiel durch folgendes Baumdiagramm veranschaulichen:

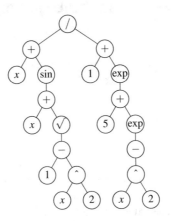

Durch diese hierarchische Struktur ist es sinnvoll, bei einem Ausdruck von Unterausdrücken zu sprechen. Zum Beispiel enthält der Ausdruck

$$\frac{x + \sin\left(x + \sqrt{1 - x^2}\right)}{1 + \exp(5 + \exp(-x^2))}$$

die folgenden Unterausdrücke:

$$1, \quad 5, \quad 2, \quad x, \quad x^2, \quad -x^2, \quad 1 - x^2, \quad \exp(-x^2), \quad \sqrt{1 - x^2}, \quad x + \sqrt{1 - x^2},$$

$$5 + \exp(-x^2), \quad \sin(x + \sqrt{1 - x^2}), \quad \exp(5 + \exp(-x^2)), \quad x + \sin(x + \sqrt{1 - x^2}),$$

$$1 + \exp(5 + \exp(-x^2)) \quad \text{und} \quad \frac{x + \sin\left(x + \sqrt{1 - x^2}\right)}{1 + \exp(5 + \exp(-x^2))}.$$

Insbesondere kann man sagen, der Ausdruck enthält einen Sinus, wenn man damit meint, dass der Ausdruck einen Unterausdruck hat, dessen äußerstes Funktionssymbol sin lautet. Es ist auch nicht problematisch, dass $|x|^2$ einen Betrag enthält und x^2 nicht, denn obwohl es sich bei $f\colon \mathbb{R} \to \mathbb{R}$, $f(x) = |x|^2$ und $g\colon \mathbb{R} \to \mathbb{R}$, $g(x) = x^2$ um dieselben Funktionen handelt, handelt es sich bei $|x|^2$ und x^2 um unterschiedliche Ausdrücke.

Ausdrücke sind ein probates Werkzeug zur Beschreibung von Funktionen, aber sie selbst sind etwas anderes als die Funktionen, die durch sie beschrieben werden. Das mag wie eine haarspalterische Unterscheidung klingen, aber interessanterweise erscheint uns die entsprechende Unterscheidung in der natürlichen Sprache ganz selbstverständlich. Das deutsche Wort „Blume" ist etwas anderes als die Pflanze, die dadurch bezeichnet wird. Während nämlich das Wort „Blume" aus Buchstaben besteht und keine Blätter oder Blüten hat, besteht eine richtige Blume aus Blättern und Blüten und hat keine Buchstaben.

Natürlich ist es ein Irrglaube, dass Mathematiker sich jederzeit hundertprozentig präzise ausdrücken. Absolute Präzision ist auch weder erforderlich noch erstrebenswert. Wir können aber versuchen zu vermeiden, durch unsaubere Sprechweisen unnötige Verwirrung zu stiften. Man möchte sich wünschen, dass nicht nur Mathematiker sich darum bemühen würden.

26. Geschickt gewählt ist halb gewonnen

Fʀɪᴛᴢ Sᴄʜᴡᴇɪɢᴇʀ

Sei $A > 1$ gegeben, so findet man eine Näherung von $\sqrt{A}$ durch ein Verfahren, welches als Babylonisches Wurzelziehen bekannt ist. Man setzt

$$x_0 = A, \quad x_{n+1} = \frac{1}{2}\left(x_n + \frac{A}{x_n}\right)$$

und iteriert. Dann ist $x_n > x_{n+1}$ und $\lim_{n \to \infty} x_n = \sqrt{A}$. Das Verfahren konvergiert, wie man schon auf einem Taschenrechner feststellen kann, sehr rasch. Man kann auch statt $x_0 = A$ jeden beliebigen Wert $x_0 > 0$ wählen, denn das Verfahren ist „selbstkorrigierend", sodass auch ein kleiner Fehler beim Rechnen bald wieder weggezaubert ist.

Man kann fragen, ob dieses Verfahren auch für $\sqrt[n]{A}$ verwendbar ist, d. h. man setze etwa

$$x_{n+1} = \frac{1}{2}\left(x_n + \frac{A}{x_n^{N-1}}\right).$$

Es stellt sich heraus, dass dieses Verfahren für $N = 3$ noch ganz gut funktioniert, für $N = 4$ gerade noch, aber für $N = 5$ endgültig schief geht! Wir nehmen an, dass x_n nahe bei $\sqrt[5]{A}$ sei. Dann errechnet man mittels der Rekursionsformel

$$x_{n+1} = \frac{1}{2}\left(x_n + \frac{A}{x_n^4}\right)$$

die Differenz

$$x_{n+1} - \sqrt[5]{A} = \frac{1}{2}\left(x_n + \frac{A}{x_n^4} - \sqrt[5]{A} - \frac{A}{\sqrt[5]{A^4}}\right)$$
$$= (x_n - \sqrt[5]{A})\frac{1}{2}\left(1 - A\frac{\sqrt[5]{A^3} + \sqrt[5]{A^2}x_n + \sqrt[5]{A}x_n^2 + x_n^3}{x_n^4\sqrt[5]{A^4}}\right).$$

Wir haben dazu die Beziehung

$$a^4 - b^4 = (a - b)(a^3 + a^2 b + a b^2 + b^3)$$

verwendet. Ist aber (eher zufällig) $x_n \sim \sqrt[5]{A^4}$, so ist

$$\frac{\sqrt[5]{A^3} + \sqrt[5]{A^2}x_n + \sqrt[5]{A}x_n^2 + x_n^3}{x_n^4\sqrt[5]{A^4}} \sim 4$$

und damit

G. Glaeser (Hrsg.), *77-mal Mathematik für zwischendurch*,
https://doi.org/10.1007/978-3-662-61766-3_26

$$x_{n+1} - \sqrt[5]{A} \quad \sim \quad -\frac{3}{2}(x_n - \sqrt[5]{A}).$$

Dies bedeutet, dass x_{n+1} sich von $\sqrt[5]{A}$ wieder entfernt hat und daher das Verfahren nicht konvergieren kann.

Zum Ziel führt der Ansatz

$$x_{n+1} = \frac{1}{N}\left((N-1)x_n + \frac{A}{x_n^{N-1}}\right).$$

Dann ist nämlich (sofern $x_0 > \sqrt[N]{A}$ gewählt wurde)

$$x_{n+1} = \frac{1}{N}\left(x_n + x_n + \cdots + x_n + \frac{A}{x_n^{N-1}}\right) \geq \sqrt[N]{A} \qquad (26.1)$$

und weiters

$$x_n > x_{n+1} = \frac{1}{N}\left((N-1)x_n + \frac{A}{x_n^{N-1}}\right). \qquad (26.2)$$

Die erste Behauptung (26.1) folgt aus der arithmetisch-geometrischen Ungleichung

$$\frac{a_1 + \cdots + a_N}{N} \geq \sqrt[N]{a_1 \cdots a_N}.$$

Als Alternative könnte man die Untersuchung der Funktion

$$f(t) = (N-1)t + \frac{A}{t^{N-1}}$$

anbieten. Diese hat ein Minimum bei $t_0 = \sqrt[N]{A}$.

Die zweite Behauptung (26.2) ist äquivalent zu

$$Nx_n > (N-1)x_n + \frac{A}{x_n^{N-1}},$$

also zu

$$x_n^N > A.$$

Daher ist die Folge $x_0, x_1, x_2, \ldots$ monoton fallend und hat $\sqrt[N]{A}$ als untere Schranke. Der (anschaulich vorhandene) Grenzwert ξ erfüllt daher

$$\xi = \frac{1}{N}\left((N-1)\xi + \frac{A}{\xi^{N-1}}\right)$$

und es ist daher $\xi = \sqrt[N]{A}$.

27. Approximation von Quadratwurzeln

FRITZ SCHWEIGER

Vor der Erfindung elektronischer Rechner hat man viel Mühe verwendet oder verschwendet, Algorithmen zur Approximation von Quadratwurzeln zu finden. Ein bemerkenswertes Resultat ist mit G. STRATEMEYER verbunden. Man wähle eine ganze Zahl $t_0 \geq 2$ und berechne mittels der Rekursionsformel

$$t_{k+1} = 2t_k^2 - 1$$

die Folge $t_0, t_1, t_2, \ldots$ Es gilt sodann die Beziehung

$$\sqrt{t_{k+1}^2 - 1} = 2t_k \sqrt{t_k^2 - 1}.$$

Eine einfache Rechnung ergibt

$$t_k - \sqrt{t_k^2 - 1} = \frac{1}{2t_k} + \frac{t_{k+1} - \sqrt{t_{k+1}^2 - 1}}{2t_k}.$$

Daraus folgt die schöne Reihe

$$t_0 - \sqrt{t_0^2 - 1} = \frac{1}{2t_0} + \frac{1}{2t_0 \cdot 2t_1} + \frac{1}{2t_0 \cdot 2t_1 \cdot 2t_2} + \ldots$$

bzw. die Darstellung

$$\sqrt{t_0^2 - 1} = t_0 - \sum_{k=1}^{\infty} \frac{1}{2t_0 \cdot 2t_1 \cdots 2t_{k-1}}.$$

Nimmt man etwa $t_0 = 2$, so erhält man $t_1 = 7$, $t_2 = 97$ usw. und die Reihe

$$\sqrt{3} = 2 - \frac{1}{4} - \frac{1}{56} - \frac{1}{10476} - \cdots,$$

die eine sehr gute Näherung liefert! Schon die ersten drei Glieder liefern die gute Approximation von oben

$$\sqrt{3} \sim 1{,}732142857142857.$$

Der korrekte Wert ist

$$\sqrt{3} = 1{,}732050807568877\ldots.$$

Viel früher hat man schon entdeckt, dass für dieselbe Folge auch die Beziehung

$$\sqrt{\frac{t_k + 1}{t_k - 1}} = \frac{t_k + 1}{t_k} \sqrt{\frac{t_{k+1} + 1}{t_{k+1} - 1}}$$

gilt. Daraus leitet man das unendliche Produkt

$$\sqrt{\frac{t_0+1}{t_0-1}} = \prod_{k=0}^{\infty} \left(1+\frac{1}{t_k}\right) ,$$

her. Setzt man hier wieder $t_0 = 2$, so ergibt das

$$\sqrt{3} = \left(1+\frac{1}{2}\right)\left(1+\frac{1}{7}\right)\left(1+\frac{1}{97}\right)\cdots$$

Hier ergeben die ersten beiden Faktoren immerhin schon die untere Näherung

$$\sqrt{3} \sim \frac{12}{7} \sim 1{,}714285714285714\ldots$$

Wer etwas mehr darüber erfahren will, sei auf das schöne alte Buch von OSKAR PERRON, *Irrationalzahlen* verwiesen.

28. Die durch n Punkte in der Ebene bestimmten Abstände

LEONHARD SUMMERER

Wenn Ihnen das nächste Mal auf dem Heimweg vom Einkaufen das Netz mit den Orangen aufplatzt und sich die Früchte nach kurzem Herumkollern am Boden verteilt haben, fangen Sie nicht gleich an zu fluchen, sondern aktivieren Sie Ihre mathematische Neugier! Sehen Sie die nunmehr auf dem Boden verteilten Orangen als n (auch wenn man diese Anzahl nicht zu kaufen bekommt) Punkte in der Ebene an: Welche Fragen würden Sie als MathematikerIn stellen?

Klar, man kann fragen, welche Orange am weitesten weggerollt ist, aber diese Frage ist wohl eher durch den Zwang, sie wieder aufheben zu müssen, motiviert. Interessanter scheint da schon die Betrachtung der Abstände der Orangen untereinander. Abstrakt gesehen ist die Anzahl der durch n Punkte in der Ebene bestimmten Abstände gerade $\binom{n}{2} = \frac{n(n-1)}{2}$. Vielleicht sind alle verschieden, vielleicht treten einige Abstände mehrmals auf. Können eventuell sogar alle auftretenden Abstände gleich sein?

Bezeichnen x_i, $i = 1, \ldots, n$, die Positionen der n Punkte in einem fest gewählten Koordinatensystem, so kann man alle eben angeführten Fragestellungen zusammenfassen zur Frage nach der Kardinalität der Menge

$$M(x_1, \ldots, x_n) := \{|x_i - x_j| : 1 \leq i < j \leq n\}.$$

Betrachtet man nun alle möglichen Konfigurationen von n Punkten und bezeichnet man mit $g(n)$ (bzw. $G(n)$) die kleinstmögliche (bzw. größtmögliche) auftretende Kardinalität unter den Mengen $M(x_1, \ldots, x_n)$, so sind unsere Fragen enthalten in:

Gilt $G(n) = \frac{n(n-1)}{2}$ und $g(n) = 1$ für alle n?

Nun, an dieser Stelle muss angemerkt werden, dass sich schon so mancher darüber den Kopf zerbrochen hat, unter anderen der große ungarische Mathematiker PAUL ERDŐS, der als erster eine Arbeit [1] zum Problem der Menge von Abständen von n Punkten in der Ebene geschrieben hat und damit eine ganze Reihe von weiteren Überlegungen angestoßen hat. Doch bevor wir uns den bisher bekannten Ergebnissen widmen, wollen wir selbst noch etwas weiter über Antworten auf unsere Fragen nachdenken.

Beginnen wir also mit dem leichtesten, der Untersuchung von $G(n)$. Um für alle n die Aussage $G(n) = n(n-1)/2$ nachzuweisen, genügt es, eine Konfiguration von n Punkten anzugeben, in der alle Abstände $|x_i - x_j|$, $1 \leq i < j \leq n$, verschieden sind. Diese Aufgabe eignet sich gut für SchülerInnen, vielleicht mit dem Hinweis, dass man alle n Punkte z.B. auf die positive x-Achse legen kann und die Abstände zum Punkt im Ursprung geschickt wählen soll.

© Der/die Herausgeber bzw. der/die Autor(en), exklusiv lizenziert durch Springer-Verlag GmbH, DE, ein Teil von Springer Nature 2020
G. Glaeser (Hrsg.), *77-mal Mathematik für zwischendurch*,
https://doi.org/10.1007/978-3-662-61766-3_28

Alternativ dazu kann man noch einen reinen Existenzbeweis für eine Konfiguration mit n Punkten, die $n(n-1)/2$ verschiedene Abstände definieren, angeben. Man geht dabei induktiv vor, wählt einen beliebigen Punkt, dann beliebig einen zweiten, dann den dritten so, dass er auf keinem der Kreise um die ersten beiden liegt, deren Radien durch alle bisher vorhandenen Abstände (bei zwei Punkten ist das nur einer) gegeben sind, usw.

Nun zur Untersuchung von $g(n)$. Schnell wird klar, dass im Fall $n = 3$ für Punkte, die die Ecken eines gleichseitigen Dreiecks bilden, nur ein Abstand auftritt, also $g(3) = 1$ gilt. Wieder ist es eine gute Aufgabe für SchülerInnen, zu zeigen, dass $g(4) = g(5) = 2$ gilt. Damit ist dann klar, dass $g(n) > 1$ für $n \geq 4$, doch damit wollen wir uns nicht zufrieden geben. Wir wollen vielmehr nach einer für alle n gültigen unteren bzw. oberen Abschätzung von $g(n)$ suchen.

Für eine obere Abschätzung ist eine Konfiguration von n Punkten gefragt, für die $g(n)$ möglichst klein ist, also möglichst wenig verschiedene Abstände auftreten. Andersherum betrachtet müssen also sehr viele Abstände mehrfach auftreten und die Vermutung ist naheliegend, dass eine möglichst regelmäßige Anordnung der Punkte dies bewerkstelligt. Schon PAUL ERDŐS hat dazu die Punkte $(x,y) \in \mathbb{Z}^2$ mit $0 \leq x, y \leq \sqrt{n}$ verwendet: davon gibt es $([\sqrt{n}] + 1)^2 \geq n$ viele, die paarweise Abstände der Form

$$\sqrt{u^2 + v^2}, \text{ wobei } 0 \leq u, v \leq \sqrt{n},$$

haben. Alle auftretenden Abstände sind Quadratwurzeln ganzer Zahlen zwischen 0 und $2n$, also genügt es, zu wissen, wieviele ganze Zahlen zwischen 0 und $2n$ Summen von zwei Quadraten sind, um die Anzahl der verschiedenen Abstände zu kennen. Damit ist diese obere Abschätzung von $g(n)$ auf ein rein zahlentheoretisches Problem zurückgeführt, dessen Lösung schon ERDŐS bekannt war: Es existiert eine Konstante c, sodass nicht mehr als $cn/\sqrt{\log n}$ ganze Zahlen zwischen 0 und $2n$ Summen von zwei Quadraten sind, woraus für das Abstandsproblem

$$g(n) \leq \frac{cn}{\sqrt{\log n}}$$

folgt.

Fehlt also noch eine untere Abschätzung von $g(n)$, die idealerweise so nah wie möglich an die gefundene obere Abschätzung herankommen soll, um das Verhalten von $g(n)$ gut zu beschreiben. ERDŐS selbst konnte zwar eine untere Abschätzung angeben, die durch ihre Einfachheit besticht, die jedoch viel zu weit von der oberen Abschätzung abweicht, um optimal zu sein.

Betrachte zu n beliebigen Punkten in der Ebene die konvexe Hülle, also den Durchschnitt aller Halbebenen, die alle n Punkte enthalten. Diese konvexe Hülle ist dann ein konvexes Polygon, dessen Ecken aus einer Teilmenge der gegebenen n Punkte bestehen. P_1 bezeichne eine beliebige Ecke dieses Polygons. Weiters sei k die Anzahl der verschiedenen Abstände unter den Abständen $P_1 P_i$, $i = 2, \ldots, n$. Ist N die maximale Vielfachheit eines der Abstände unter den $P_1 P_i$, so gilt klarerweise die

Ungleichung $kN \geq n - 1$, woraus wir

$$g(n) \geq (n-1)/N$$

entnehmen.

Ist d ein solcher Abstand, der N mal auftritt, so liegen N Punkte auf dem Kreis mit Radius d um P_1. Da P_1 darüberhinaus eine Ecke der konvexen Hülle aller n Punkte ist, müssen diese N Punkte alle in einer Hälfte des Kreises um P_1, also auf einem Halbkreis, liegen. Wir benennen diese N Punkte $Q_1, \ldots, Q_N$, sodass bei entsprechender Nummerierung $Q_1 Q_2 < Q_1 Q_3 < \ldots < Q_1 Q_N$ gilt und diese $N - 1$ Abstände paarweise verschieden sind, woraus sich

$$g(n) \geq N - 1$$

ergibt. Siehe dazu die folgende Skizze:

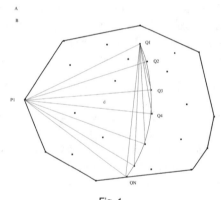

Fig. 1

Aus den beiden gewonnenen Abschätzungen folgt

$$g(n) \geq \max\left\{ N-1, \frac{n-1}{N} \right\},$$

und der Ausdruck auf der rechten Seite wird minimal, wenn $N - 1 = (n-1)/N$. Die sich daraus ergebende quadratische Gleichung für N besitzt die positive Lösung $N = \sqrt{n - 3/4} + 1/2$, was schlussendlich auf

$$g(n) \geq \sqrt{n - \frac{3}{4}} - \frac{1}{2}$$

führt.

Trotz mehrjähriger Bemühungen konnte ERDŐS diese Abschätzung nicht verbessern. Dies veranlasste aber eine ganze Reihe von Mathematikern, sich ebenfalls an dieser Frage zu versuchen und mit der Zeit wurden immer bessere untere Abschätzungen von $g(n)$ gefunden, die alle die Gestalt $g(n) \geq n^{1-\delta}$ mit immer kleineren, aber positiven Werten von δ hatten. Ein sensationeller Durchbruch gelang 2010 Larry Guth und Nets Hawk Katz, die die Existenz einer positiven Konstante c' zeigen konnten, sodass

$$g(n) \geq c' \frac{n}{\log n},$$

womit die ursprüngliche Vermutung von ERDŐS, dass nämlich $g(n) \geq n^{1-\delta}$ für alle positiven δ gilt, bewiesen wurde.

Anstatt auf diesen phantastischen Beweis näher einzugehen (eine sehr gute Darstellung findet man unter [2]), möchte ich noch einige weitere Fragestellungen präsentieren, die ebenfalls zu diesem Problemkreis gehören und meist auch auf ERDŐS zurückgehen.

Eine Frage betrifft die Häufigkeit, mit der ein und derselbe Abstand unter $|x_i - x_j|$, $1 \leq i < j \leq n$, auftreten kann. Hier hat Erdős gezeigt, dass diese Häufigkeit sicher kleiner als $n^{3/2}$ sein muss, seine Vermutung war allerdings, dass der Exponent $3/2$ durch jeden Exponenten größer als 1 ersetzt werden kann.

Schließlich spielen noch der kleinste und größte auftretende Abstand eine ausgezeichnete Rolle und es ist anzunehmen, dass für die maximale Häufigkeit deren Auftretens besondere Schranken gelten. In der Tat tritt der Minimalabstand höchstens $3n - 6$ mal auf und der Maximalabstand höchstens n mal. Beide Beweise sind einfach und eignen sich sehr gut, um interessierte SchülerInnen für Kombinatorik zu begeistern und liefern außerdem eine nette Anwendung des Eulerschen Polyedersatzes. Eine detaillierte Darstellung findet sich in [3].

Weiterführende Literatur

[1] Erdös, P. (1946). On sets of distances of n points. *The American Mathematical Monthly*, 53(5), 248–250.

[2] *https://terrytao.wordpress.com/2010/11/20/the-guth-katz-bound-on-the-erdos-distance-problem/*

[3] Honsberger, R. (1982). *Mathematische Juwelen*. Vieweg.

III. GEOMETRIE

29. Von Pythagoras zu Ptolemäus

GILBERT HELMBERG

Ziel dieses kurzen Ausfluges durch die Geometrie ist ein bemerkenswerter kreisgeometrischer Satz des ägyptischen Naturforschers CLAUDIUS PTOLEMÄUS (85–165), der sich besonders mit der Bewegung der Planeten und des Mondes beschäftigte. Das *ptolemäische Weltsystem* sieht die Erde im Mittelpunkt des Planetensystems. Es wurde vom *kopernikanischen Weltsystem* des deutschen Mathematikers und Astronomen NIKOLAUS KOPERNIKUS (NIKLAS KOPPERNIGK jun., 1473–1543) abgelöst, in dem die Sonne im Mittelpunkt des Planetensystems steht. Als Raststätten für diesen Ausflug dienen vier bekannte geometrische Sätze.

Der Satz von Pythagoras (ca. 580–500 v. Chr.)

Die Aussage dieses Satzes gehört heute fast zur Allgemeinbildung:

In einem rechtwinkeligen Dreieck ist das Quadrat der Hypotenuse c gleich der Summe der Quadrate der Katheten a, b:

$$c^2 = a^2 + b^2.$$

Unter den vielen Beweisen des Satzes von Pythagoras ist der folgende besonders augenfällig: Vier kongruente rechtwinkelige Dreiecke sind einem Quadrat mit der Seitenlänge c eingeschrieben und lassen in seinem Inneren ein Quadrat mit der Seitenlänge $b - a$ frei. Damit ergibt sich:

$$c^2 = (b - a)^2 + 2ab = a^2 + b^2.$$

Der Cosinus-Satz

Dieser sieht auf den ersten Blick wie ein großer Bruder des Satzes von Pythagoras aus, der als Spezialfall des Cosinus-Satzes angesehen werden kann:

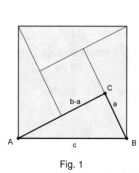

Fig. 1

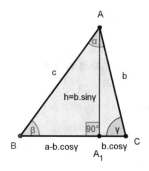

Fig. 2

G. Glaeser (Hrsg.), *77-mal Mathematik für zwischendurch*,
https://doi.org/10.1007/978-3-662-61766-3_29

In einem Dreieck, in dem die Seiten a und b den Winkel γ einschließen, gilt für die dritte Seite c

$$c^2 = a^2 + b^2 - 2ab\cos\gamma.$$

Dabei kann er leicht aus dem Satz von Pythagoras abgeleitet werden. Bezeichnen wir mit A_1 den Fußpunkt der Höhe, die wir aus dem Punkt A auf die gegenüberliegende Seite a fällen. Diese Höhe AA_1 hat die Länge $b\sin\gamma$, die Strecke CA_1 hat die Länge $b\cos\gamma$. Nach dem Satz von Pythagoras gilt für das rechtwinkelige Dreieck AA_1B

$$\begin{aligned} c^2 &= (a - b\cos\gamma)^2 + (b\sin\gamma)^2 = a^2 + b^2\cos^2\gamma - 2ab\cos\gamma + b^2\sin^2\gamma = \\ &= a^2 + b^2 - 2ab\cos\gamma. \end{aligned}$$

Aus dem gleichen Bild kann man auch den Partner des Cosinus-Satzes ableiten:

Der Sinus-Satz

In einem Dreieck, in dem die Winkel α, β und γ den Seiten a, b und c gegenüberliegen, gilt a : b : c = sin α : sin β : sin γ.

Wenn h die Höhe aus dem Punkt A auf die Dreiecksseite a ist, gilt nämlich

$$h = b\sin\gamma = c\sin\beta \implies \frac{b}{c} = \frac{\sin\beta}{\sin\gamma}$$

und in analoger Weise erhalten wir

$$\frac{a}{b} = \frac{\sin\alpha}{\sin\beta}, \quad \frac{c}{a} = \frac{\sin\gamma}{\sin\alpha}.$$

Ähnliche Dreiecke

Zwei Dreiecke heißen *ähnlich*, wenn ihre Winkel gleich sind. Sinus-Satz und Cosinus-Satz zusammen helfen uns, diese Eigenschaft zweier Dreiecke auch anders zu beschreiben:

Wenn zwei Dreiecke mit den Seiten a, b, c und a′, b′, c′ ähnlich sind, dann gilt

$$\frac{a}{a'} = \frac{b}{b'} = \frac{c}{c'}. \tag{29.1}$$

Umgekehrt folgt aus (29.1), dass die beiden Dreiecke mit diesen Seiten ähnlich sind.

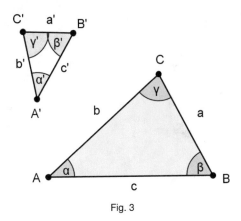

Fig. 3

Aus $\alpha = \alpha'$, $\beta = \beta'$, $\gamma = \gamma'$ folgt nämlich nach dem Sinus-Satz

$$\frac{a}{b} = \frac{\sin\alpha}{\sin\beta} = \frac{a'}{b'}, \quad \text{d.h.} \quad \frac{a}{a'} = \frac{b}{b'}$$

und in gleicher Weise $\dfrac{b}{b'} = \dfrac{c}{c'}$.

Umgekehrt seien α, β und γ bzw. α', β' und γ' die Winkel der beiden Dreiecke. Wenn der *Ähnlichkeitsfaktor q* der gemeinsame Wert der Brüche in (29.1) ist, folgt nach dem Cosinus-Satz

$$c^2 = a^2 + b^2 - 2ab\cos\gamma,$$

also

$$\begin{aligned}
\cos\gamma &= \frac{a^2 + b^2 - c^2}{2ab} \\
&= \frac{(a'q)^2 + (b'q)^2 - (c'q)^2}{2(a'q)(b'q)} \\
&= \frac{a'^2 + b'^2 - c'^2}{2a'b'} \\
&= \cos\gamma'
\end{aligned}$$

und schließlich $\gamma = \gamma'$. In gleicher Weise folgt $\alpha = \alpha'$ und $\beta = \beta'$.

Der Peripheriewinkel-Satz

Schreiben wir das Dreieck *ABC* einem Kreis mit dem Mittelpunkt *M* ein. Dann gilt: *Wenn die Kreis-Sehne AB festgehalten wird, bleibt der gegenüberliegende Dreieckswinkel γ konstant, wenn sich der Dreieckspunkt C auf dem Kreisumfang bewegt.*

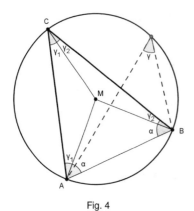

Fig. 4

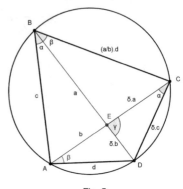

Fig. 5

Um das einzusehen, verbinden wir den Kreismittelpunkt M mit den drei Punkten A, B und C. Das Dreieck ABC wird dadurch in drei gleichschenkelige Dreiecke AMC, BMC und AMB zerlegt. Die Basiswinkel der ersten beiden Dreiecke bezeichnen wir mit γ_1 bzw. γ_2. Der Basiswinkel des Dreiecks AMB, der bei der Bewegung des Punktes C auf dem Kreisumfang fest bleibt, soll mit α bezeichnet werden. Dann gilt

$$2\alpha + 2\gamma_1 + 2\gamma_2 = \pi \qquad \gamma = \gamma_1 + \gamma_2 = \frac{\pi}{2} - \alpha.$$

Also bleibt auch γ bei der Bewegung von C auf dem Kreisumfang konstant. Gleichzeitig erhalten wir die Information, dass, der Peripheriewinkel γ halb so groß, ist wie der zugehörige Zentriwinkel $\sphericalangle AMB = \pi - 2\alpha$.

Der Peripheriewinkelsatz verallgemeinert den Satz von THALES VON MILET (625–547 v. Chr.), nach dem der Peripheriewinkel im Halbkreis immer ein rechter ist. Der Cosinus-Satz und der Peripheriewinkel-Satz helfen zusammen, um einen auf den ersten Blick verblüffenden Satz der Kreis-Geometrie zu beweisen.

Der Satz von Ptolemäus

Wenn ein Viereck einem Kreis eingeschrieben ist, dann ist die Summe der Produkte gegenüberliegender Seiten gleich dem Produkt der Diagonalen.

Das Viereck $ABCD$ sei einem Kreis eingeschrieben. Den Schnittpunkt der Diagonalen bezeichnen wir mit E. Außerdem verwenden wir die folgenden Bezeichnungen:

$$a \;=\; BE, b = AE, c = AB, d = AD, \gamma = \sphericalangle AEB = \sphericalangle CED.$$

Nach dem Peripheriewinkel-Satz ist $\alpha = \sphericalangle ABD = \sphericalangle ACD$. Weil die Dreiecke AEB und DEC auch noch den Winkel γ in E gemeinsam haben, sind sie ähnlich. Für einen bestimmten Ähnlichkeitsfaktor $\delta > 0$ gilt also

$$CE = \delta \cdot a, \quad DE = \delta \cdot b, \quad CD = \delta \cdot c.$$

Außerdem ist nach dem Peripheriewinkel-Satz $\beta = \sphericalangle DAC = \sphericalangle DBC$, und auch die Dreiecke AED und BEC sind ähnlich, diesmal mit dem Ähnlichkeitsfaktor $\frac{a}{b}$. Damit erhalten wir noch

$$BC = \frac{a}{b} \cdot d$$

und nach dem Cosinus-Satz

$$
\begin{aligned}
c^2 &= a^2 + b^2 - 2ab\cos\gamma, \\
d^2 &= b^2(1+\delta^2) - 2\delta \cdot b^2 \cos(\pi - \gamma) = \\
&= b^2(1+\delta^2) + 2\delta \cdot b^2 \cos\gamma, \\
AB \cdot CD &= \delta \cdot c^2 = \delta \cdot (a^2 + b^2) - 2\delta \cdot ab\cos\gamma, \\
AD \cdot BC &= \frac{a}{b} \cdot d^2 = ab(1+\delta^2) + 2\delta \cdot ab\cos\gamma, \\
AB \cdot CD + AD \cdot BC &= \delta \cdot (a^2 + b^2) + ab(1+\delta^2) = \\
&= (b + \delta \cdot a)(a + \delta \cdot b) = AC \cdot BD
\end{aligned}
$$

Das ist die Aussage des Satzes von Ptolemäus. Dieser hat als Nachtisch noch eine kleine Überraschung für uns bereit: Wenn wir ihn auf ein Rechteck anwenden, das ja jedenfalls einem Kreis eingeschrieben ist, dann liefert er uns wieder den Satz von Pythagoras. Unser Geometrie-Ausflug hätte also auch heißen können: Von Pythagoras zu Ptolemäus und zurück.

30. Das Pentagramm und der Goldene Schnitt

GILBERT HELMBERG

Der *goldene Schnitt* spielt sowohl in der Natur als auch seit alten Zeiten als äs-
thetisches Prinzip in der Kunst und der Architektur eine bedeutsame Rolle: Eine
Strecke *AB* wird von einem Punkt *C* nach dem Goldenen Schnitt geteilt, wenn die
kürzere Strecke *CB* sich zur längeren Strecke *AC* so verhält wie diese Strecke *AC*
zur ganzen Strecke *AB*, also zur Summe von *AC* und *CB*.

Im Rechteck der Figur 1 verhält sich die Breite zur Länge nach dem Goldenen
Schnitt; es ähnelt unserem DIN-Format, das aber durch die Forderung bestimmt
ist, dass das in der Hälfte gefaltete Rechteck wieder das gleiche Seitenverhältnis aufweist. In dem nach dem Goldenen Schnitt konstruierten Rechteck hat das
Rechteck, das nach Abtrennen eines Quadrates mit der Breite als Seitenlänge übrig
bleibt, wieder das Seitenverhältnis des ursprünglichen Rechtecks.

Beispielsweise teilt die Säulenhöhe des griechischen Parthenon die gesamte Gebäu-
dehöhe nach dem Goldenen Schnitt. LEONARDO DA VINCI, DÜRER und RAFFAEL
haben die Proportionierung von Gemälden nach dem Goldenen Schnitt vorgenom-
men, LE CORBUSIER hat den Goldenen Schnitt mit dem Bau des menschlichen
Körpers verglichen und der Konstruktion von Wohnbauten zugrunde gelegt.

Angewendet haben den Goldenen Schnitt schon viel früher die Seesterne mit ihren
fünf Armen, mathematisch modelliert durch das Pentagramm der fünf Diagonalen
eines regelmäßigen Fünfecks. Das ist auch der Hintergrund des vorgeschlagenen
Themas: *Das Pentagramm und der Goldene Schnitt.*

Aufgabenstellung

Erläutere die Definition und den Zusammenhang dieser zwei Objekte.

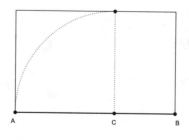

Fig. 1

G. Glaeser (Hrsg.), *77-mal Mathematik für zwischendurch*,
https://doi.org/10.1007/978-3-662-61766-3_30

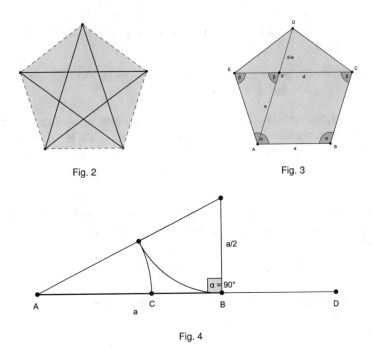

Fig. 2   Fig. 3

Fig. 4

Mögliche Bearbeitungsschritte

Diese beziehen sich auf Figur 3.

1. *Jede Seite eines regelmäßigen Fünfecks ist parallel zur gegenüberliegenden Diagonale* (in Figur 3 ist AB parallel zu CE. Wenn a die Länge der Fünfeckseite und α der Innenwinkel in jedem Eckpunkt ist, so ist der Abstand von C und E zur Geraden durch A und B jeweils $a \sin \alpha$).

2. *Das Dreieck AEF ist gleichschenkelig* (die Diagonale AD und die Seite BC sind parallel und schließen mit der Diagonale CE den gleichen Winkel β ein).

3. *Die Dreiecke ADE und DEF sind ähnlich* (beide Dreiecke sind gleichschenkelig und haben den gleichen Basiswinkel).

4. Für die Längenverhältnisse gilt $AD/AF = AF/FD$, also das Längenverhältnis des Goldenen Schnittes (der Ähnlichkeitsfaktor der beiden Dreiecke ist $\varphi = d/a = AD/AF$).

5. *Der Ähnlichkeitsfaktor φ erfüllt die Gleichung*

$$\varphi = 1 + \frac{1}{\varphi},$$

denn $\frac{d}{a} = 1 + \frac{d-a}{a} = 1 + \frac{a}{d}$.

6. Es gilt $\varphi = \frac{1+\sqrt{5}}{2}$ (d.h. φ ist die positive Lösung der quadratischen Gleichung $\varphi^2 - \varphi - 1 = 0$).

7. Der Punkt C, der die Strecke $a = AB$ nach dem Goldenen Schnitt teilt, kann nach Figur 4 konstruiert werden:

8. Diese Konstruktion erlaubt die Konstruktion eines regelmäßigen Fünfecks mit gegebener Diagonalenlänge a, und die Konstruktion eines regelmäßigen Fünfecks mit gegebener Seitenlänge a (für die zweite Aufgabe: die Seite AB verlängert um die Strecke AC liefert mit AD die Länge der Diagonale).

9. *Das Problem des pythagoräischen Philosophen* HIPPASOS VON METAPONT (ca. 450 v. Chr.): φ ist keine rationale Zahl! Wenn φ als Bruch zweier teilerfremden ganzen Zahlen $\frac{a}{b}$ darstellbar wäre, dann müssten diese die Gleichung

$$\frac{a}{b} - \frac{b}{a} = \frac{a^2 - b^2}{ab} = 1$$

erfüllen; aber jeder Primteiler des Nenners ist entweder nicht Primteiler von b^2 oder nicht Primteiler von a^2.

Mögliche Erweiterungen

* Ausfüllen des Rechtecks in Figur 1 durch eine Folge von jeweils im Verhältnis $1/\varphi$ verkleinerten Quadraten.

* Konstruktion einer Keplerschen ‚Goldenen Spirale' durch fortgesetzte Übertragung von Figur 1 auf das nach Abtrennung des Quadrates verbleibende Rest-Quadrat.

Weiterführende Literatur

[1] Beutelspacher, A., & Petri, B. (1988). *Der Goldene Schnitt*. BI Wissenschaftsverlag.

[2] Hagenmaier, O. (1958). *Der Goldene Schnitt*. Impuls-Verlag.

[3] Walser, H. (1993). *Der Goldene Schnitt*. B.G. Teubner Verlagsgesellschaft.

[4] Goldener Schnitt. (o. D.). In *Wikipedia*. Abgerufen am 2. März 2020, von `https://de.wikipedia.org/wiki/Goldener_Schnitt`.

[5] Lexikon der Mathematik (2017). *Der Goldene Schnitt*. Abgerufen von `https://www.spektrum.de/lexikon/mathematik/der-goldene-schnitt/2514`

(Von den ersten drei Büchern gibt es auch spätere Auflagen.)

31. Parkettierungen der Ebene

Gerhard Kirchner

Bekannt sind die *regulären* platonischen *Parkettierungen der Ebene mit regelmäßigen Dreiecken, Vierecken und Sechsecken.*

Geht das auch mit regelmäßigen Fünf- oder Siebenecken oder anderen n-Ecken? Um diese Frage zu beantworten, erinnern wir uns, dass im regelmäßigen n–Eck jeder Innenwinkel

$$180° - \frac{360°}{n} = 360° \left(\frac{1}{2} - \frac{1}{n} \right)$$

beträgt. Wenn daher in einer Ecke k regelmäßige n-Ecke aneinanderstoßen sollen, so erhalten wir die Gleichung

$$\frac{1}{2} - \frac{1}{n} = \frac{1}{k}.$$

Aus k ≥ 3 folgt daher

$$\frac{1}{n} = \frac{1}{2} - \frac{1}{k} \geq \frac{1}{2} - \frac{1}{3} = \frac{1}{6},$$

das heißt n ≤ 6. Durch Einsetzen von n = 3,4,5,6 erhalten wird die Lösungen

$$(n,k) \in \{(3,6),(4,4),(6,3)\},$$

was auf die genannten platonischen Parkettierungen führt. Für n = 5 ergibt sich k = \frac{10}{3}, also keine geeignete Lösung. Bei einer halbregulären (archimedischen) Parkettierung dürfen in einer Ecke k (möglicherweise) verschiedene regelmäßige Vielecke zusammenstoßen. Wir erhalten die Gleichung

$$\left(\frac{1}{2} - \frac{1}{n_1} \right) + \left(\frac{1}{2} - \frac{1}{n_2} \right) + \ldots + \left(\frac{1}{2} - \frac{1}{n_k} \right) = 1.$$

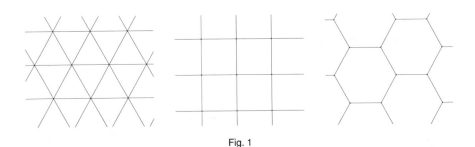

Fig. 1

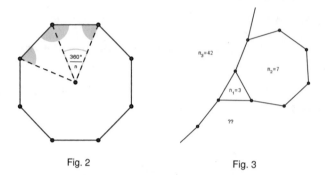

Fig. 2 Fig. 3

Archimedische Parkettierungen mit 3 Vielecken pro Ecke

Speziell für k = 3 gilt

$$\frac{1}{n_1} + \frac{1}{n_2} + \frac{1}{n_3} = \frac{1}{2} \tag{31.1}$$

Diese Gleichung hat Lösungen, wie zum Beispiel

$$(n_1, n_2, n_3) = (3,7,42),$$

die nicht zu einer Parkettierung der Ebene führen. Dies liegt daran, dass 3 ungerade ist und die 7- bzw. 42-Ecke abwechselnd um das Dreieck herumliegen müssten. Wir suchen also Lösungen (n_1, n_2, n_3) von (31.1) mit $n_1, n_2, n_3 \geq 3$ und der Eigenschaft:

$$\begin{cases} \text{Wenn } n_1 \text{ ungerade ist, so gilt } n_2 = n_3, \\ \text{Wenn } n_2 \text{ ungerade ist, so gilt } n_1 = n_3, \\ \text{Wenn } n_3 \text{ ungerade ist, so gilt } n_1 = n_2. \end{cases} \tag{31.2}$$

Ohne Beschränkung der Allgemeinheit dürfen wir annehmen, dass $3 \leq n_1 \leq n_2 \leq n_3$. Daraus folgt

$$\frac{1}{2} = \frac{1}{n_1} + \frac{1}{n_2} + \frac{1}{n_3} \leq \frac{3}{n_1},$$

also $n_1 \leq 6$.

- *1. Fall: Wenn $n_1 = 3$, so erhalten wir $n_2 = n_3 = 12$.*
- *2. Fall: Für $n_1 = 4$ folgt*

$$\frac{1}{4} = \frac{1}{n_2} + \frac{1}{n_3} \leq \frac{2}{n_2},$$

also $4 \leq n_2 \leq 8$. Da $n_2 = 4$ keine Lösung ergibt und n_2 gerade sein muss (sonst wäre wegen (31.2) $n_3 = n_1 = 4$), erhalten wir nur für $n_2 = 6$ und $n_2 = 8$ Lösungen, nämlich

$$(n_1, n_2, n_3) = (4,6,12) \quad und \quad (n_1, n_2, n_3) = (4,8,8).$$

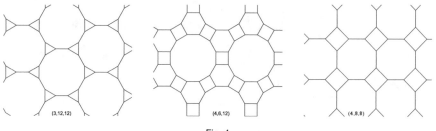

Fig. 4

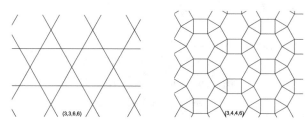

Fig. 5

- *3. Fall: Wenn $n_1 = 5$, so ergibt sich wegen $n_2 = n_3$ keine ganzzahlige Lösung.*

- *4. Fall: Wenn schließlich $n_1 = 6 \le n_2 \le n_3$, so ersehen wir wegen $\frac{1}{n_3} \le \frac{1}{n_2} \le \frac{1}{n_1} = \frac{1}{6}$, dass $n_1 = n_2 = n_3 = 6$ die einzige Lösung von (34.3) ist. Also erhalten wir neben dem schon bekannten Bienenwabenmuster (6,6,6) die folgenden Parkettierungen:*

Archimedische Parkettierungen mit 4 Vielecken pro Ecke

Ähnlich erhält man für $k = 4$ die Gleichung

$$\frac{1}{n_1} + \frac{1}{n_2} + \frac{1}{n_3} + \frac{1}{n_4} = 1 \tag{31.3}$$

mit den Lösungen

$$(3,3,4,12), \ (3,3,6,6), \ (3,4,4,6), \ (4,4,4,4),$$

von denen die erste keine Parkettierung liefert und die letzte das schon bekannte Schachbrettmuster.

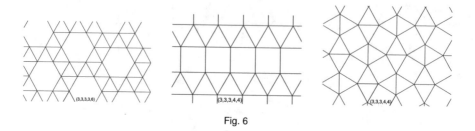

Fig. 6

Archimedische Parkettierungen mit 5 Vielecken pro Ecke

Analog erhält man für k = 5 die Gleichung

$$\frac{1}{n_1}+\frac{1}{n_2}+\frac{1}{n_3}+\frac{1}{n_4}+\frac{1}{n_5}=\frac{3}{2}$$

mit den Lösungen (3,3,3,3,6) *und* (3,3,3,4,4), *wobei letztere zwei verschiedene Parkette liefert.*

Archimedische Parkettierungen mit mehr als 5 Vielecken pro Ecke

Schließlich hat für k = 6 die Gleichung

$$\frac{1}{n_1}+\frac{1}{n_2}+\frac{1}{n_3}+\frac{1}{n_4}+\frac{1}{n_5}+\frac{1}{n_6}=2$$

nur die Lösung (3,3,3,3,3,3), *also das „platonische" Dreiecksmuster. Für k ≥ 7 hat*

$$\left(\frac{1}{2}-\frac{1}{n_1}\right)+\left(\frac{1}{2}-\frac{1}{n_2}\right)+\ldots+\left(\frac{1}{2}-\frac{1}{n_k}\right)=1$$

keine Lösungen mit $n_1, \ldots, n_k \geq 3$, *denn*

$$\frac{1}{2}-\frac{1}{n_i}\geq\frac{1}{6},$$

und daher ist die linke Seite größer als 1. Für weitere Informationen siehe die Literatur und das Stichwort „Parkettierung" der Wikipedia http://de.wikipedia.org/wiki/Parkettierung.

Weiterführende Literatur

[1] *Müller, E. & Reeker, H. (Hrsg.). (2001).* Mathe ist cool! Eine Sammlung mathematischer Probleme. *Cornelsen.*

32. Vektorrechnung: Zwei anwendungsbezogene räumliche Aufgaben

GEORG GLAESER

Aufgabenstellung: *Wie kann man geschickt die Winkel der Höhen im Tetraeder bestimmen bzw. den „sphärischen Pythagoras" ableiten?*

Beispiel 1: Welche Winkel bilden die Höhen eines regelmäßigen Tetraeders?

(a) Motivation: In der Natur findet man nur schwer exakte mathematische Formen, meist eher Näherungen. Unter den wenigen exakten Beispiele sind verschiedene Kristallgitter, etwa jenes des Diamanten bzw. Germaniums (perfekt tetraedrisch) oder des Kochsalzes (oktaedrisch). Aber auch im Design finden sich schöne Anwendungen zu diesem Thema (siehe Designerlampe Fig. 1, links).

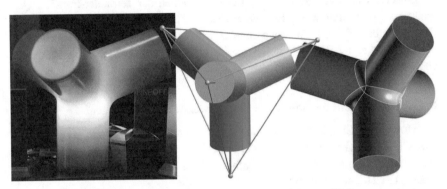

Fig. 1: Designer-Lampe, bestehend aus vier Drehzylindern. Die Achsen schließen paarweise immer denselben Winkel ein und bilden die Höhen eines regelmäßigen Tetraeders.

(b) Die drei Raumdiagonalen eines Oktaeders bilden trivialerweise ein orthogonales Dreibein (Fig. 2 links). Beim Würfel (Fig. 2 Mitte) haben wir vier Raumdiagonalen.

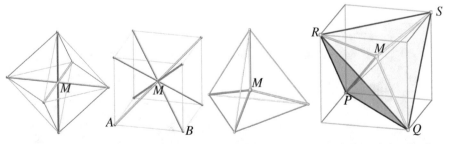

Fig. 2: Die drei Raumdiagonalen eines Oktaeders bzw. die vier Raumdiagonalen eines Würfels

Fig. 3: Tetraederkanten als Würfeldiagonalen

Zentrieren wir den Würfel um seinen Mittelpunkt $M(0/0/0)$ und versehen wir seine Eckpunkte mit den Koordinaten $A(1/-1/-1)$ (Ortsvektor $\vec{a}$) , $B(1/1/-1)$

(Ortsvektor $\vec{b}$), usw. Dann bilden z.B. die Richtungsvektoren $\overrightarrow{MA} = \vec{a}$ und $\overrightarrow{MB} = \vec{b}$ der Raumdiagonalen einen Winkel φ mit

$$\cos\varphi = \frac{\vec{a}\cdot\vec{b}}{|\vec{a}|\,|\vec{b}|} = \frac{1}{3}. \tag{32.1}$$

Alle anderen Winkel sind aus Symmetriegründen gleich bzw. ergänzen einander auf 180° ($\cos\varphi = -1/3$). Beim Tetraeder (Fig. 2 rechts) ist die Sache zunächst nicht so einfach, weil die Koordinaten der Eckpunkte „in Hauptlage" nur viel aufwändiger hinzuschreiben sind (und man mit Formeln – zumindest für die Höhe der Pyramide – arbeiten muss).

(c) Eine viel einfachere Darstellung der Koordinaten der Tetraeder-Punkte *PQRS* erhält man, wenn man wie in Fig. 3 den Tetraeder aus einem Würfel „schnitzt". Die Eckpunkte des Würfels haben wir schon mit Koordinaten versehen. Beim Berechnen der Winkel der Höhen fällt daher keine zusätzliche Arbeit an und wir erhalten $\cos\varphi = -1/3$, also $\varphi \approx 109{,}5°$.

Beispiel 2: Wo geht die Sonne zur Sonnenwende auf bzw. unter?

(a) Motivation: Steinzeitliche Monumentalbauten wie Stonehenge (Fig. 4 links) oder Chichén Itzá (Fig. 4 Mitte und rechts) sind über viele hunderte von Metern und aufs Zehntelgrad genau in die Richtung zum Sonnenaufgang bzw. Sonnenuntergang am 21. Juni gerichtet.

Damals bestimmte man die entsprechende Richtung empirisch als minimale Abweichung der aufgehenden bzw. untergehenden Sonne von der Nordrichtung. Die Richtungen wurden so genau gemessen, dass man erkennt, dass vor 4500 Jahren (Stonehenge) die Neigung δ der Erdachse zur Normalen der Ebene der Umlaufbahn der Erde um die Sonne um mehr als ein halbes Grad von der jetzigen Neigung von $\delta = 23{,}44°$ abgewichen ist.

Fig. 4: Links: Stonehenge, Mitte und rechts: Chichén Itzá (Tempel des Kukulkan)

(b) Hilfssatz 1: Man findet den Polarstern – und damit die Richtung der Erdachse – indem man nach Norden schaut und den Höhenwinkel φ aufsucht, welcher der geografischen Breite entspricht. Bei der Chephren-Pyramide musste man z.B.

von einem Punkt O, der genau im Abstand der Pyramidenhöhe h südlich der Pyramidenkante liegt, auf die Pyramidenspitze blicken, um den damaligen Polarstern Thuban zu sehen (Fig. 5).

(c) Hilfssatz 2: Im Laufe eines Tage rotiert die Erde um ihre Achse. Relativ zur Erde gesehen dreht sich damit die Sonne um die Erdachse. Insbesondere zu den Sonnenwenden bleibt dabei der Winkel, den die Sonnenstrahlen mit der Erdachse bilden, im Laufe des Tages nahezu konstant, sodass die Sonnenstrahlen einen Drehkegel überstreichen. Zur Sommersonnenwende ist dieser Winkel $\sigma = 90° - \delta$, derzeit also $\approx 66{,}6°$ (vor 4500 Jahren $\approx 66{,}0°$).

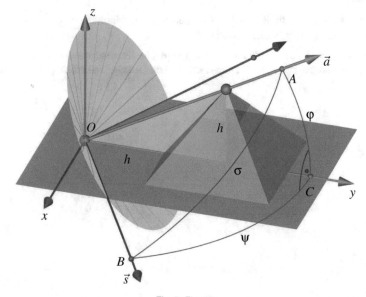

Fig. 5: Figur 5

(d) Wir definieren ein kartesisches Koordinatensystem mit Ursprung O und horizontaler (x,y)-Ebene, wobei die y-Achse in Nordrichtung schauen soll (Fig. 5), sodass die Erdachse in der yz-Ebene unter dem Höhenwinkel φ liegt und durch den bereits normierten Richtungsvektor $\vec{a} = (0, \cos\varphi, \sin\varphi)$ beschrieben wird (dabei ist φ die geografische Breite). Sei ψ der Winkel zwischen der Richtung zur untergehenden Sonne und der Nordrichtung. Der zugehörige ebenfalls bereits normierte Richtungsvektor ist dann $\vec{s} = (\sin\psi, \cos\psi, 0)$. Der Winkel zwischen beiden Richtungen sei σ. Dann gilt $\cos\sigma = \vec{a} \cdot \vec{s}$, was zur einfachen Bedingung

$$\cos\sigma = \cos\varphi \cos\psi \tag{32.2}$$

führt. Konkret erhält man für Stonehenge (ca. 4500 Jahre alt, $\varphi = 51{,}2°, \sigma = 66{,}0°$) bzw. Chichén Itzá (ca. 1000 Jahre alt, $\varphi = 20{,}7°, \sigma = 65{,}4$) die Werte $\psi \approx 49{,}5°$ bzw. $\psi \approx 63{,}6°$. Das Ergebnis kann man in Google-Earth-Bildern verifizieren (vgl. Fig. 4 Mitte).

(e) Denken wir uns die Einheitskugel um O, dann entsprechen den Winkeln ψ, φ und σ die Längen der Großkreisbögen in einem rechtwinkeligen sphärischen Dreieck ABC, und Gleichung (32.2) entspricht der Formel für den pythagoräischen Lehrsatz auf der Kugel (sphärischer Pythagoras).

Weiterführende Literatur:

[1] Glaeser, G. (2012). *Geometry and its applications in arts, nature and technology.* Springer.

[2] Tetraeder. (o. D.). In *Wikipedia*. Abgerufen am 2. März 2020, von `http://de.wikipedia.org/wiki/Tetraeder`.

[3] Schumacher, H. (27. September 2008). *Sphärische Geometrie – Jetzt geht's rund!* Abgerufen von `http://www.soedernet.de/math/1samstage/07/Kugel.pdf`

33. Magie der Spiegelungen

Georg Glaeser

Wenn wir uns im Spiegel betrachten, wo ist dann links und rechts? Eine Schrift sehen wir jedenfalls spiegelverkehrt. Was passiert, wenn wir in eine Kombination aus zwei Spiegeln blicken? Ist das Bild immer „kaleidoskopartig" und damit wenig aussagekräftig? Ausgehend von Spiegelungen an zwei parallelen bzw. einander rechtwinklig schneidenden Ebenen, soll hier die faszinierende und technisch vielfach anwendbare Spiegelung im Quader untersucht werden. Sie findet sich in Radarreflektoren, in den Pentaprismen der Spiegelreflexkameras und den hocheffizienten Augen von Flusskrebsen.

Aufgabenstellung: Spiegelungen in einem Quader

Um das Problem anschaulich in den Griff zu bekommen, betrachten wir verschiedene Teilaufgaben.

(a) Einfache Spiegelung an einer Spiegelebene

Ein virtuelles gespiegeltes Objekt verhält sich optisch wie das Original, und wir sehen gespiegelte „virtuelle Gegenwelten" durch das „Spiegelfenster". Bezogen auf die Spiegelebene wird nicht Links und Rechts vertauscht, sondern Vorne und Hinten. Original und gespiegeltes Objekt sind gegensinnig kongruent, können also nicht durch Drehungen oder Schiebungen zur Deckung gebracht werden.

(b) Mehrfach-Spiegelung an zwei parallelen Spiegeln

Fig. 1: Verwirrspiel mit zwei parallelen Spiegeln

Betrachten wir das Verwirrspiel mit zwei parallelen Spiegeln in Figur 1: Der Fotograf konnte offensichtlich durch unterschiedliche Entfernungseinstellung jede beliebige der zur Auswahl stehenden Originale oder Spiegelungen scharfstellen: Rein optisch kann nicht zwischen Original und virtuellen Objekten unterschieden werden, sodass nicht einmal sichergestellt ist, dass die abgebildete Person tatsächlich als solche zu sehen ist. Dies hängt von der verwendeten Brennweite (i.W. also von der Öffnung des Sehkegels) ab.

(c) Mehrfach-Spiegelung an zwei zueinander rechtwinkligen Spiegeln

Jede der beiden Spiegelebenen ξ (Gleichung z.B. $x = 0$) und η (Gleichung z.B. $y = 0$) erzeugt zunächst ein virtuelles – gewöhnlich gespiegeltes – Gegenstück Ω_x (Vorzeichenänderung bei den x-Werten) bzw. Ω_y (y-Werte umgepolt) (Fig. 2). Die beiden Objekte sind gegensinnig kongruent und – vom Standpunkt der Wahrnehmung – dem Original Ω ebenbürtig.

Fig. 2: Zwei zueinander orthogonale Spiegelebenen

Konsequenterweise hat also Ω_x ein virtuelles Gegenstück Ω_{xy} durch Spiegelung an η, und ebenso Ω_y ein virtuelles Gegenstück Ω_{yx} durch Spiegelung an ξ. Wegen der speziellen Lage der Spiegelebenen ($\xi \perp \eta$) sind die beiden neuen Objekte allerdings ident: $\Omega^* = \Omega_{xy} = \Omega_{yx}$. Sie können überdies nur durch das jeweilige „Spiegelfenster" – teilweise – gesehen werden.

Die beiden Spiegelfenster berühren einander längs der Schnittkante $s = \xi \cup \eta$ (bei unserer Wahl die z-Achse), verschmelzen also zu einem einzigen – nichtkonvexen – Fenster. Durch dieses kann unser Objekt Ω^* betrachtet werden. Es entstand durch zweimalige Spiegelung und ist daher wieder *gleichsinnig* kongruent. Die beiden gleichsinnig kongruenten Objekte Ω und Ω^* können somit durch eine Drehung um $180°$ um die Schnittachse s der Spiegelebenen, oder aber durch eine axiale Spiegelung an s ineinander übergeführt werden. Dabei werden erstmalig tatsächlich Links und Rechts vertauscht, und Schriftzüge erscheinen nicht spiegelverkehrt, sondern sind wie gewöhnlich lesbar.

Beim Foto (Fig. 2) wurde ein Weitwinkelobjektiv verwendet, um die „Hilfsobjekte" Ω_x und Ω_y zur Gänze sichtbar zu machen. In der Praxis (auch beim menschlichen Sehen) ist der Sehwinkel kleiner, und man sieht dann nur noch Ω^* im Bild – einem gewöhnlichen Spiegelbild zwar vergleichbar, aber mit *vertauschtem Links und Rechts*.

Anwendung beim Sucher einer Spiegelreflexkamera

Jede solche Kamera hat eine genial-einfache Erfindung eingebaut: Durch das Objektiv gelangen die Lichtstrahlen auf den Sensor. Man will genau dieses Bild schon

vorher durch den Sucher sehen. Zwischen Objektiv und Sensor ist ein unter 45°
gekippter Spiegel eingeschoben, der erst beim eigentlichen Fotografieren hoch-
geklappt wird. Der Spiegel lenkt die einfallenden Lichtstrahlen nach oben in ein
fünfseitiges (innen verspiegeltes) Prisma. Dort wird zunächst zweifach gespiegelt.
Nach insgesamt drei Spiegelungen erscheint das Bild spiegelverkehrt im Sucher.
Um es „im letzten Augenblick" umzudrehen, schaltet man eine „Dachkante" ein
(zwei einander rechtwinklig schneidende Ebenen, die, wie Fig. 3 zeigt, zwei zusätzliche Spiegelungen bewerkstelligen). Man spricht hier gelegentlich auch von
einem „Wendeprisma", aber auch von einem „Dachkant-Pentaprisma" (ohne die
Links-Rechts-Vertauschung gäbe es einfachere Lösungen, etwa mit zwei parallelen
Spiegeln).

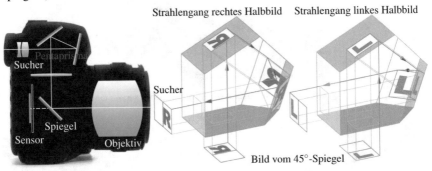

Fig. 3: Das Pentaprisma – so genial wie einfach

(d) Spiegelung im Quadereck

Schalten wir jetzt eine dritte Spiegelebene ζ rechtwinklig zu den schon vorhandenen Ebenen ξ und η ein (Gleichung z.B. $z = 0$). Wird an ihr gespiegelt, werden die
z-Werte umgepolt. Die Punkte (x, y, z) eines Objekts Ω, das an allen drei Ebenen
genau einmal gespiegelt wird, haben dann die Koordinaten $(-x, -y, -z)$. Ω_{xyz} entspricht somit einer Punktspiegelung am Schnittpunkt aller Ebenen. Es erscheint am
Foto spiegelverkehrt und am Kopf stehend.

Fig. 4 zeigt, wie in so ein Spiegeleck (mit einem Teleobjektiv) hineinfotografiert
wurde. Bei exakter Rechtwinkligkeit aller Ebenen hätten sich alle Teilbilder perfekt
zu einem – auf dem Kopf stehenden – Bild vereinigt. Durch die Ungenauigkeit der
Winkel sieht man, wie sich die sechs Spiegelbilder Ω_{xyz}, Ω_{yxz}, Ω_{zxy} usw. leicht
unterscheiden. Am mit abgebildeten Fünf-Euro-Schein erkennt man, dass das Bild
(wenn perfekt zusammengesetzt) Schriften spiegelverkehrt erscheinen lässt.

Fig. 5 zeigt den Strahlengang beim Eintreffen eines Lichtstrahls in eine Quaderecke. Weil in jedem Hauptriss das klassische „Billard-Problem" zu erkennen ist,
tritt der Lichtstrahl parallel zur Einfallsrichtung aus (es werden beim Richtungsvektor die einzelnen Koordinaten umgepolt).

Auch hier gibt es nützliche Anwendungen, etwa beim Sucher im Teleskop. Damit
das Bild dort nicht spiegelverkehrt erscheint, wird „schnell noch" am Schluss in

Fig. 4: Spiegeleck mit paarweise orthogonalen Spiegelebenen

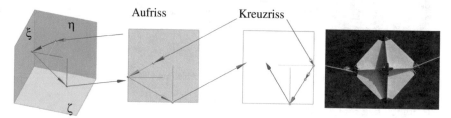

Fig. 5: Ein einfallender Lichtstrahl kehrt aus der verspiegelten Quaderecke parallel zurück.

bewährter Weise ein Dachkant eingebaut.

Eine weitere Anwendung ist der Radarreflektor (Fig. 5 rechts), der an vielen Se-
gelschiffen baumelt. Egal, aus welcher Richtung das Schiff angepeilt wird – die
Strahlen kommen zum Sender zurück. Auch die „Katzenaugen" in den orangen
Reflektoren der Fahrräder haben Quaderecken eingestanzt: Aus welcher Richtung
ein Autoscheinwerfer das Rad anstrahlt: Der Lenker des Autos sieht das Aufleuchten der Reflektoren.

(e) Durchgang eines Lichtstrahls durch ein verspiegeltes hohles rechtw. Prisma

Fig. 6 zeigt, wie ein Lichtstrahl ein solches durchwandern kann. Die Anzahl und
Aufeinanderfolge der Reflexionen entscheidet, in welcher Richtung er austritt. Der
angegebene Fall ist besonders interessant: In der Draufsicht (ganz rechts) ver-
lässt der Strahl das Prisma parallel zum eingehenden Strahl, allerdings hat die z-
Komponente des Richtungsvektors nicht das Vorzeichen gewechselt.

Ist der Durchmesser des Prismas sehr klein, gilt mit guter Näherung: Der Lichtstrahl verhält sich so, als ob er an einer achsenparallelen Ebene (senkrecht zum

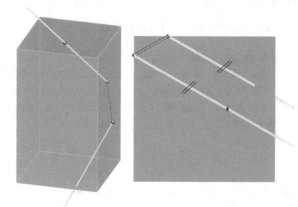

Fig. 6: Reflexionen im verspiegelten rechteckigen Prisma

Fig. 7: Das „Lobsterauge" erzeugt ein aufrechtes lichtstarkes Bild.

Grundriss des einfallenden Strahls) gespiegelt würde. Dies machen sich Flusskrebse und Garnelen zunutze, die tausende mikroskopisch kleine quadratische Spiegelprismen auf der sphärisch gekrümmten Oberfläche ihrer Augen haben. Dadurch werden parallele Lichtstrahlen mittels Reflexion so auf eine konzentrische kugelförmige Netzhaut gebündelt, dass dort ein aufrechtes, lichtstarkes Bild der Umgebung entsteht (Fig. 7).

Weiterführende Literatur

[1] Glaeser, G. (2011). *Wie aus der Zahl ein Zebra wird: ein mathematisches Fotoshooting.* Springer-Verlag.

[2] Glaeser, G., & Paulus, H. F. (2013). *Die Evolution des Auges – Ein Fotoshooting.* Springer-Verlag.

34. Reguläre und halbreguläre Polyeder

GERHARD KIRCHNER, GILBERT HELMBERG

Auf S. 109ff wurden Parkettierungen der Ebene betrachtet. Dieser Mathebrief ist eine Fortsetzung dazu. Daher rufen wir uns zunächst einige der dort behandelten Gleichungen ins Gedächtnis: Für die *archimedischen Parkette* wurde damals aus der Bedingung, dass in jedem Eckpunkt die Winkelsumme der zusammentreffenden Winkel zusammen 360 Grad ergibt, die Gleichung

$$\left(\frac{1}{2} - \frac{1}{n_1}\right) + \left(\frac{1}{2} - \frac{1}{n_2}\right) + \ldots + \left(\frac{1}{2} - \frac{1}{n_k}\right) = 1 \tag{34.1}$$

hergeleitet. Darin bedeutet k die Anzahl der in einem Eckpunkt zusammentreffenden regelmäßigen Polygone und n_1, ..., n_k sind deren Eckenzahlen. Für diese diophantische Gleichung wurden im Mathebrief Nr. 32 die Lösungstupel $(n_1, n_2, \ldots, n_k)$ untersucht und alle für eine Parkettierung in Frage kommenden angegeben. Im Fall $k = 3$ war dabei die folgende Nebenbedingung wesentlich:

$$\text{Wenn } n_1 \text{ ungerade ist, so gilt } n_2 = n_3. \tag{34.2}$$

Wenn wir nämlich die regelmäßigen Polygone, die in einem Eckpunkt zusammentreffen, mit P_1, P_2 und P_3 bezeichnen, und die Kanten von P_1 der Reihe nach durchnummerieren, hängen an den ungeraden Kanten Kopien von P_2 und an den geraden Kanten Kopien von P_3. Wenn n_1 ungerade ist, stoßen im Anfangspunkt der ersten Kante von P_1 zwei Kopien von P_2 zusammen. Weil jeder Eckpunkt gleichberechtigt ist, müssen P_2 und P_3 kongruent sein. Analoges gilt für n_2, n_3.

Bei einer *platonischen Parkettierung* sollen nur lauter gleiche Polygone verwendet werden, es gilt also $n_1 = n_2 = \ldots = n_k =: n$. Dann ergibt Gleichung (34.1)

$$\frac{1}{2} - \frac{1}{n} = \frac{1}{k}. \tag{34.3}$$

Weiters werden wir im Folgenden die *Eulersche Polyederformel* verwenden: Diese besagt, dass in jedem konvexen, beschränkten Polyeder für die Anzahl der Ecken E, die Anzahl der Flächen F und die Anzahl der Kanten K gilt:

$$E + F = K + 2.$$

Ein Beispiel liefert der Würfel mit seinen 8 Ecken, 6 Flächen und 12 Kanten.

Nun wenden wir uns der Untersuchung von Polyedern zu: In einem Polyeder ist die Summe der Innenwinkel der Randflächen in jedem Eckpunkt kleiner als 360 Grad. (Ecken können plattgedrückt werden und reißen dann auf.) Als Folge tritt an Stelle der Gleichung (34.1) die Ungleichung

$$\left(\frac{1}{2} - \frac{1}{n_1}\right) + \left(\frac{1}{2} - \frac{1}{n_2}\right) + \ldots + \left(\frac{1}{2} - \frac{1}{n_k}\right) < 1. \tag{34.4}$$

© Der/die Herausgeber bzw. der/die Autor(en), exklusiv lizenziert durch
Springer-Verlag GmbH, DE, ein Teil von Springer Nature 2020
G. Glaeser (Hrsg.), *77-mal Mathematik für zwischendurch*,

Bei einem *platonischen Körper* sind alle Seitenflächen regelmäßige n–Ecke und in jeder Ecke stoßen k solche n–Ecke zusammen. Daher gilt hier – analog zu Gleichung (34.3) – die diophantische Ungleichung

$$\frac{1}{2} - \frac{1}{n} < \frac{1}{k}, \quad n, k \geq 3.$$

Durch Einsetzen von $n = 3$, 4, 5 finden wir die Lösungen $(n,k) \in \{(3,3),(3,4),(3,5),(4,3),(5,3)\}$. Für $n \geq 6$ folgt $k < 3$, daher gibt es keine weiteren Lösungen. Nun setzen wir die Bedingungen

$$nF = 2K = kE$$

(jede Fläche hat n Ecken bzw. Kanten, jede Kante gehört zu zwei Flächen, jede Ecke zu k Flächen) in die Eulersche Polyederformel ein:

$$\frac{nF}{k} + F = \frac{nF}{2} + 2.$$

Daraus folgt $F = \dfrac{2}{\frac{n}{k} + 1 - \frac{n}{2}}$, sodass sich jeweils F, E und K berechnen lassen. Man erhält die folgenden „platonischen Körper":

n	k	F	E	K	Name
3	3	4	4	6	Tetraeder
3	4	8	6	12	Oktaeder
3	5	20	12	30	Ikosaeder
4	3	6	8	12	Hexaeder (Würfel)
5	3	12	20	30	Dodekaeder

Weiters untersuchen wir die *archimedischen Körper*, deren Seitenflächen verschiedenartige regelmäßige Polygone sein können, die aber so symmetrisch sind, dass sich jede Ecke des Körpers durch geeignete Drehungen in jede andere überführen lässt, wobei der Körper insgesamt in derselben Position bleibt.

Im Fall $k = 3$ nimmt die Ungleichung (4) die Form

$$\frac{1}{n_1} + \frac{1}{n_2} + \frac{1}{n_3} > \frac{1}{2}$$

und wieder ist auch die Bedingung (34.2) zu berücksichtigen. Es zeigt sich, dass für jedes Lösungstripel (n_1, n_2, n_3) genau ein archimedischer Körper existiert (die archimedischen Prismen werden manchmal nicht zu den archimedischen Körpern gezählt):

n_1	n_2	n_3	Name nach WIKIPEDIA
3	6	6	Abgestumpftes Tetraeder
3	8	8	Abgestumpftes Hexaeder
3	10	10	Abgestumpftes Dodekaeder
4	4	$n \geq 3$	archimedische Prismen
4	6	6	Abgestumpftes Oktaeder
4	6	8	Großes Rhombenkuboktaeder
4	6	10	Großes Rhombenikosidodekaeder
5	6	6	Abgestumpftes Ikosaeder („Fußball")

Eine analoge Untersuchung ergibt, dass für $k = 4$ noch fünf Typen und für $k = 5$ noch zwei Typen archimedischer Körper existieren - neugierige Leser können in der unten angegebenen Literatur mehr darüber finden.

Die Bezeichnungen der archimedischen Körper beinhalten auch Rezepte für eine geometrische Konstruktion zumindest eines Teiles derselben. Unmittelbar klar ist das bei den archimedischen Prismen: Man nehme ein regelmäßiges Vieleck und errichte darüber ein gerades Prisma mit der Seitenlänge als Höhe. Interessanter ist das *Abstumpfen* eines platonischen Körpers: Man nehme einen solchen und trage von einem Eckpunkt auf jeder der zugehörigen Kanten dieselbe Strecke auf. Die erhaltenen Punkte liegen in Form eines regelmäßigen Vielecks in einer Ebene, und wenn man die Pyramide über diesem Vieleck entfernt, hat man die Ecke *abgestumpft*. Nun führt man das für alle Ecken des platonischen Körpers durch und wählt die Strecke, die die Länge der Mantellinien der entfernten Pyramiden bestimmt, so, dass auf den Seitenflächen des ursprünglichen Polyeders wieder regelmäßige Vielecke entstehen. Wenn man das beim Tetraeder, Oktaeder und beim Hexaeder (dem Würfel) macht, sieht das so aus:

  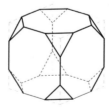 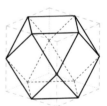

Fig. 1: Von links nach rechts: Abgestumpftes Tetraeder, Abgestumpftes Oktaeder, Abgestumpftes Hexaeder, Kuboktaeder

Beim Kuboktaeder wurde als Strecke die halbe Hexaederseite gewählt. Die Kanten des ursprünglichen Hexaeders schrumpfen dann auf je ihren Mittelpunkt zusammen. Diesen Trick kann man auch beim Tetraeder und beim Oktaeder probieren - aber vom Resultat bitte nicht enttäuscht sein!

Für weitere Informationen über sowie Bilder dieser Körper siehe [1], Kapitel 11 und [2,3].

Weiterführende Literatur

[1] Müller, E. & Reeker, H. (Hrsg.). (2001). *Mathe ist cool! Eine Sammlung mathematischer Probleme*. Cornelsen.

[2] Archimedischer Körper. (o. D.). In *Wikipedia*. Abgerufen am 2. März 2020, von `https://de.wikipedia.org/wiki/Archimedischer_K%C3%B6rper`.

[3] Platonischer Körper. (o. D.). In *Wikipedia*. Abgerufen am 2. März 2020, von `https://de.wikipedia.org/wiki/Platonischer_K%C3%B6rper`.

35. Mathematik als Spiel – Auf der Suche nach Kurven

FRITZ SCHWEIGER

Altehrwürdig sind die Definitionen für Ellipse und Hyperbel: Gegeben seien zwei Punkte F_1 und F_2 (*Brennpunkte* genannt). Die Ellipse ist der geometrische Ort (= die Menge) aller Punkte X, so dass die *Summe* $\overline{F_1X} + \overline{F_2X}$ konstant ist. Die *Hyperbel* ist der geometrische Ort der Punkte X, so dass die *Differenz* $\overline{F_1X} - \overline{F_2X}$ konstant ist.

Nun besteht Mathematik auch darin, mit gegebenen Daten spielerisch umzugehen. Wie wäre es, wenn wir statt Summe eben *Produkt* nehmen, also die Kurve mit der Bedingung, $\overline{F_1X} \cdot \overline{F_2X}$ sei konstant, suchen. Wir setzen dazu $F_1 = (-1,0)$ und $F_2 = (1,0)$ und erhalten

$$\sqrt{(x+1)^2 + y^2}\sqrt{(x-1)^2 + y^2} = k.$$

Durch Quadrieren und Vereinfachen gelangen wir zu

$$x^4 + y^4 + 2x^2y^2 - 2x^2 + 2y^2 + 1 - k^2 = 0.$$

Ist $k = 1$, so erhalten wir eine geschlossene Acht mit Kreuzungspunkt im Nullpunkt $(0,0)$. Sie reicht vom Punkt $(-\sqrt{2},0)$ links bis zum Punkt $(\sqrt{2},0)$ rechts. Die Maxima des oberen Kurventeils ($y > 0$) liegen, wie wir wenig später sehen werden, bei $x = -\frac{\sqrt{3}}{2}$ und $x = \frac{\sqrt{3}}{2}$.

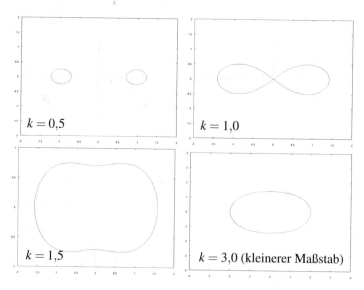

$k = 0{,}5$

$k = 1{,}0$

$k = 1{,}5$

$k = 3{,}0$ (kleinerer Maßstab)

Fig. 1

G. Glaeser (Hrsg.), *77-mal Mathematik für zwischendurch*,
https://doi.org/10.1007/978-3-662-61765-6_35

Ist $k < 1$, so zerfällt die Kurve in zwei Teile und bildet zwei Ovale. Sie kreuzt in den Punkten $(-\sqrt{1+k},0)$, $(-\sqrt{1-k},0)$, $(\sqrt{1-k},0)$ und $(\sqrt{1+k},0)$ die x-Achse. Ist $k > 1$, so ist die Kurve einteilig und es verbleiben die Punkte $(-\sqrt{1+k},0)$ und $(\sqrt{1+k},0)$ als Durchgangspunkte durch die x-Achse.

Wer Differentialrechnung liebt, kann auch noch die Extrema suchen. Dazu genügt es die obere Hälfte, die Funktion $y = y(x) > 0$ zu betrachten. Eine Rechnung ergibt

$$y^2 = -x^2 - 1 + \sqrt{4x^2 + k^2}.$$

(Frage: Warum ist wohl nur die positive Wurzel brauchbar?) Daher ist

$$yy' = -x + \frac{2x}{\sqrt{4x^2 + k^2}}.$$

Die Gleichung $y' = 0$ führt auf

$$x\sqrt{4x^2 + k^2} = 2x.$$

Wenn $k > 1$ ist, ist $x = 0$ eine Extremstelle. Weitere mögliche Extremstellen findet man aus

$$4x^2 + k^2 - 4 = 0.$$

Nur wenn $k < 2$ ist, erhält man zwei weitere Extrema, welche Maxima sind. Die Stelle $x = 0$ ist für $1 < k < 2$ daher ein lokales Minimum. Für $k \geq 2$ verschwindet die Einbuchtung der Kurve und $x = 0$ ist ein Maximum. Bestätigen kann man dies durch eine leichte Rechnung, denn es ist

$$(y')^2 + yy'' = -1 + \frac{2k^2}{(4x^2 + k^2)^{\frac{3}{2}}}.$$

Ist $x = 0$ ein lokales Extremum, so ist das Vorzeichen von $y''(0)$ gegeben durch das Vorzeichen von $-1 + \frac{2}{k}$. Ist $x \neq 0$ ein Extremum, so ist $4x^2 + k^2 = 4$, und das Vorzeichen von $y''(x)$ gleich dem Vorzeichen von $-1 + \frac{k^2}{4}$. Diese Kurven werden *Cassinische Kurven* genannt, und der Fall $k = 1$ heißt *Lemniskate*.

Nun kann man auch nach dem *Quotienten* fragen! Wir suchen die Kurve mit der Bedingung

$$\overline{F_1X} : \overline{F_2X} = k.$$

Nehmen wir wiederum $F_1 = (-1,0)$ und $F_2 = (1,0)$, so erhalten wir

$$\frac{\sqrt{(x+1)^2 + y^2}}{\sqrt{(x-1)^2 + y^2}} = k.$$

Aus Symmetriegründen können wir $k \geq 1$ annehmen, aber wir sind zunächst enttäuscht, denn unsere Rechnung führt auf

$$(k^2 - 1)x^2 - 2(k^2 + 1)x + (k^2 - 1)y^2 + k^2 - 1 = 0.$$

Für $k = 1$ ist dies die Gerade $x = 0$, die Streckensymmetrale. Ist $k > 1$, so ist dies der Kreis mit der Gleichung

$$\left(x - \frac{k^2 + 1}{k^2 - 1}\right)^2 + y^2 = \left(\frac{2k}{k^2 - 1}\right)^2.$$

Aber es ist doch eine kleine Überraschung, dass der Kreis mit Mittelpunkt $(\frac{k^2+1}{k^2-1}, 0)$ und Radius $\frac{2k}{k^2-1}$ die Eigenschaft hat, dass der Quotient von $\overline{F_1 X}$ und $\overline{F_2 X}$ konstant gleich k ist. Dieser Kreis ist als *Kreis des Apollonius* bekannt.

36. Das Autokino-Problem

Gilbert Helmberg

Das Problem: In welcher Entfernung von der vertikalen Leinwand befindet sich ein Autokino-Besucher, der die vertikale Ausdehnung der Leinwand unter dem maximalen Winkel betrachtet?

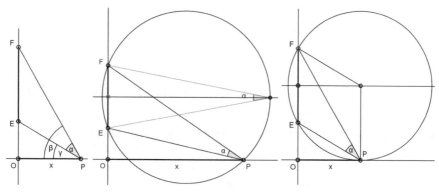

Fig. 1

Um eine Antwort auf diese Frage zu erhalten, geben wir dem Besucher einen Namen, sagen wir P, und reduzieren ihn auf einen Punkt in Augenhöhe, d.h. auf der x-Achse, im (positiven) Abstand x vom Ursprung O des Koordinatensystems. Von der Seite gesehen („im Kreuzriss") erscheint die Leinwand als eine vertikale Strecke von $E = (0, e)$ bis $F = (0, f)$ über dem Koordinaten-Ursprung O, die P unter dem Winkel α sieht.

Analytische Lösung: Der Winkel α ist die Differenz der Winkel $\beta = \angle OPF$ und $\gamma = \angle OPE$. Sein Tangens ist

$$\tan\alpha = \tan(\beta - \gamma) = \frac{\tan\beta - \tan\gamma}{1 + \tan\beta \cdot \tan\gamma} = \frac{\dfrac{f}{x} - \dfrac{e}{x}}{1 + \dfrac{e}{x} \cdot \dfrac{f}{x}} = \frac{(f - e)x}{x^2 + ef}.$$

Einem maximalen Winkel α entspricht ein maximaler Tangens $\tan\alpha$. Also erhalten wir den gesuchten Abstand, wenn die Ableitung des Tangens nach x gleich Null gesetzt wird:

$$\frac{d(\tan\alpha)}{dx} = (f - e)\frac{x^2 + ef - 2x^2}{(x^2 + ef)^2} = 0, \qquad -x^2 + ef = 0, \quad \text{d.h.} \quad x = \sqrt{ef}.$$

Die gesuchte Distanz ist also das geometrische Mittel der beiden Höhen e und f. In einer Variante der Berechnungsweise könnte der Tangens von α auch geschrieben

G. Glaeser (Hrsg.), *77-mal Mathematik für zwischendurch*, https://doi.org/10.1007/978-3-662-61766-3_36

werden als

$$\tan\alpha = \frac{f-e}{x+\frac{ef}{x}}.$$

Er wird maximal, wenn der Nenner minimal wird. Wird die Ableitung des Nenners Null, so ergibt sich wieder

$$\left(x+\frac{ef}{x}\right)' = 1 - \frac{ef}{x^2} = 0, \quad \text{d.h.} \quad x^2 = ef.$$

In einer weiteren Lösungsvariante könnte der Cosinus des Winkels α minimiert werden, wobei $\cos\alpha$ aus dem skalaren Produkt der beiden Vektoren $\overrightarrow{PE}$ und $\overrightarrow{PF}$ berechnet werden kann.

Dieses Problem wurde zum ersten Male im Jahre 1471 von einem Nürnberger Astronomen namens Johann Müller, alias Regiomontanus, gestellt und gelöst, der allerdings weder ein Autokino noch die Lösungsmethoden der damals noch nicht entwickelten Analysis kennen konnte. $\overline{EF}$ war einfach eine vertikale Strecke, und seine Lösung war eine geometrische.

Geometrische Lösung: Würde P sich nicht auf der x-Achse befinden, sondern auf der Mittelsenkrechten der Strecke $\overline{EF}$ wandern, dann wäre das Problem trivial (aber für den Kinobesucher unbefriedigend) zu lösen: Je näher sich P bei der Leinwand befindet, umso größer ist der Blickwinkel α. Im Grenzfall, wenn P in die Strecke $\overline{EF}$ fällt, ist er maximal und 180° (und der Kinobesucher sieht gar nichts mehr). Je weiter sich P von der Leinwand weg bewegt, umso kleiner wird der Winkel α.

P kann sich aber auch so bewegen, dass sein Sehwinkel α konstant bleibt: Von jedem Punkt des Kreisbogens K_α durch die Punkte P, E und F wird nach dem Peripheriewinkelsatz die Sehne $\overline{EF}$ unter dem gleichen Winkel α gesehen, und die Radien der Kreisbögen K_α nehmen als Funktion von α ab bis dieser Winkel ein rechter ist und der zugehörige Kreis den Durchmesser $\overline{EF}$ hat.

Für einen auf der x-Achse wandernden Punkt P kann der Sehwinkel α nie 90° werden (er kann ja nie auf diesem Kreis mit dem Durchmesser $\overline{EF}$ liegen); er wird aber dann maximal, wenn er auf dem Kreisbogen K_α mit dem kleinst-möglichen Radius liegt, und das ist jener, der die x-Achse gerade berührt.

Sein Mittelpunkt ergibt sich, wenn sein Radius $\frac{e+f}{2}$ von E oder F aus auf der Mittelsenkrechten von $\overline{EF}$ abgetragen wird. Sein Berührungspunkt mit der x-Achse ist der gesuchte Punkt P. Aus dem rechtwinkeligen Dreieck mit den Katheten x, $\frac{f-e}{2}$ und der Hypotenuse $\frac{e+f}{2}$ ergibt sich

$$x^2 + \left(\frac{f-e}{2}\right)^2 = \left(\frac{e+f}{2}\right)^2$$

$$x^2 = ef, \quad \text{d.h.} \; x = \sqrt{ef}.$$

Bemerkung: Die Anregung zu diesen Ausführungen lieferte der Artikel [1], der auch andere, mit dem obigen verwandte, kreisgeometrische Probleme behandelt. Eine Kurzbiographie von Regiomontanus kann in [2] gefunden werden.

Weiterführende Literatur

[1] Meixner, T., & Metsch, K. (2010). Von einer Extremwertaufgabe zur Inversion am Kreis. *Mathematische Semesterberichte*, 57(1), 103–122.

37. Verzerrungen, wohin beide Augen blicken – Stereoskopie

GEORG GLAESER

Optische Täuschung beim einäugigen Sehen

Wenn wir einäugig auf einen vermeintlichen (im Bild gelben) Quader (Punkte P, ...) blicken, könnte unser Quader unter Umständen ein (im Bild rotes) Polyeder sein, das in gewisser Weise mit dem Quader verwandt ist (Fig. 1): So sollten auch die Eckpunkte P^*, ... des „Ersatzquaders" ebene Polygone bilden, weil wir nicht-ebene Oberflächen wegen der unterschiedlichen Schattierungseffekte

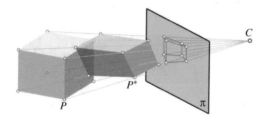

Fig. 1: Polyeder mit identischen Bildern

relativ leicht ausmachen können. Unter den unendlich vielen Möglichkeiten eignen sich besonders gut „perspektiv kollinear" verzerrte Polyeder. Bei solchen gilt: Entsprechende Punkte (also z.B. die Eckpunkte) liegen auf „Sehstrahlen" durch das Sehzentrum C, und Ebenen (also z.B. die Trägerebenen der Seitenflächen) entsprechen Ebenen („Ebenentreue").

Aus der zweiten Eigenschaft folgt automatisch die „Geradentreue" und damit „Linearität", weil ja Geraden als Schnitt zweier Ebenen aufgefasst werden können. Die Verwandtschaft $P \longleftrightarrow P^*$ ist umkehrbar eindeutig. Solche Raumkollineationen findet man viel öfter, als man glauben möchte: in der Fotografie, der Stereoskopie, der Bühnenbildgestaltung, oder – wie in Fig. 2 – in der Kunst.

Die Gaußsche Kollineation: Kameraobjektive erzeugen räumliche Bilder

Jedes hochwertige Kameraobjektiv erzeugt nach den Gesetzen der geometrischen Optik mithilfe eines komplizierten Linsensystems einen perspektiv kollinearen (virtuellen) *Raum* hinter dem Linsenzentrum (die Transformation heißt Gaußsche Kollineation)[1].

Zur Konstruktion entsprechender Punkte P und P^* verwendet man folgende beiden Regeln: Die sogenannten Hauptstrahlen h durch das Linsenzentrum C bleiben ungebrochen ($h = h^*$), während Lichtstrahlen s parallel zur optischen Achse an der

---

[1] http://www1.uni-ak.ac.at/geom/files/3d-images-in-photography.pdf

G. Glaeser (Hrsg.), *77-mal Mathematik für zwischendurch*,
https://doi.org/10.1007/978-3-662-61766-3_37

Fig. 2: Zwei nur scheinbar ähnliche Szenen: links gleich große und gleich weit entfernte Statuen, rechts kollinear verzerrte Statuen, deren Abstand nach hinten stark abnimmt.

„Hauptebene" γ zu Strahlen s^* durch den Brennpunkt F^* (Abstand vom Linsenzentrum = Brennweite f) gebrochen werden. Der Bildpunkt $P^* = h^* \cap s^*$ entsteht im Allgemeinen nicht in einer vorgegebenen Bildebene π. Es liegt also zunächst ein echt „dreidimensionales Bild" vor, und nicht – wie üblicherweise vereinfachend gesagt wird – ein ebenes. Aus der Fliege in Fig. 3 rechts wird also eine virtuelle, kollinear verzerrte Fliege. Diese erzeugt – aus dem Linsenzentrum C projiziert – genau dasselbe fotografische Bild auf dem Sensor (bzw. der Filmebene) π (und auch im Prismensucher bzw. am Minibildschirm auf der Kamerarückseite) wie das Original!

Fig. 3: Rechts das Original, links das virtuelle, kollinear verzerrte 3D-Bild, das zum Foto in der Sensorebene (Filmebene) π führt

Damit werden nur Punkte, die in der sogenannten – der Sensorebene π entsprechenden – „Schärfenebene" $\varphi = \pi^*$ (und damit wegen der Umkehrbarkeit auch $\varphi^* = \pi$) liegen, als *Punkte* in π abgebildet, während sich die anderen Punkte als „Unschärfekreise" (Schnitte schiefer Kreiskegel durch die Blendenöffnung) abbilden. Punkte, die in der kritischen Ebene ω im Abstand f vor der Hauptebene γ liegen, haben Bildpunkte im Unendlichen. Punkte, die noch näher an γ liegen, haben nur theoretisch Bildpunkte P^*, welche auf derselben Seite der Hauptebene wie P liegen.

Wir beweisen nun, dass es sich tatsächlich um eine geradentreue Transformation des Raums handelt: Denken wir uns eine beliebige Gerade g im Raum festgelegt als Schnitt zweier spezieller Ebenen ε_1 und ε_2: ε_1 enthält g und ist parallel zur optischen Achse, ε_2 ist die Verbindungsebene von g und dem Linsenzentrum C.

Nach den Regeln der geometrischen Optik wird ε_1 an der Hauptebene $\gamma \ni C$ in eine Ebene ε_1^* durch den Brennpunkt F^* (im Abstand der Brennweite f von C) gebrochen, während $\varepsilon_2 = \varepsilon_2^*$ ungebrochen bleibt. Damit ist $g^* = \varepsilon_1^* \cap \varepsilon_2^*$ tatsächlich eine Gerade.

Zweiäugiges Sehen

Betrachtet man unseren Quader von vorhin mit *beiden* Augen L und R (Fig. 4), scheint es deutlich schwieriger, von einem kollinear verzerrten Polyeder getäuscht zu werden. Wir werden bald sehen, dass die Vorstellungskraft des Gehirns eine Täuschung dennoch ermöglicht, sodass „man sieht, was man sehen will". Durch die unterschiedlichen Tiefen (Abstände von der „Verschwindungsebene" durch die beiden Augpunkte senkrecht zur Hauptblickrichtung) ergeben sich mehr oder weniger differierende Sehwinkel für die einzelnen Punkte, die auf zwei Fotos mit parallelen optischen Achsen als *Parallaxe* bezeichnet werden: Der Unterschied zwischen rechtem und linkem Bild P_L und

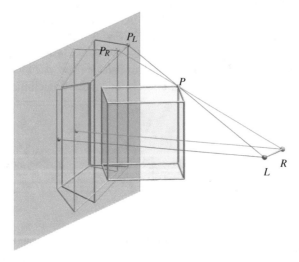

Fig. 4: Parallaxe beim zweiäugigen Sehen

P_R ist umso größer, je geringere Tiefe die Punkte haben. P_L und P_R liegen auf einer Parallelen zur Verbindungsachse der beiden Augen (Fig. 4).

Der Parallaxenabstand des Daumens auf der ausgestreckten Hand erzeugt z.B. bei abwechselndem Schließen des linken bzw. rechten Auges den bekannten „Daumensprung" vor dem nahezu konstant erscheinenden weit entfernten Hintergrund. Weil die Armlänge bis zu einem gewissen Grad zum Augenabstand proportional ist, kann dieses Maß zum Abschätzen von Entfernungen von Objekten bzw. der Größe von Objekten bei bekannter Entfernung herangezogen werden (Faustregel: Die Entfernung eines Objekts ist etwa zehnmal so groß wie Zonenbreite, die man beim Objekt mit einem Daumensprung erfasst).

Am Sternenhimmel gibt es gar keine Parallaxe mehr, sodass wir optisch die Entfernung von Sternen nicht unmittelbar feststellen können. Indem wir den Durchmesser der Erdbahn (300 Millionen km) ausnützen, können wir allerdings im Halbjahresabstand zumindest von relativ nahen Sternen Bilder mit messbarer Parallaxe machen.

Stereoskopisches Sehen

Fig. 5: Durch „Kreuzblick" (Schielen) und notfalls zusätzliche Variation des Abstands (Zoomen) schaffen es die meisten Personen, ein dreidimensionales Objekt zu erkennen.

Unter dem stereoskopischen Sehen verstehen wir das gleichzeitige Betrachten zweier speziell angeordneter leicht unterschiedlicher ebener Perspektiven (also z.B. Fotos), sodass durch Schnitt der Sehstrahlen ein räumlicher Eindruck entsteht. Projiziert man z.B. die beiden Bilder unseres Quaders in Fig. 4 so auf eine Leinwand, dass die Schnittpunkte der beiden Kameraachsen mit der Leinwand den beim Menschen üblichen Augenabstand von 60-65mm haben, und postiert sich mit beiden Augen an die Stelle der virtuell bei der Vergrößerung aus dem Mittelpunkt des stereoskopischen Bildes entstehenden Linsenzentren, dann liegt exakt dieselbe Raumsituation wie beim Fotografieren vor, und unser Gehirn kann die Bilder wieder zum ursprünglichen räumlichen Objekt vereinen. Hilfreich ist es dabei, wenn durch Tricks erreicht wird, dass das linke Auge nur das von der linken Kamera erzeugte Bild und das rechte nur das rechte Bild sehen kann (früher wurde das mit sogenannten Rot-Grün-Brillen erreicht, heute verwendet man Polarisations- oder Shutterbrillen)[2].

Das Gehirn justiert kollinear verzerrte Bilder nach.

Das richtige Erstellen und Anordnen der Bilder erscheint sensibel: Nur wenn beides *kalibriert* und auf den entsprechenden Betrachter maßgeschneidert ist, kann man die *exakte* Wiederherstellung der Raumsituation erwarten. In fast allen Fällen wird unser Quader nicht exakt als Quader erscheinen, auch wenn die meisten Betrachter ihn als solchen identifizieren würden.

---

[2]Siehe dazu z.B. http://www.marric-media.com/so-funktioniert-stereoskopie/ bzw. http://de.wikipedia.org/wiki/Stereoskopisches_Sehen

Fig. 5 soll ein Testbild für den Leser sein. Je nach Größe des Bildstreifens kann man durch sogenannten *Kreuzblick* das räumliche Objekt in der Mitte „herauswachsen" sehen. Die Blüte wurde aus geringer Distanz zweimal mit paralleler optischer Achse und weniger als 1 cm Abstand der optischen Achsen fotografiert (Dieser Abstand wird beim *Ausdrucken* bzw. projizieren an die Wand vergrößert!). Schafft es eine Testperson durch weiteres Vergrößern oder Verkleinern des Bildstreifens – z.B. am Computerbildschirm bzw. mittels Projektor – einen besseren räumlichen Eindruck zu erreichen, wurde der Achsabstand dem eigenen Augenabstand angepasst. Bei leichtem Bewegen des Kopfes (und Augenachse parallel zum Bildschirm bzw. Ausdruck) verändert das dreidimensionale Bild seine Proportionen ein wenig, ohne dass der räumliche Eindruck verschwindet.

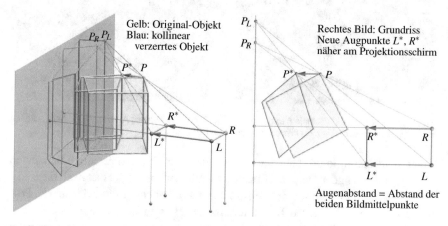

Fig. 6: Wenn wir – bei richtigem Augenabstand – den Abstand ändern, wird das Objekt nur gedehnt oder gestaucht.

Wir wollen nun zeigen, dass wir im Allgemeinen Raumkollineationen des ursprünglichen Objekts sehen. Beginnen wir mit dem einfachsten Fall: Wir projizieren (wie in Fig. 4) so, dass die Durchstoßpunkte der Kameraachsen (das sind im Bild die Mittelpunkte bzw. Diagonalenschnittpunkte der Originalfotos) den menschlichen Augenabstand haben (ca. 65 mm bei Männern, ca. 62 mm bei Frauen). Bei dieser Skalierung ergibt sich eine genau festgelegte Position der beiden Augen, die den Linsenzentren der beiden Kameras entsprechen. Was passiert nun, wenn wir unsere Augen längs der Kameraachsen bewegen?

Fig. 6 zeigt (Strahlensatz), dass sich das räumliche Ergebnis relativ *harmlos* ändert: Das ursprüngliche Objekt wird nur gedehnt oder gestaucht (orthogonal affin verzerrt). Diese spezielle Kollineation ist parallelen- und teilverhältnistreu. Letzteres ändert sich auch nicht, wenn man sich (bei paralleler Augenachse) im Raum herumbewegt. Die Verzerrung wird abgeschwächt durch die Tatsache, dass man sich z.B. bei der Stauchung näher am vermeintlichen Raumobjekt befindet und die extreme Perspektive auch eine stärkere Tiefenwirkung suggeriert.

Eine robuste Sache

Stimmt der Augenabstand nicht mit dem Abstand der Mittelpunkte (Diagonalen-schnittpunkte) der beiden Originalbilder überein, ist das rekonstruierte Raumobjekt immer noch *nur linear verzerrt* (perspektiv kollinear zum Original). Das ist sogar noch dann der Fall, wenn man linkes und rechtes Bild gegeneinander verschiebt. Fig. 7 rechts demonstriert, dass sich auch in diesem allgemeinen Fall subjektiv nicht allzu viel ändert, weil man ja das neue Objekt wieder aus einer anderen Perspektive sieht.

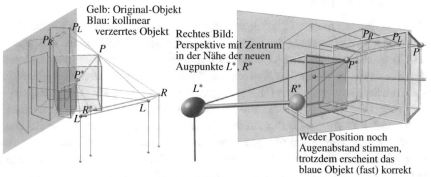

Fig. 7: Der allgemeine Fall

Wir wollen gleich für den allgemeinen Fall beweisen (Fig. 7), dass die Abbildung *Original⟷virtuelles Objekt* in jedem Fall linear, also geradentreu ist: Sei g eine Gerade im realen Raum. Ihr entsprechen zwei Bildgeraden g_L oder g_R im Schnitt der Bildebene mit den Sehebenen durch L und R. Nun wird aus zwei neuen Punkten L^* und R^* projiziert, was auf den Schnitt g^* zweier neuer Sehebenen führt. Es muss jedoch die Achse L^*R^* parallel zur Achse LR sein (was automatisch bedeutet, dass beide verschobenen Bilder wieder „in der gleichen Höhe sind"), denn sonst schneiden einander die neuen Sehstrahlen nicht mehr und der Raumeindruck „bricht zusammen".

Das Rekonstruieren aus zwei Perspektiven funktioniert also recht unkritisch. Das gilt sogar für „nicht-klassische Perspektiven", also z.B. „Fischaugenperspektiven", die bei den beliebten „Actioncameras" auftreten: Man sieht dann *räumliche* Fischaugenperspektiven! Bei nicht-technischen Objekten ohne ausgeprägte rechte Winkel (Fig. 5) fällt das kaum auf.

Ein relativierender Nachsatz

Trotz der obigen Ergebnisse werden stereoskopische Fotos und Filme nicht von allen gleichermaßen beeindruckend empfunden. Während manche Personen Raumbilder auf Anhieb aus allen möglichen Positionen sehen, brauchen andere dazu für sie maßgeschneiderte Bedingungen und klagen nach geraumer Zeit mitunter über Schwindel oder Kopfschmerzen.

38. Erdvermessung und Winkelsummen auf der Kugel

Johannes Wallner

Die Vermessung der Erde musste lange Zeit durch präzises und mühevolles Vermessen von Dreiecken erfolgen, wobei die Größe solcher Dreiecke von einigen Metern bis zu mehr als 100 Kilometern reichen kann. Die Vermessung der Welt ist eng mit dem Fortschritt der Geometrie und der Mathematik verknüpft: Bereits im alten Ägypten, wo durch die jährlichen Überschwemmungen des Nils regelmäßig Neuvermessungen stattfinden mussten, war beispielsweise bekannt, dass ein Dreieck mit den Seiten 3, 4 und 5 rechtwinkelig ist.

Überspringen wir mehr als 2000 Jahre, so gelangen wir zur 1818 bis 1826 durchgeführten Landesvermessung des Königreichs Hannover, die von keinem Geringeren als Carl Friedrich Gauss durchgeführt wurde, und der dabei unter anderem durch Visieren zwischen Bergspitzen sein berühmtes *großes Dreieck* vermaß: Es hatte die Seitenlängen 69 km (Hoher Hagen — Brocken), 84 km (Hoher Hagen — Inselsberg) und 106 km (Brocken — Inselsberg). Als die Bundesrepublik Deutschland Carl Friedrich Gauss auf dem Zehnmarkschein ein Denkmal setzte, wurde auch seiner Vermessungstätigkeit gedacht: Man konnte auf der Rückseite des Geldscheins (bevor er durch die Einführung des Euro aus dem Verkehr gezogen wurde) ganz rechts unten ein Detail des damaligen Triangulationsnetzes erkennen:

Fig. 1

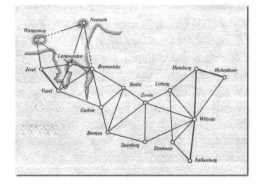

Fig. 2

Bei Dreiecken dieser Größe spielt die Erdkrümmung bereits eine Rolle: Stellt man sich zwei 100 km in direkter Luftlinie entfernte Bergspitzen A und B auf zwei Inseln vor, die beide 200 m hoch sind, so würde die geradlinige Verbindung aufgrund der Wölbung der Erde fast den Meeresspiegel berühren.[1] Ab einem gewissen Ausmaß der vermessenen Gebiete hat es daher keinen Sinn mehr, Dreiecke mit geradlinigen Seiten zu betrachten, und wir interessieren uns für Dreiecke auf der Oberfläche

---

[1] Angenommen, die Verbindung AB berührt im Mittelpunkt C der Strecke AB genau die Meeresoberfläche. Ist M der Erdmittelpunkt, so bilden die Punkte M, C, A ein rechtwinkeliges Dreieck mit $\overline{AC} = 50$ km und $\overline{MC} \approx 6371$ km, dem mittleren Erdradius. Die Höhe von C über dem Meer ist nun durch $\overline{MA} - \overline{MC} = \sqrt{6371^2 + 50^2} - 6371 = 0,196\,\text{km} \approx 200\,\text{m}$ gegeben.

G. Glaeser (Hrsg.), *77-mal Mathematik für zwischendurch*, https://doi.org/10.1007/978-3-662-61766-3_38

einer Kugel. Die Seiten solcher Kugeldreiecke sind die *kürzesten Verbindungen* zwischen den Eckpunkten *A*, *B* und *C*. Jede solche kürzeste Verbindung, z.B. zwischen *A* und *B*, ist ein Großkreisbogen, der aus der Kugel durch die Ebene *ABM* ausgeschnitten wird (*M* ist der Kugelmittelpunkt).

Nähert man die Form der Erde durch eine Kugel an, so sind die Meridiankreise solche Großkreisbögen, und auch der Äquator ist ein Großkreis. Das folgende Bild zeigt ein Kugeldreieck, dessen Ecken *A*, *B* und *C* aus dem Nordpol *A* und zwei Punkten *B*, *C* auf dem Äquator gebildet werden.

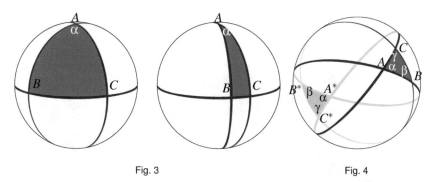

Fig. 3   Fig. 4

Die Winkel bei den Ecken *B* und *C* betragen beide 90°. Die Winkelsumme in diesem Kugeldreieck ist daher $180° + \alpha$, also größer als 180° (je nachdem, wie groß der Winkel α bei *A* ist). Wir sehen, dass sich die Geometrie auf einer Kugel in einigen Belangen anders verhält als die Geometrie in der Ebene.[2] Der Flächeninhalt eines solchen Kugeldreiecks ist offenbar proportional zum Winkel α — Bei $\alpha = 90°$ bzw. 180° bzw. 360° bedeckt das Dreieck ein Achtel bzw. ein Viertel bzw. die Hälfte der Kugeloberfläche. Dieser Zusammenhang zwischen Winkel und Fläche ist ein Spezialfall einer erstaunlichen Beziehung:

> *Hat ein Kugeldreieck auf einer Kugel mit Radius r den Flächeninhalt F, so gilt für die Summe der drei Winkel α, β und γ (im Bogenmaß) die Gleichung*
>
> $$\alpha + \beta + \gamma = \pi + F/r^2.$$

Die Winkelsumme hängt also vom Flächeninhalt ab und umgekehrt. Der Überschuss der Winkelsumme über 180 Grad (der *sphärische Exzess*) ist direkt proportional zum Flächeninhalt. Man beachte, dass hier die Winkel zwischen Großkreisen gemessen werden, und nicht zwischen den geradlinigen Verbindungen der Ecken (welche im Inneren der Kugel verlaufen würden).

Wir wollen die Beziehung $\alpha + \beta + \gamma = \pi + F/r^2$ herleiten. Dies geschieht dadurch, dass wir für ein Kugeldreieck mit Ecken *A*, *B* und *C* die Großkreisbögen, die die

---

[2]Dies ist auch der Grund, warum es keine Landkarten gibt, die (bis auf einen konstanten Maßstab) längentreu sind.

Seiten AB, AC, BC tragen, jeweils zu einem ganzen Großkreis verlängern; diese Großkreise sind symmetrisch zum Kugelmittelpunkt und treffen einander außer in den Punkten A, B und C noch ein zweites Mal, nämlich in den A, B und C gegenüberliegenden Punkten A^*, B^* und C^*:

Die drei Großkreise zerlegen die Kugel in insgesamt acht Dreiecke. Der Trick bei der Flächenberechnung besteht nun darin, Paare von Dreiecken, zu je einem sogenannten Kugel-Zweieck zusammenzufassen, nämlich:

$$ABC + ABC^* \qquad \text{bzw.} \qquad ABC + AB^*C \qquad \text{bzw.} \qquad ABC + A^*BC$$

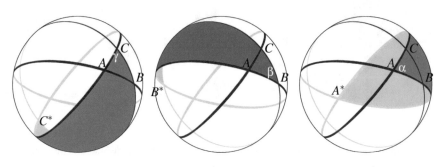

Fig. 5

Wir erhalten Kugel-Zweiecke mit Ecken CC^* bzw. BB^* bzw. AA^*. Der Flächeninhalt eines solchen Zweiecks (z.B. zwischen C und C^*) hängt nur von dem Öffnungswinkel bei den beiden Ecken (z.B. γ) ab. Der Flächeninhalt ist offenbar *proportional* zum Öffnungswinkel. Damit beim Öffnungswinkel 2π die gesamte Kugeloberfläche $4\pi r^2$ erhalten wird, muss der Proportionalitätsfaktor gleich $2r^2$ sein. Der Flächeninhalt der drei abgebildeten Zweiecke ist also gleich

$$2\gamma r^2 \qquad \text{bzw.} \qquad 2\beta r^2 \qquad \text{bzw.} \qquad 2\alpha r^2.$$

Die diesen Zweiecken gegenüberliegenden Zweiecke haben denselben Flächeninhalt; es sind dies

$$A^*B^*C^* + A^*B^*C \quad \text{bzw.} \quad A^*B^*C^* + A^*BC^* \quad \text{bzw.} \quad A^*B^*C^* + AB^*C^*.$$

Die obigen Überlegungen haben dazu geführt, dass wir zwar noch nicht den Flächeninhalt eines einzelnen Dreiecks kennen, aber immerhin viele *Summen* von Flächeninhalten. Man muss jetzt nur mehr die erhaltenen Gleichungen geschickt kombinieren. Wir beginnen mit dem Anschreiben aller bisher erhaltenen Relationen. Wir verwenden das Symbol F_{ABC} für den Flächeninhalt des Kugeldreiecks ABC.

$$F_{ABC} + F_{ABC^*} = 2\gamma r^2,$$
$$F_{ABC} + F_{AB^*C} = 2\beta r^2,$$
$$F_{ABC} + F_{A^*BC} = 2\alpha r^2,$$
$$F_{A^*B^*C^*} + F_{A^*B^*C} = 2\gamma r^2,$$
$$F_{A^*B^*C^*} + F_{A^*BC^*} = 2\gamma r^2,$$
$$F_{A^*B^*C^*} + F_{AB^*C^*} = 2\alpha r^2.$$

Die verwendeten Großkreise zerschneiden die Kugel in acht Dreiecke, und jedes davon kommt auf der linken Seite vor; ABC und $A^*B^*C^*$ sogar dreimal. Summation über alle Flächeninhalte auf der linken Seite ergibt also die gesamte Kugelfläche, plus zwei Mal die überschüssigen Dreiecke ABC und $A^*B^*C^*$. Damit erhalten wir durch Addition der obigen sechs Gleichungen die Beziehung

$$4\pi r^2 + 2F_{ABC} + 2F_{A^*B^*C^*} = 4r^2(\alpha + \beta + \gamma).$$

Beachtet man nun die Flächengleichheit der Kugeldreiecke ABC und $A^*B^*C^*$ und kürzt man durch $4r^2$, so erhält man

$$\pi + F_{ABC}/r^2 = \alpha + \beta + \gamma,$$

was zu beweisen war.

Die Eigenschaften von Kugeldreiecken waren selbstverständlich für die Vermessungstätigkeiten von großer Bedeutung und waren daher bereits im 18. Jahrhundert bekannt. CARL FRIEDRICH GAUSS war der erste, der über die Kugel hinausging und systematisch die innere Geometrie allgemeinerer Flächen untersuchte – zu seiner Zeit wusste man schon, dass die Form der Erde in 2. Näherung durch ein abgeplattetes Ellipsoid beschrieben wird. Seine präzisen Aussagen zu dem Thema sind als der Integralsatz von Gauß-Bonnet und das sogenannte *theorema elegantissimum*[3] bekannt.

---

[3]*Theorema elgantissimum* („eleganter Satz"): $(\alpha + \beta + \gamma - \pi)/F$ ist genau der Mittelwert der Gaußschen Krümmung K im betrachteten Dreieck, bzw. $\alpha + \beta + \gamma = \pi + \int K$.

39. Das Hexagrammum Mysticum von Pascal

GILBERT HELMBERG

BLAISE PASCAL (1623-1662) entdeckte sein *hexagrammum mysticum* im Alter von 16 Jahren:

Wenn ein Sechseck einem Kegelschnitt eingeschrieben ist, dann liegen die Schnittpunkte der drei Paare gegenüberliegender Seiten auf einer Geraden.

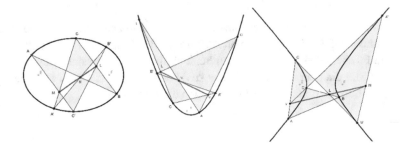

Fig. 1: Abbildung 1

Um zu klären, was (für uns) *gegenüberliegende Seiten* bedeutet, bezeichnen wir die Eckpunkte des Sechsecks mit A, B, C, A', B', C' (sie brauchen aber nicht in dieser Reihenfolge auf dem Kegelschnitt zu liegen). Dann sei

L der Schnittpunkt der Sechseckseiten BC' und $C'B$,
M der Schnittpunkt der Sechseckseiten CA' und $A'C$,
N der Schnittpunkt der Sechseckseiten AB' und $B'A$.

Nach dem Satz von Pascal liegen die Punkte L, M und N auf einer Geraden egal, ob der Kegelschnitt nun ein Kreis ist, eine Ellipse, eine Parabel, oder eine Hyperbel ist.

Beschränken wir uns bei dem Kegelschnitt auf einen Kreis, so führt ein Beweis dieses Satzes, der nur elementare Geometrie verwendet, über zwei bekannte Sätze der Dreiecksgeometrie, die der Vollständigkeit halber auch gleich noch einmal bewiesen werden:

Der Strahlensatz

Im Folgenden wird die Länge der durch zwei Punkte A und B begrenzten Strecke mit $\overline{AB}$ bezeichnet.

Wenn zwei Geraden mit dem Schnittpunkt C durch zwei parallele Geraden g und g' in den Punkten A und B bzw. A' und B' geschnitten werden, gilt

$$\frac{\overline{CA}}{\overline{CB}} = \frac{\overline{AB}}{\overline{A'B'}} = \frac{\overline{CA'}}{\overline{CB'}}.$$

G. Glaeser (Hrsg.), *77-mal Mathematik für zwischendurch*,
https://doi.org/10.1007/978-3-662-61766-3_39

Die beiden Dreiecke ABC und $A'B'C$ sind nämlich ähnlich. (Ähnliche Dreiecke kamen schon einmal im Mathe-Brief 8 zur Sprache.)

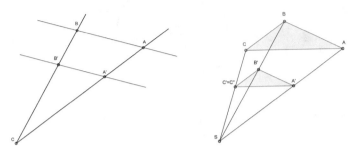

Fig. 2: Abbildung 3 und Abbildung 2

Ähnliche Dreiecke in ähnlicher Lage

Zwei ABC und $A'B'C'$ sind nicht nur ähnlich, sondern auch *in ähnlicher Lage*, wenn jeweils die Seiten AB und $A'B'$, BC und $B'C'$, sowie CA und $C'A'$ parallel sind. Dann lässt sich der Strahlensatz gewissermaßen umkehren:

Wenn die ähnlichen Dreiecke ABC und $A'B'C'$ in ähnlicher Lage sind, dann sind die Verbindungsgeraden AA', BB' und CC' entweder parallel oder sie gehen durch einen Punkt.

Um das einzusehen, nehmen wir an, die Verbindungsgeraden AA' und BB' schneiden einander im Punkt S. Die Verbindungsgerade SC wird durch die Gerade, die A' und C' verbindet (und parallel zu AC ist), in einem Punkt C'' geschnitten, für den nach dem Strahlensatz

$$\frac{\overline{AC}}{\overline{A'C''}} = \frac{\overline{SC}}{\overline{SC''}} = \frac{\overline{SA}}{\overline{SA'}} = \frac{\overline{AC}}{\overline{A'C'}}$$

gilt, woraus folgt $\overline{A'C'} = \overline{A'C''}$ und $C' = C''$. Das bedeutet wieder, dass die Verbindungsgerade CC' durch den Punkt S geht.

Der Satz von Pascal für den Kreis

Wenn ein Sechseck einem Kreis eingeschrieben ist, dann liegen die Schnittpunkte der drei Paare gegenüberliegender Seiten auf einer Geraden.

Der Beweis beruht auf einer ganzen Reihe von Anwendung des Peripheriewinkelsatzes, der ebenfalls schon im Mathe-Brief 8 zur Sprache gekommen ist.

L ist der Schnittpunkt der Seite BC' und $B'C$, M ist der Schnittpunkt der Seiten AC' und $A'C$. Wir bezeichnen den Kreis, der die Eckpunkte des Sechsecks $AB'CA'BC'$ enthält, mit k, und den Umkreis des Dreiecks $AA'M$ mit k'. Der zweite Schnittpunkt der Verbindungsgeraden $A'B$ mit k' soll D heißen, der zweite Schnittpunkt der Verbindungsgeraden AB' mit k' soll D' heißen. Die Verbindungsgeraden BD und $B'D'$ schneiden einander in einem Punkt N. Wir zeigen jetzt, dass die Dreiecke $BB'L$ und

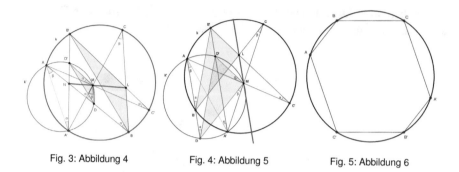

Fig. 3: Abbildung 4   Fig. 4: Abbildung 5   Fig. 5: Abbildung 6

$DD'M$ zentrisch ähnlich sind. Dann muss auch die Verbindungsgerade LM durch den Punkt N gehen, und der Satz von Pascal ist gezeigt.

Um unsere Behauptung zu beweisen, zeigen wir, dass jeweils die Geraden DD' und BB', MD und LB, sowie MD' und LB' parallel sind. Dies beruht auf einer Reihe von Anwendungen des Satzes vom konstanten Peripheriewinkel, einmal im Kreis k', und dann wieder im Kreis k:

$$DD' \parallel BB': \qquad \alpha = \angle ADD' \;=\; \angle AA'D' = \angle AA'B' = \angle ABB'$$
$$DM \parallel BL: \qquad \beta = \angle DMA' \;=\; \angle DAA' = \angle BAA'$$
$$=\; \angle BCA' \quad (DM \parallel BC; \text{ auf } BC \text{ liegt } BL)$$
$$D'M \parallel B'L: \qquad \alpha = \angle D'MA' \;=\; \angle D'AA' = \angle B'AA'$$
$$=\; \angle B'CA' \quad (D'M \parallel B'C; \text{ auf } B'C \text{ liegt } B'L).$$

Allerdings funktioniert dieser Schluss nur, wenn CA' und AC' nicht parallel sind und damit der Punkt M „ins Unendliche" verschwindet. Andernfalls, wenn noch einer der Punkte L und N im Endlichen liegt, nummerieren wir die Punkte einfach so um, dass der im Endlichen liegende Punkt im Beweis an die Stelle des Punktes M kommt.

Wenn zwei Punkte, etwa L und M „ins Unendliche" verschwinden, weil die entsprechenden Sechseckseiten parallel sind, dann sind auf dem Kreis k jeweils die Bögen $\overset{\frown}{BC}$ und $\overset{\frown}{B'C'}$, sowie $\overset{\frown}{CA}$ und $\overset{\frown}{C'A'}$ gleich lang, und deshalb auch die Bögen $\overset{\frown}{BA}$ und $\overset{\frown}{B'A'}$, also sind auch die Seiten AB' und $A'B$ parallel. In der projektiven Geometrie stellt man sich auf den Standpunkt, dass die Punkte L, M und N dann auf der „unendlich fernen Geraden" liegen; wenn man auf einem Boot mitten im Meer ist, kann man sie als Horizontlinie beobachten (allerdings müsste man dabei diametral gegenüberliegende Punkte des Horizontes identifizieren).

Kann man vom Pascalschen Satz für den Kreis auch zum Pascalschen Satz für allgemeine Kegelschnitte kommen? Jawohl, aber man braucht dazu etwas räumliches Vorstellungsvermögen: Wenn man die Figur der Abbildung 5 aus einem Punkt S

im Raum (z.B. lotrecht über dem Mittelpunkt des Kreises k in der Zeichenebene) projiziert, werden aus allen Punkten der Zeichenebene Geraden durch S und aus allen Geraden der Zeichenebene Ebenen im Raum, die den Punkt S enthalten. Aus dem Kreis wird ein Kreiskegel mit der Spitze S, und wenn man diesen nun durch eine weitere, beliebig angenommene, Ebene schneidet, die S nicht enthält, werden aus den Geraden durch S wieder Punkte, aus den Ebenen durch S wieder Geraden, und aus dem Kegelmantel, je nach Lage der neuen Schnittebene, wieder ein Kreis, eine Ellipse, eine Parabel, oder eine Hyperbel, auf der jetzt die Nachkömmlinge der Punkte A, B, C, A', B', C' liegen, die wieder den Satz von Pascal erfüllen. Man muss sich allerdings noch überlegen, dass man auf diese Weise jede Ellipse und Hyperbel erhalten kann.

Ein alternativer Zugang beruht auf der Tatsache, dass jeder Kegel 2. Ordnung (also mit einem beliebigen Kegelschnitt als Grundlinie) zwei Parallelscharen von Kreisschnittebenen hat (bei einem geraden Kreiskegel fallen beide Scharen zu einer zusammen). Ein dem Grundkegelschnitt eingeschriebenes Sechseck wird aus der Kegelspitze in ein Sechseck projiziert, das einem Kreis einer solchen Schar eingeschrieben ist. Dieses Sechseck liefert nach dem obigen Beweis eine Pascalsche Gerade, die aus der Kegelspitze wieder in die Pascalsche Gerade für das Sechseck im Grundkegelschnitt projiziert wird.

COXETER berichtet in [1], dass der Satz von Pascal 1640 gemeinsam mit DESARGUES unter dem Titel *Essay por les Coniques* veröffentlicht wurde. LEIBNIZ hat diesen *Essay* noch gekannt und hoch geschätzt, aber bis auf eine Seite ist er verloren gegangen. Der hier für den Kreis angegebene Beweis stammt vom holländischen Mathematiker JAN VAN IJZEREN (1914-1998) (gesprochen „jan fan aiseren"), einem Schwager und Mitarbeiter von EDSGER DIJKSTRA, dem Autor des nach ihm benannten Algorithmus (Mathe-Brief 4).

Weiterführende Literatur

[1] Coxeter, H. S. M. (1992). *The real projective plane*. Springer.

40. Ein geometrisches Optimierungsproblem

LEONHARD SUMMERER

Die Transportlogistik spielt in der heutigen Zeit eine immer größere Rolle, sodass es sicherlich die Mühe wert ist, das eine oder andere damit zusammenhängende Problem aus mathematischem Blickwinkel zu analysieren.

Dazu gehen wir von folgender Situation aus. Eine Supermarktkette betreibt Filialen in ganz Österreich und möchte ein Zentrallager an jenem Ort errichten, von dem die Summe der Entfernungen zu den einzelnen Filialen am geringsten ist. In der Realität sind dabei natürlich viele weitere Parameter zu berücksichtigen, wie etwa die Straßeninfrastruktur oder der Umsatz in den einzelnen Filialen. Wir wollen uns aber mit einem einfachen mathematischen Modell begnügen. Gegeben seien n Punkte $P_1, \ldots, P_n$ in der Ebene, gesucht ist ein (nicht notwendig *der*, denn es könnte ja mehrere geben) Punkt P, für den die Summe S der Segmentlängen $\overline{PP_1} + \ldots + \overline{PP_n}$ minimal ist.

In dieser Allgemeinheit ist auch das noch zu kompliziert, sodass wir uns auf einige interessante Spezialfälle beschränken werden. Zunächst wollen wir annehmen, dass alle n Punkte auf einer Gerade liegen (o.B.d.A. in der Reihenfolge ihrer Nummerierung). Offensichtlich können wir unsere Suche nach einem optimalen Punkt P auf die durch die Punkte bestimmte Gerade beschränken, denn für jeden Punkt X außerhalb wird die Summe der Entfernungen zu den P_i verringert, wenn man X orthogonal näher an P_1P_n heranrückt. Für jeden Punkt X, der auf dieser Gerade liegt, gilt klarerweise

$$\overline{P_1X} + \overline{XP_n} \geq \overline{P_1P_n}$$

mit Gleichheit genau dann, wenn X zwischen P_1 und P_n liegt. Nun paaren wir die weiteren Punkte von außen nach innen zu ineinander geschachtelten Segmenten P_2P_{n-1}, P_3P_{n-2}, etc. Für gerade n entsteht so ein eindeutig bestimmtes innerstes Segment. Ist n hingegen ungerade, so bleibt ein Punkt in der Mitte übrig, den wir ebenfalls als innerstes (degeneriertes) Segment auffassen können. Es gilt für $1 \leq i \leq [n/2]$ analog zu oben

$$\overline{P_iX} + \overline{XP_{n-i+1}} \geq \overline{P_iP_{n-i+1}}$$

mit Gleichheit genau dann, wenn X zwischen P_i und P_{n-i+1} liegt. Insgesamt folgt

$$S \geq \sum_{i=1}^{[n/2]} \overline{P_iP_{n-i+1}}$$

mit Gleichheit für alle Punkte X im innersten Segment. Damit haben wir also eine eindeutige Lösung für die Wahl von P im Fall, dass n ungerade ist, nämlich $P = P_{(n+1)/2}$. Für gerade n liefern alle Punkte im innersten Segment $P_{n/2}P_{(n+2)/2}$ die gleiche, minimale Summe von Abständen. Die folgende Skizze zeigt den Fall $n = 14$, P kann beliebig in P_7P_8 (in rot) gewählt werden.

© Der/die Herausgeber bzw. der/die Autor(en), exklusiv lizenziert durch Springer-Verlag GmbH, DE, ein Teil von Springer Nature 2020
G. Glaeser (Hrsg.), *77-mal Mathematik für zwischendurch*,
https://doi.org/10.1007/978-3-662-61766-3_40

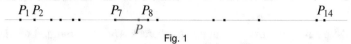

Fig. 1

Doch welche Supermarktkette hat schon sämtliche Filialen entlang einer geraden Autobahn errichtet? Fangen wir lieber mit einem kleinen Betrieb an, der nur drei Filialen besitzt, und abstrahieren diese durch die Ecken eines Dreiecks ABC in der Ebene. Die Aufgabe lautet nun, denjenigen Punkt P im Dreieck zu finden, für den die Summe der Abstände $\overline{PA} + \overline{PB} + \overline{PC}$ minimal ist. Besitzt das Dreieck ABC einen Innenwinkel, der mindestens 120 Grad misst, so muss man für P denjenigen Eckpunkt wählen, in dem dieser Winkel auftritt. Sind alle Winkel des Dreiecks kleiner als 120 Grad, so ist derjenige Punkt für P zu wählen, von dem aus alle drei Seiten unter einem Winkel von 120 Grad erscheinen. Dieser Punkt ist in der klassischen Geometrie als erster Fermat Punkt F des Dreiecks bekannt und er wird folgendermaßen konstruiert. Über jeder Dreiecksseite werden nach außen gleichseitige Dreiecke ABC', BCA' und CAB' konstruiert. Dann schneiden einander AA', BB' und CC' in einem Punkt, nämlich in F, wie die folgende Skizze verdeutlicht.

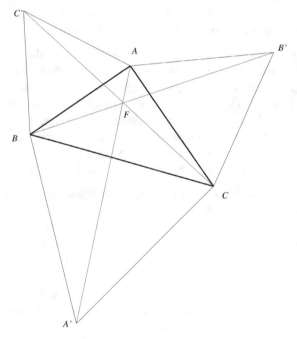

Fig. 2

Die Beweise zu den aufgestellten Behauptungen finden sich in den meisten Lehrbüchern zur Dreiecksgeometrie, eines davon ist in der Literaturliste am Ende des Artikels angeführt.

Kleine Unternehmen wollen expandieren, daher interessiert uns natürlich, was es für die Standortsuche für das Zentrallager ändert, wenn eine vierte Filiale hinzukommt. Nun haben wir es also mit einem Viereck $ABCD$ zu tun und wieder ist ein Punkt P gesucht, für den $\overline{PA} + \overline{PB} + \overline{PC} + \overline{PD}$ kleinstmöglich ist. Auch hier unterscheiden wir zwei Fälle, je nachdem, ob $ABCD$ ein konvexes Viereck ist, oder nicht. Der erste Fall ist ganz leicht. Bezeichnet E den Schnittpunkt der Diagonalen AC und BD, so gilt für jeden Punkt X im Viereck

$$\overline{AX} + \overline{XC} \geq \overline{AC}$$

mit Gleichheit genau dann, wenn X auf der Diagonale AC liegt und analog

$$\overline{BX} + \overline{XD} \geq \overline{BD}$$

mit Gleichheit genau dann, wenn X auf der Diagonale BD liegt. Es folgt also

$$\overline{XA} + \overline{XB} + \overline{XC} + \overline{XD} \geq \overline{AC} + \overline{BD}$$

und nur die Wahl $X = E$ liefert Gleichheit und somit den minimalen Wert für S.

Etwas aufwändiger ist der Fall eines nicht konvexen Vierecks. Dabei stellt sich heraus, dass für P jener der Eckpunkte zu wählen ist, der in der konvexen Hülle der drei anderen liegt. Der Beweis dafür sei hier ausgespart um einen weiteren Spezialfall zu untersuchen, der nicht unerhebliche Relevanz im Alltag besitzt.

Wir nehmen zuguterletzt an, unsere Supermarktkette habe mehr als die Hälfte ihrer Filialen in Wien, wobei wir die anfallenden Transportwege innerhalb der Stadt vernachlässigen wollen. Die sich ergebende Frage liegt auf der Hand. Soll das Zentrallager dann auch in Wien errichtet werden, um die Summe der Wegstrecken zu den Filialen zu minimieren? Die Antwort darauf ergibt folgende Überlegung, die die Idee des Paarens von Filialen wieder aufgreift, wobei nunmehr für die Weglängenabschätzung jeweils eine Wiener Filiale mit einer Filiale außerhalb Wiens zusammengefasst wird, bis nur mehr Wiener Filialen einzeln übrig sind.

Es seien wieder $n = k + l$ Punkte $P_1, \ldots, P_n$ in der Ebene gegeben mit $P_1 = P_2 = \ldots = P_k$ und $k \geq l$. Wir bilden nun die Paare $(P_1, P_{k+1}), \ldots, (P_l, P_{k+l})$, wobei $P_{l+1}, \ldots, P_k$, die alle mit P_1 zusammenfallen, übrig bleiben. Wir bemerken zunächst, dass für jeden Punkt X und alle i mit $1 \leq i \leq l$ der Ebene stets

$$\overline{P_iX} + \overline{XP_{k+i}} \geq \overline{P_iP_{k+i}}$$

gilt, wobei der Gleichheitsfall genau dann auftritt, wenn X im Segment P_iP_{k+i} liegt. Demnach gilt für die Summe S der Distanzen von X zu den n Punkten

$$S \geq \sum_{i=1}^{l} \overline{P_iP_{k+i}} + \overline{XP_{l+1}} + \ldots + \overline{XP_k} = \sum_{i=1}^{l} \overline{P_iP_{k+i}} + (k-l)\overline{XP_1}$$

und der Gleichheitsfall tritt genau dann ein, wenn $X = P_1$ gilt, zumal $P_1 (= P_2 = \ldots = P_k)$ in allen Segmenten P_iP_{k+i} liegt.

Somit ist es für eine Supermarktkette, die die Mehrzahl ihrer Filialen in einem Ort betreibt, tatsächlich am günstigsten, ebendort ihr Zentrallager zu errichten, wenn man Wege innerorts vernachlässigt.

Weiterführende Literatur

[1] Honsberger, R. (2013). *Gitter—Reste—Würfel: 91 mathematische Probleme mit Lösungen.* Vieweg.

[2] Wolfram Research, Inc. (2020). *First Fermat Point.* Abgerufen von `http://mathworld.wolfram.com/FirstFermatPoint.html`

[3] Schupp, H. (1977). *Elementargeometrie.* Schöningh.

41. Geometrisch klar, aber etwas schwieriger zu rechnen

F. Schweiger

Unsere Landkarten vermitteln den Eindruck, dass zwischen zwei Orten gleicher geographischer Breite der Breitenkreis die kürzeste Verbindung sei. Wer von Österreich in die USA fliegt, wird aber bemerken, dass der Flug weit in den Norden führt. Man wird darauf hinweisen, dass auf der Kugel die kürzeste Verbindung stets entlang eines Großkreises verläuft. Die geodätischen Linien, so haben wir es gehört oder gelernt, sind eben Großkreise. Dabei sollte man nicht vergessen, dass geodätische Linien nicht immer die kürzeste Verbindung liefern. Ein einfaches Beispiel liefert die Zylinderfläche, etwa mit der Gleichung

$$x^2 + y^2 = 1.$$

Die Schraubenlinie

$$(x, y, z) = (\cos\phi, \sin\phi, a\phi)$$

ist eine geodätische Linie und stellt die kürzeste Verbindung zu „benachbarten" Punkten dar. Sie läuft auch vom Punkt $P = (1, 0, 0)$ zum Punkt $Q = (1, 0, 2\pi a)$. Entlang dieser Kurve ist die Entfernung $2\pi\sqrt{1 + a^2}$, aber die Gerade $x = 1$ auf dem Zylinder misst die Entfernung als $2\pi a$.

Fig. 1

Da aber geodätische Linien weit aus den Themen der Schule hinausführen, sollte man Schüler und Schülerinnen mit einem einfachen Beweis überzeugen. Wir betrachten eine Kugel mit Radius 1 und fixieren zwei Punkte P und Q. Wir legen einen Großkreis k_1 durch diese Punkte. Sei nun ein weiterer Kreis k_2 mit dem Radius $\rho < 1$ durch diese Punkte gelegt, so wird ein Stück dieses Kreises außen vorbeigehen. Aus der Skizze sieht man, dass der kürzere Teil des Kreises k_2 mit

G. Glaeser (Hrsg.), *77-mal Mathematik für zwischendurch*,
https://doi.org/10.1007/978-3-662-61766-3_41

Radius $\rho < 1$ länger ist als der kürzere Teil des Großkreises k_1. Dies ist insofern überraschend, als der Winkel ψ ersichtlich größer als der Winkel ϕ ist, aber ρ kleiner als 1 ist.

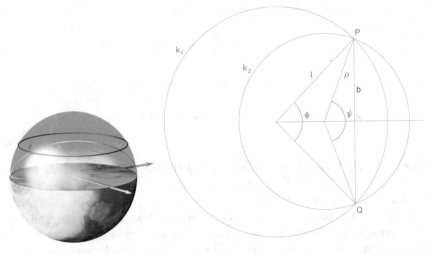

Fig. 2

Kann man dies nicht auch nachrechnen? Der kürzere Bogen des Großkreises k_1 zwischen P und Q hat die Länge ϕ und der kürzere Teil des kleineren Kreises k_2 die Länge $\rho\psi$. Zu zeigen ist also

$$\rho\psi \geq \phi,$$

wobei $b \leq \rho \leq 1$ (siehe Figur). Dies wird äquivalent umgeformt zu

$$\frac{\rho\psi}{2} \geq \frac{\phi}{2}$$

und weiter zu

$$\frac{\psi}{2} \geq \frac{\phi}{2\rho}$$

und

$$\sin\frac{\psi}{2} \geq \sin\frac{\phi}{2\rho}.$$

Die Trigonometrie lehrt uns $\sin\frac{\psi}{2} = \frac{b}{\rho}$ und $\sin\frac{\phi}{2} = b$. Wir müssen daher

$$\sin\frac{\phi}{2} \geq \rho\sin\frac{\phi}{2\rho}$$

zeigen. Dazu betrachten wir die Funktion

$$f(\rho) = \sin\frac{\phi}{2} - \rho\sin\frac{\phi}{2\rho}.$$

Wir müssen zeigen, dass $f(\rho) \geq 0$ für alle ρ im Intervall $[b,1]$.

Für $\rho = 1$ ist $f(0) = 0$. Für $\rho = b$ ist es möglich, $f(b) = \sin\frac{\phi}{2}(1 - \sin\frac{\phi}{2b}) \geq 0$ zu zeigen, aber Letzteres brauchen wir nicht, denn wir zeigen, dass $f(\rho)$ auf dem Intervall $[b, 1]$ monoton fallend ist. Dazu berechnen wir

$$f'(\rho) = -\sin\frac{\phi}{2\rho} + \frac{\phi}{2\rho}\cos\frac{\phi}{2\rho}.$$

Ist nun $f'(\rho) \leq 0$? Setzen wir $\frac{\phi}{2\rho} = t$, so sehen wir die richtige Ungleichung

$$t\cos t \leq \sin t \quad \text{bzw.} \quad t \leq \tan t$$

vor uns.

Vielleicht gibt es interessierte Schüler oder Schülerinnen, die nachrechnen möchten, ob denn eine Ebene eine Kugel (wenn überhaupt) wirklich in einem Kreis schneidet. Um dies nachzuprüfen, wählt man am besten ein angepasstes kartesisches Koordinatensystem, dessen x- und y-Achse die Ebene aufspannen, und dessen Ursprung so positioniert wird, dass der Kugelmittelpunkt M auf der z-Achse zu liegen kommt. Dann liegt ein Punkt $X = (x,y,z)$ auf der Kugel genau dann, wenn seine Entfernung von $M = (0,0,m)$ gleich dem Radius R ist:

$$\overrightarrow{XM} \cdot \overrightarrow{XM} = R^2 \iff x^2 + y^2 + (z-m)^2 = R^2.$$

Die Punkte der Ebene sind durch $z = 0$ gekennzeichnet, d.h. man erhält die Gleichung

$$x^2 + y^2 = R^2 - m^2.$$

Bei $|m| > R$ hat diese Gleichung keine Lösung, andernfalls beschreibt sie einen Kreis mit Mittelpunkt im Ursprung und Radius $\sqrt{R^2 - m^2}$.

Der Autor bedankt sich bei G. Maresch für die Illustrationen.

IV. ZAHLENTHEORIE

42. Ägyptische Brüche

RUDOLF TASCHNER

Ägypten, das vom Nil durchzogene Gebiet im Nordosten der Sahara, war neben Mesopotamien jenes Land, in dem eine der ersten Hochkulturen der Menschheit entstand. Vor mehr als 5000 Jahren entdeckten die Ägypter die Schrift. Ihre Schriftzeichen heißen *Hieroglyphen*, ein griechisches Wort, das *heilige, in Stein geritzte Zeichen* bedeutet. Mit ihnen verkündeten die Schreiber nicht nur die Wohltaten des Herrschers, genannt *Pharao*, das heißt wörtlich: *hohes Haus*, sondern auch alltägliche Dinge: welche Ereignisse sich in den Städten und auf dem Lande abspielten, vor allem: wie viel Korn von den Bauern in die reichen Kornkammern des Pharao gespeichert wurden.

Wie viele andere Völker der grauen Vorzeit glaubten auch die Ägypter an eine Vielzahl von Göttern, die das Schicksal der Menschen und der Welt bestimmen. Der Götterhimmel der Ägypter ist verwirrend groß: Atum ist der Sonnengott, Schu der Gott der Luft, Tefnut die Göttin der Feuchtigkeit, Geb der Gott der Erde, Nut die Göttin des Himmels und die Gottheiten Isis, Osiris, Seth, Nephtys sind Urenkel des Atum. Horus, der Sohn von Isis und Osiris, ist der meistverehrte ägyptische Gott. Der Pharao gilt als Verkörperung des Horus auf der Welt, aber die Augen des Horus selbst sind Sonne und Mond, wobei der Mond das „Udjat-Auge" genannt wird.

Der Sage nach riss Seth, der Bruder von Osiris, Horus das Auge aus, als sich beide Rivalen im Kampf um den Thron von Osiris befanden, und zerbrach es. Thot, der weise Mondgott, Schutzpatron der Wissenschaften und der Schreibkunst, sah die unendlich vielen Teile, große und kleine, und versuchte, diese wieder zusammenzusetzen.

Das größte Bruchstück war genau die Hälfte des Udjat-Auges, das zweitgrößte ge-

Fig. 1: Der schakalköpfige Gott Anubis empfängt die Mumie des Pharao. Daneben sind in Hieroglyphen die Wohltaten des Pharao aufgelistet.

Fig. 2: Der Gott Horus besitzt einen Falkenkopf.

G. Glaeser (Hrsg.), *77-mal Mathematik für zwischendurch*,
https://doi.org/10.1007/978-3-662-61766-3_42

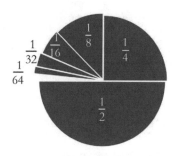

Fig. 3

nau ein Viertel des Udjat-Auges. Als Thot sie zusammenfügte, heilte er schon drei
Viertel des Auges. Der nächstgrößte Teil war genau ein Achtel des Udjat-Auges.
Thot gab es zu dem bereits geheilten Stück hinzu und heilte so schon sieben Achtel
des Auges. Der nächstgrößte Teil war genau ein Sechzehntel des Udjat-Auges. Thot
gab es zu dem bereits geheilten Stück hinzu und heilte so schon 15 Sechzehntel des
Auges. Der nächstgrößte Teil war genau ein Zweiunddreißigstel des Udjat-Auges.
Thot gab es zu dem bereits geheilten Stück hinzu und heilte so schon 31 Zweiund-
dreißigstel des Auges. Der nächstgrößte Teil war genau ein Vierundsechzigstel des
Udjat- Auges. Thot gab es zu dem bereits geheilten Stück hinzu und heilte so schon
63 Vierundsechzigstel des Auges. So arbeitete Thot geduldig und setzte bis auf ein
Vierundsechzigstel das von Seth zerbrochene Auge des Horus wieder zusammen.

In diese eigenartige Geschichte hatten die Ägypter die Entdeckung der Bruchzahlen

$$\frac{1}{2}, \quad \frac{1}{4}, \quad \frac{1}{8}, \quad \frac{1}{16}, \quad \frac{1}{32}, \quad \frac{1}{64}$$

gekleidet. In Hinblick auf diesen Mythos scheint das Wort *Bruchzahl* sehr passend:
Es erinnert auch an das zerbrochene Auge des Horus.

Aber die Ägypter waren zugleich sehr praktisch denkende Kaufleute und Händler:
Sie verwendeten diese Bruchzahlen, um angeben zu können, zu welchem Teil das
von ihnen *Hekat* genannte Gefäß mit Korn gefüllt war. Allerdings merkten sie bald,
dass manchmal das Gefäß zu einem Drittel oder zu einem Fünftel gefüllt war. Dann
war es ihnen nicht möglich, mit den oben genannten Bruchzahlen seinen Inhalt zu
beschreiben. Also erfanden sie noch weitere Bruchzahlen: Drittel, Fünftel, Siebentel, usw. — immer aber mit 1 über dem Bruchstrich. Darum heißen bis heute diese
Bruchzahlen die „ägyptischen Brüche".

43. Pythagoreische Zahlentripel

GILBERT HELMBERG

Wir suchen alle sogenannten *pythagoreischen Tripel* natürlicher Zahlen (a, b, c) mit der Eigenschaft

$$a^2 + b^2 = c^2.$$

Eine Motivation dazu wäre etwa die Frage: Wie kann man mit möglichst primitiven Materialien und Methoden einen rechten Winkel herstellen, zum Beispiel um ein rechteckiges Feld oder den rechteckigen Grundriss eines Hauses abzustecken? Eine Idee beruht auf dem Satz des Pythagoras für ein Dreieck mit den Seitenlängen a, b und c: Die Seiten mit den Abmessungen a und b schließen genau dann einen rechten Winkel ein, wenn $a^2 + b^2 = c^2$. Knüpft man in eine Schnur dreizehn Knoten in gleichem Abstand voneinander und verbindet dann den ersten und letzten Knoten, so erhält man eine geschlossenen Schnur, die durch zwölf Knoten in zwölf gleiche Teile geteilt wird. Es gilt $3 + 4 + 5 = 12$, also kann man durch Spannen dieser sogenannten *Zwölfknotenschnur* ein Dreieck erzeugen, das die Seitenlängen 3, 4 und 5 besitzt. Wegen

$$3^2 + 4^2 = 5^2$$

ist dieses Dreieck rechtwinkelig. Die Zwölfknotenschnüre sind seit langer Zeit bekannt und möglicherweise schon im alten Ägypten zum Zwecke der Landvermessung in Verwendung gewesen. Was zweifelsfrei belegt ist, ist jedoch das sehr frühe Interesse an weiteren pythagoreischen Tripeln, die über den einfachsten Fall $(a, b, c) = (3, 4, 5)$ hinausgehen: Die unter dem Namen *Plimpton 322* bekannte Keilschrifttafel (ca. 1900–1600 v. Chr.) enthält einige mit sehr großen Zahlen, wie zum Beispiel $12709^2 + 13500^2 = 18541^2$. Dies wird allgemein als ein Beleg dafür angesehen, dass bereits in dieser frühen Zeit eine systematische Methode zum Erzeugen von pythagoreischen Tripeln bekannt war.

Mögliche Bearbeitungsschritte:

1. Es genügt, alle solchen Zahlentripel zu finden, für die der größte gemeinsame Teiler $(a, b) = 1$ ist. (Ein gemeinsamer Teiler von a und b ist auch Teiler von c; in der obigen Gleichung kann durch sein Quadrat gekürzt werden.)

2. Genau eine der Zahlen a und b muss gerade sein. (Die Summe der Quadrate zweier ungerader natürlicher Zahlen ist durch 2, aber nicht durch 4 teilbar, kann also kein Quadrat einer natürlichen Zahl sein.)

3. Wenn a gerade ist, sind die Zahlen $c - a$ und $c + a$ teilerfremde Quadratzahlen. (Ein gemeinsamer Primteiler von $c - a$ und $c + a$ müsste ungerade und auch Teiler von c und a sein. Wegen $b^2 = (c - a) \cdot (c + a)$ muss jeder Primteiler von b in einer geraden Potenz vorkommen.)

4. Die Menge aller teilerfremden pythagoreischen Zahlentripel besteht aus den Zahlentripeln (a, b, c), die den folgenden Bedingungen genügen:

$$a = \frac{k^2 - l^2}{2}, \quad b = k \cdot l, \quad c = \frac{k^2 + l^2}{2},$$

wobei $k > l$ zwei beliebige ungerade teilerfremde natürliche Zahlen sind. ($c + a = k^2$, $c - a = l^2$.)

5. Alternative Beschreibung:

$$a = k^2 - l^2, \quad b = 2k \cdot l, \quad c = k^2 + l^2,$$

wobei $k > l$ zwei beliebige teilerfremde natürliche Zahlen sind, und $k - l$ ungerade ist.

6. Beispiele pythagoreischer Zahlentripel.

Zu diesem Thema passen dann auch folgende Fragestellungen:

- Die Gleichung $a^4 + b^4 = c^4$ ist in ganzen Zahlen a, b, c nicht erfüllbar.

- Die Geschichte des Fermatschen Satzes.

- Welche Zahlen sind als Summe von 3 Quadraten natürlicher Zahlen darstellbar?

- Jede natürliche Zahl ist als Summe von 4 Quadraten natürlicher Zahlen darstellbar.

Weiterführende Literatur

[1] Friedrich, B. (2005). Pythagoreische Tripel. *Informatik-Spektrum*, 28(5), 417–423.

[2] Hardy, G. H., & Wright, E. M. (1958). *Einführung in die Zahlentheorie*. Oldenbourg.

[3] LeVeque, W. J. (1956). *Topics in number theory* (Volume 1). Addison-Wesley.

[4] Singh, S. (2000). *Fermats letzter Satz*. dtv.

44. Wie findet man ägyptische Brüche?

FRITZ SCHWEIGER

Im alten Ägypten verwendete man (von $\frac{2}{3}$ abgesehen) nur Stammbrüche, also Brüche der Form

$$\frac{1}{2}, \frac{1}{3}, \frac{1}{4}, \frac{1}{5}, \ldots,$$

und man stellte andere Bruchzahlen als Summe von Stammbrüchen dar. Dies ist gemeint, wenn man heute von *ägyptischen Brüchen* spricht.[1] Eine historische Notiz dazu findet man in Kap. 42[2].

Diese Darstellung ist nicht eindeutig, wie die Beispiele

$$\frac{5}{24} = \frac{1}{5} + \frac{1}{120} = \frac{1}{6} + \frac{1}{24}$$

$$\frac{3}{14} = \frac{1}{5} + \frac{1}{70} = \frac{1}{6} + \frac{1}{21} = \frac{1}{7} + \frac{1}{14}$$

zeigen. Wir wollen aber der Frage nachgehen, wie man denn so eine Darstellung finden kann.

Natürlich gibt es eine einfache Antwort, man addiere den Bruch $\frac{1}{b}$ genau a-mal und erhält

$$\frac{a}{b} = \frac{1}{b} + \cdots + \frac{1}{b}.$$

Die Frage ist, wie man eine nicht allzu lange Darstellung findet. Hier wird eine Methode vorgestellt, die auf die Mathematiker F. ENGEL (1861–1941) und W. SIERPINSKI (1882–1969) zurückgeht.

Es sei $x_0 = \frac{a}{b}$ eine rationale Zahl mit $0 < x_0 < 1$, die wir als Summe von Stammbrüchen darstellen wollen. Die ganze Zahl k sei bestimmt durch die Forderung

$$k + 1 \geq \frac{b}{a} > k,$$

die gleichbedeutend ist mit

$$\frac{1}{k+1} \leq \underbrace{\frac{a}{b}}_{=x_0} < \frac{1}{k}.$$

Dann ist $b \leq (k+1)a$ und $ka < b$, also

$$0 \leq (k+1)a - b = a + ka - b < a.$$

---

[1] http://homepage.univie.ac.at/hans.humenberger/Aufsaetze/MNU_3_2011_140-147.pdf

[2] http://www.oemg.ac.at/Mathe-Brief/mbrief07.pdf

Wir setzen
$$x_1 = (k+1)x_0 - 1.$$

Dann ist $x_1 = \frac{(k+1)a-b}{b} < \frac{a}{b} = x_0$ und man wiederhole das Spiel mit x_1. So erhält man eine Folge von Brüchen $x_0 > x_1 > x_2 > \cdots \geq 0$, die alle den gleichen Nenner b haben. Daher muss einmal $x_n = 0$ eintreten. Das Verfahren bricht ab. Anderseits ist doch ($k_1 = k$)

$$x_0 = \frac{1}{k_1 + 1} + \frac{x_1}{k_1 + 1} = \frac{1}{k_1 + 1} + \frac{1}{(k_1 + 1)(k_2 + 1)} + \frac{x_2}{(k_1 + 1)(k_2 + 1)} = \cdots,$$

so dass eine Darstellung als Summe von Stammbrüchen bald gefunden ist.

Wir rechnen ein Beispiel vor. Es sei

$$x_0 = \frac{5}{31}.$$

Dann ist $6 < \frac{31}{5} < 7$, und wir erhalten

$$x_1 = 7 \cdot \frac{5}{31} - 1 = \frac{4}{31}.$$

Aus $7 < \frac{31}{4} < 8$ ergibt sich

$$x_2 = 8 \cdot \frac{4}{31} - 1 = \frac{1}{31},$$

und das Verfahren ist erfolgreich. Also erhalten wir

$$\frac{5}{31} = \frac{1}{7} + \frac{1}{7 \cdot 8} + \frac{1}{7 \cdot 8 \cdot 31}.$$

Natürlich ist dieses Verfahren zunächst eher eine mathematische Spielerei und ohne praktischen Nutzen. Es gestattet aber, einen einfachen Beweis für die Irrationalität der Zahl

$$e = 2 + \frac{1}{2} + \frac{1}{2 \cdot 3} + \frac{1}{2 \cdot 3 \cdot 4} + \frac{1}{2 \cdot 3 \cdot 4 \cdot 5} + \cdots$$

zu führen! Wir wenden dieses Verfahren frech auf die Zahl

$$x_0 = e - 2 = \frac{1}{2} + \frac{1}{2 \cdot 3} + \frac{1}{2 \cdot 3 \cdot 4} + \cdots < \sum_{n=1}^{\infty} \frac{1}{2^k} = 1$$

an. Aus $\frac{1}{2} < x_0 < 1$ folgt $k_1 = 1$ und daher $x_1 = 2x_0 - 1$:

$$x_1 = \frac{1}{3} + \frac{1}{3 \cdot 4} + \frac{1}{3 \cdot 4 \cdot 5} + \cdots < \sum_{n=1}^{\infty} \frac{1}{3^k} = \frac{1}{2}.$$

Aus $\frac{1}{3} < x_1 < \frac{1}{2}$ folgt $k_2 = 2$ und daher $x_2 = 3x_1 - 1$:

$$x_2 = \frac{1}{4} + \frac{1}{4 \cdot 5} + \frac{1}{4 \cdot 5 \cdot 6} + \cdots < \sum_{n=1}^{\infty} \frac{1}{4^k} = \frac{1}{3}.$$

Aus $\frac{1}{4} < x_2 < \frac{1}{3}$ folgt $k_3 = 2$ und daher $x_3 = 4x_2 - 1$, und so fort. Das Verfahren bricht niemals ab. Daher kann $e - 2$ keine rationale Zahl sein.

Weiterführende Literatur

[1] Humenberger, H. (2011). Ägyptische Brüche. *Mathematische und Naturwissenschaftliche Unterricht*, 64(3), 140.

45. Addiere unendlich viele Zahlen!

ANITA DORFMAYR

Addieren von Dezimalbrüchen

Ein Dezimalbruch (Zehnerbruch) ist ein Bruch, dessen Nenner eine Zehnerpotenz 10^k mit $k \in \mathbb{N}$ ist.

Aufgabe 1   Berechne $\frac{5}{10} + \frac{5}{100} + \frac{5}{1000} + \cdots$ und gib das Ergebnis als Bruch an!
Lösung:

$$\frac{5}{10} + \frac{5}{100} + \frac{5}{1000} + \ldots = 0{,}5 + 0{,}05 + 0{,}005 + \ldots = 0{,}5555\ldots = 0{,}\dot{5} = \frac{5}{9}.$$

Aufgabe 2   Paulina soll eine Summe von Dezimalbrüchen aufschreiben, die als Ergebnis $0{,}\overline{34}$ hat. Sie rechnet so:

$$0{,}\overline{34} = 0{,}\overline{3} + 0{,}0\overline{4} = 0{,}333\ldots + 0{,}0444\ldots$$
$$= \frac{3}{10} + \frac{3}{100} + \frac{3}{1000} + \ldots + \frac{4}{100} + \frac{4}{1000} + \frac{4}{10000} + \ldots$$

und erhält zwei mögliche Lösungen:

$$0{,}\overline{34} = \frac{3}{10} + \frac{43}{100} + \frac{43}{1000} + \cdots \quad \text{oder}$$
$$0{,}\overline{34} = \frac{34}{100} + \frac{34}{1000} + \frac{34}{10000} + \cdots$$

Welche der angeführten Lösungen ist korrekt?

Lösung: Beide Ergebnisse sind falsch, denn es ist zum Beispiel:

$$\underbrace{\frac{3}{10} + \frac{43}{100} + \frac{43}{1000} + \frac{43}{10000} + \ldots}_{} = 0{,}777\ldots = 0{,}\dot{7} = \frac{7}{9} \neq 0{,}\overline{34}$$

$$\underbrace{\frac{7}{10} + \frac{3}{100}}$$
$$\underbrace{\frac{7}{10} + \frac{7}{100} + \frac{3}{1000}}$$
$$\frac{7}{10} + \frac{7}{100} + \frac{7}{1000} + \frac{3}{10000}$$

Korrekt wäre: $0{,}\overline{34} = 0{,}343434\ldots = \frac{34}{100} + \frac{34}{10000} + \frac{34}{1000000} + \cdots$

Als Ergänzung bietet sich an:

$$99 \cdot 0{,}\overline{34} = 100 \cdot 0{,}\overline{34} - 0{,}\overline{34} = 34, \qquad 0{,}\overline{34} = \frac{34}{99}.$$

© Der/die Herausgeber bzw. der/die Autor(en), exklusiv lizenziert durch
Springer-Verlag GmbH, DE, ein Teil von Springer Nature 2020
G. Glaeser (Hrsg.), *77-mal Mathematik für zwischendurch*,
https://doi.org/10.1007/978-3-662-61766-3_45

Anschaulich (geometrisch) addieren

Skizzen helfen oft dann, wenn Brüche aufsummiert werden, deren Nenner eine Zweierpotenz 2^k mit $k \in \mathbb{N}$ ist.

Aufgabe 3   Wie viel ist $\frac{1}{2} + \frac{1}{4} + \frac{1}{8} + \frac{1}{16} + \cdots$? Verwende die nebenstehende Skizze!

Lösung: Die einzelnen Brüche können wir als Anteile der Quadratfläche interpretieren:

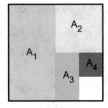

Fig. 1

Name	A_1	A_2	A_3	A_4	...
Anteil an Quadratfläche	$\frac{1}{2}$	$\frac{1}{4}$	$\frac{1}{8}$	$\frac{1}{16}$	...

Alle (unendlich vielen) Rechtecksflächen decken das Ausgangs-Quadrat vollständig ab. Daher gilt: $\frac{1}{2} + \frac{1}{4} + \frac{1}{8} + \frac{1}{16} + \ldots = 1$.

Achill und die Schildkröte

Die Geschichte, die Grundlage der folgenden Aufgabe ist, stammt vom griechischen Philosophen *Zenon* (500 v. Chr.). Siehe dazu [2].

Aufgabe 4.   Achill, der schnellste Läufer Griechenlands, tritt in einem Wettrennen gegen eine Schildkröte an. Er läuft zehnmal so schnell wie die Schildkröte. Damit der Wettlauf nicht gleich nach dem Start entschieden wird, bekommt die Schildkröte einen Vorsprung von 1 Stadion (ca. 180 m). Überholt Achill die Schildkröte? Rechne nach!

Lösung: Wir überlegen, wie viele Stadien Achill laufen muss.

Am Anfang hat die Schildkröte 1 Stadion Vorsprung.

Fig. 2

Achill läuft dieses eine Stadion „in null komma nichts". Aber sobald er diesen Vorsprung eingeholt hat, ist die Schildkröte schon etwas weiter. Da ihre Geschwindigkeit nur $\frac{1}{10}$ der Geschwindigkeit von Achill ist, beträgt ihr Vorsprung jetzt genau $\frac{1}{10}$ Stadion.

Achill hat auch diese Strecke schnell geschafft. Insgesamt ist er jetzt schon $1 + \frac{1}{10}$ Stadien gelaufen. Aber die Schildkröte ist in derselben Zeit auch weitergelaufen – genau $\frac{1}{100}$ Stadion.

Achill läuft auch diese Strecke. Insgesamt ist er jetzt schon $1 + \frac{1}{10} + \frac{1}{100}$ Stadien gelaufen.

Insgesamt muss Achill daher $1 + \frac{1}{10} + \frac{1}{100} + \frac{1}{1000} + \cdots$ Stadien laufen, um die Schildkröte einzuholen. Egal, wie nahe er der Schildkröte kommt – die Schildkröte ist immer ein kleines Stück voraus. Dein Hausverstand sagt dir aber, dass Achill die Schildkröte überholen wird! Mathematisch gesehen heißt das aber, dass $1 + \frac{1}{10} + \frac{1}{100} + \frac{1}{1000} + \cdots$ Stadien keine unendlich lange Strecke sein können. Also kann eine Summe von unendlich vielen Zahlen eine "vernünftige" Zahl als Ergebnis haben!

Teleskopsummen und der „kleine Gauß"

Oftmals müssen wir nicht unendlich viele, sondern *nur* sehr viele Zahlen addieren. *Teleskopsummen* ziehen sich nach einigen geschickten Umformungen *wie ein Teleskop zusammen.*

Aufgabe 5 Berechne: $\frac{2}{3\cdot5} + \frac{2}{5\cdot7} + \frac{2}{7\cdot9} + \cdots + \frac{2}{97\cdot99}$

Lösung: Wir schreiben die einzelnen Summanden zuerst als Differenzen einfacher Brüche an: $\frac{2}{3\cdot5} = \frac{2}{15} = \frac{5-3}{15} = \frac{1}{3} - \frac{1}{5}$ und analog $\frac{2}{5\cdot7} = \frac{1}{5} - \frac{1}{7}$, $\frac{2}{7\cdot9} = \frac{1}{7} - \frac{1}{9}$, und so weiter. Damit erhalten wir

$$\frac{2}{3\cdot5} + \frac{2}{5\cdot7} + \frac{2}{7\cdot9} + \cdots + \frac{2}{97\cdot99} =$$
$$= \left(\frac{1}{3} - \frac{1}{5}\right) + \left(\frac{1}{5} - \frac{1}{7}\right) + \left(\frac{1}{7} - \frac{1}{9}\right) + \cdots + \left(\frac{1}{95} - \frac{1}{97}\right) + \left(\frac{1}{97} - \frac{1}{99}\right) =$$
$$= \frac{1}{3} + \left(\frac{1}{5} - \frac{1}{5}\right) + \left(\frac{1}{7} - \frac{1}{7}\right) + \left(\frac{1}{9} - \frac{1}{9}\right) + \cdots + \left(\frac{1}{97} - \frac{1}{97}\right) + \frac{1}{99} = \frac{1}{3} - \frac{1}{99} = \frac{32}{99}.$$

Übungsaufgaben

1. Berechne und gib das Ergebnis, wenn möglich, als Bruch an!

   (a) $\frac{1}{10} + \frac{1}{100} + \frac{1}{1000} + \cdots$ (b) $3 + \frac{4}{100} + \frac{4}{1000} + \frac{4}{10000} + \cdots$

   (c) $\frac{8}{10} + \frac{5}{1000} + \frac{5}{10000} + \frac{5}{100000} + \cdots$ (d) $\frac{1}{10} + \frac{2}{100} + \frac{1}{1000} + \frac{3}{10000} + \cdots$

2. Ermittelt den Wert der Summe, indem ihr eine grafische Darstellung verwendet! Experimentiert mit verschiedenen Möglichkeiten (Quadrate, Strecken, Kreise, ...).

   (a) $\frac{1}{4} + \frac{1}{8} + \frac{1}{16} + \cdots$ (b) $\frac{3}{2} + \frac{3}{4} + \frac{3}{8} + \frac{3}{16} + \cdots$

   (c) $1 + \frac{5}{2} + \frac{5}{4} + \frac{5}{8} + \frac{5}{16} + \cdots$

3. Im Alter von neun Jahren kam CARL FRIEDRICH GAUSS (1777–1855) in die Volksschule. Dort stellte sein Lehrer BÜTTNER seinen Schülern als Beschäftigung die Aufgabe, die Zahlen von 1 bis 100 zu summieren. Gauß löste diese Aufgabe, indem er 50 Paare mit der Summe 101 bildete: $1 + 100, 2 + 99, \ldots,$ $50 + 51$. Als Ergebnis erhielt er 5050.
   — Erkläre möglichst genau, wie Gauß gerechnet hat!
   — Funktioniert diese Methode immer? Auch wenn du eine ungerade Anzahl von Zahlen addieren musst?

4. Berechne nach der Methode von C.F. Gauß:

   (a) $1 + 2 + \cdots + 49 + 50$ (b) $1 + 2 + \cdots + 62 + 63$

   (c) $4 + 6 + 8 + \cdots 96 + 98 + 100$

5. Rechnet nach, dass Zenons Achill die Schildkröte nach $\frac{10}{9} = 1{,}111\ldots$ Stadien einholt!

6. Die Schildkröte bekommt 1 km Vorsprung. Achill läuft aber 100 mal so schnell wie die Schildkröte. Wie weit muss Achill diesmal laufen, bis er die Schildkröte einholt?

7. Berechnet und gebt das Ergebnis, wenn möglich, als Bruch an!

   (a) $\frac{4}{2\cdot6} + \frac{4}{6\cdot10} + \frac{4}{10\cdot14} + \cdots + \frac{4}{82\cdot86}$ (b) $\frac{5}{2\cdot7} + \frac{5}{7\cdot12} + \frac{5}{12\cdot17} + \cdots + \frac{5}{102\cdot107}$

   (c) $\frac{3}{4} + \frac{3}{4\cdot7} + \frac{3}{7\cdot10} + \frac{3}{10\cdot13} + \cdots + \frac{3}{61\cdot64}$

Weiterführende Literatur

[1] Dorfmayr, A., Mistlbacher, A., & Nussbaumer, A. (2006). *MatheBuch 2. Lehr- und Übungsbuch für die 2. Klasse HS und AHS*. Verlag Ed. Hölzel.

[2] Achilles und die Schildkröte. (n.d.). In *Wikipedia*. Abgerufen am 2. März 2020, von `https://de.wikipedia.org/wiki/Achilles_und_die_Schildkr%C3%B6te`.

46. Eine etwas andere Zahldarstellung

Fritz Schweiger

Die ganze Zahl $g \geq 2$ sei gegeben, und $\lfloor \alpha \rfloor$ beschreibe die nächstkleinere ganze Zahl zu α. Wir betrachten die Abbildung

$$Tx = g \cdot x - \lfloor g \cdot x \rfloor$$

für $0 \leq x < 1$. Schreiben wir $\varepsilon_1 = \varepsilon_1(x) = \lfloor g \cdot x \rfloor$, so erhalten wir daraus

$$x = \frac{\varepsilon_1}{g} + \frac{Tx}{g}.$$

Wiederholt man dieses Verfahren und setzt $\varepsilon_j = \varepsilon_1(T^{j-1}x)$, so erhält man zunächst die Darstellung

$$x = \frac{\varepsilon_1}{g} + \frac{\varepsilon_2}{g^2} + \cdots + \frac{\varepsilon_n}{g^n} + \frac{T^n x}{g^n}.$$

Da ja $0 \leq \frac{T^n x}{g^n} < \frac{1}{g^n}$, ergibt sich daraus die wohlbekannte Reihe

$$x = \sum_{j=1}^{\infty} \frac{\varepsilon_j}{g^j}.$$

Für $g = 10$ ist das die Dezimalbruchentwicklung von x.

So weit, so gut! Mathematische Neugier lässt die Frage entstehen, was passiert, wenn man statt g eine nichtganze Zahl $\beta > 1$ wählt. Man betrachtet die Abbildung

$$Tx = \beta x - \lfloor \beta \cdot x \rfloor.$$

Um konkret zu bleiben, wählen wir für β die Zahl des Goldenen Schnitts, $G = \frac{1+\sqrt{5}}{2}$, also die Zahl $G > 1$, die die Gleichung $G^2 = G+1$ erfüllt. Für spätere Zwecke merken wir an, dass daher $\frac{1}{G} = G - 1$ gilt. Folgende Fälle sind zu unterscheiden:

$$x \in I(0) := [0, \tfrac{1}{G}[\quad \Longrightarrow \quad \begin{cases} G \cdot x & < 1 \\ \varepsilon_1(x) = \lfloor G \cdot x \rfloor = 0 \\ Tx & = G \cdot x \end{cases}$$

$$\text{entweder } Tx \in I(0) \quad \Longrightarrow \quad \begin{cases} G \cdot Tx & < 1 \\ \varepsilon_2(x) = \varepsilon_1(Tx) = \lfloor G \cdot Tx \rfloor = 0 \end{cases}$$

$$\text{oder } Tx \in I(1) := [\tfrac{1}{G}, 1[\quad \Longrightarrow \quad \begin{cases} G \cdot Tx & \geq 1 \\ \varepsilon_2(x) = \varepsilon_1(Tx) = \lfloor G \cdot Tx \rfloor = 1 \end{cases}$$

$$x \in I(1) = [\tfrac{1}{G}, 1[\quad \Longrightarrow \quad \begin{cases} G \cdot x & \geq 1 \\ \varepsilon_1(x) = \lfloor G \cdot x \rfloor = 1 \end{cases}$$

$$Tx = G \cdot x - 1 \in I(0) \quad \Longrightarrow \quad \begin{cases} G \cdot Tx & < 1 \\ \varepsilon_2(x) = \varepsilon_1(Tx) = \lfloor G \cdot Tx \rfloor = 0. \end{cases}$$

Dies hat zur Folge, dass auf $\varepsilon_1(x) = 0$ die Ziffern $\varepsilon_2 = 0$ und $\varepsilon_2 = 1$ folgen können, aber auf $\varepsilon_1(x) = 1$ kann nur $\varepsilon_2 = 0$ folgen. Die Ziffernfolge 11 ist *verboten*!

© Der/die Herausgeber bzw. der/die Autor(en), exklusiv lizenziert durch Springer-Verlag GmbH, DE, ein Teil von Springer Nature 2020
G. Glaeser (Hrsg.), *77-mal Mathematik für zwischendurch*,
https://doi.org/10.1007/978-3-662-61766-3_46

Das Intervall „n-ter Ordnung" $I(\varepsilon_1,\ldots,\varepsilon_n)$ sei gegeben durch

$$I(\varepsilon_1,\ldots,\varepsilon_n) = \{x : \varepsilon_1(x) = \varepsilon_1, \ldots, \varepsilon_n(x) = \varepsilon_n\}.$$

Die Vereinigung aller solchen Intervalle ist das Einheits-Intervall I. Ist etwa $g = 2$, so gibt es genau 2^n Intervalle dieser Art, und es gilt $T^n I(\varepsilon_1,\ldots,\varepsilon_n) = [0,1[$. Für $\beta = G$ ist dies anders. Ein Intervall n-ter Ordnung heißt *voll*, wenn $T^n I(\varepsilon_1,\ldots,\varepsilon_n) = I$ (das ist der Fall, wenn $\varepsilon_n = 0$) und *nicht voll*, wenn $T^n I(\varepsilon_1,\ldots,\varepsilon_n) = [0,G-1[$ gilt (im letzten Fall ist $\varepsilon_n = 1$). So ist etwa

$$I(0,0) = [0,\tfrac{1}{G^2}[\qquad \text{(voll)},$$
$$I(0,1) = [\tfrac{1}{G^2},\tfrac{1}{G}[\qquad \text{(nicht voll)},$$
$$I(1,0) = [\tfrac{1}{G},1[\qquad \text{(voll)}.$$

(Der geneigte Leser ist eingeladen, die fünf Intervalle dritter Ordnung zu bestimmen).

Weil jede Anwendung von T auf das Intervall $I(\varepsilon_1,\ldots,\varepsilon_n)$ das Ausgangsintervall bijektiv in ein Intervall der mit G multiplizierten Länge abbildet, ist die Länge eines vollen Intervalls $\frac{1}{G^n}$ und eines nicht vollen Intervalls $\frac{G-1}{G^n}$. Aber wieviele volle Intervalle gibt es? Da kommen nun die Fibonaccizahlen ins Spiel, also die Folge $(F_n), n = 1,2,3,\ldots$, definiert durch $1,1,2,3,5,\ldots$ mit der Rekursionsformel $F_{n+1} = F_n + F_{n-1}$ (wir setzen $F_0 = 0$). Es ist praktisch und (wenn man an die Gleichung $G^2 = G + 1$ denkt) mit Induktion leicht zu beweisen, dass die Formel

$$G^n = F_n G + F_{n-1}$$

gilt.

Man überlegt nun, dass es genau F_{n+1} volle Intervalle $I(\varepsilon_1,\ldots,\varepsilon_n)$ gibt und F_n nicht volle Intervalle: Es gilt nämlich $I(\varepsilon_1,\ldots,\varepsilon_n = 0) = I(\varepsilon_1,\ldots,\varepsilon_n,0) \cup I(\varepsilon_1,\ldots,\varepsilon_n,1)$ und $I(\varepsilon_1,\ldots,\varepsilon_n = 1) = I(\varepsilon_1,\ldots,\varepsilon_n,0)$. Wenn A_n die Anzahl der vollen Intervalle und B_n die Anzahl der nicht vollen Intervalle $I(\varepsilon_1,\ldots,\varepsilon_n)$ ist, gilt also

$$A_{n+1} = A_n + B_n$$
$$B_{n+1} = A_n, \qquad \text{also}$$
$$A_{n+1} = A_n + A_{n-1}.$$

Wegen $A_1 = 1 = F_2$ und $A_2 = 2 = F_3$ ergibt sich $A_3 = F_4$ und allgemein $A_n = F_{n+1}$, $B_n = F_n$. Da die Summe aller Intervalllängen 1 ergeben muss, ergibt sich außerdem

$$F_{n+1}\frac{1}{G^n} + F_n\frac{G-1}{G^n} = 1.$$

Man kann auch fragen, wie sehen periodische Entwicklungen zu dieser Basis aus? Die ersten interessanten Fälle ergeben sich für die Periodenlänge $N = 3$. Es handelt sich um folgende Ziffernfolgen.

- 001: $x = \frac{1}{G^3} + \frac{x}{G^3}$, also $x = \frac{1}{G^3-1} = \frac{G-1}{2}$.

- 010: $x = \frac{1}{G^2} + \frac{x}{G^3}$, also $x = \frac{G}{G^3-1} = \frac{1}{2}$.

- 100: $x = \frac{1}{G} + \frac{x}{G^3}$, also $x = \frac{G^2}{G^3-1} = \frac{G}{2}$.

Wir listen noch die periodischen Entwicklungen für $N = 4$ auf. Dabei verwenden wir zur Vereinfachung der Brüche die Gleichungen

$$G^4 - 1 = (G^2)^2 - 1 = (G+1)^2 - 1 = G^2 + 2G + 1 - 1 = 3G + 1,$$

$$(3G-4)(G^4-1) = (3G-4)(3G+1) = 9G^2 - 12G + 3G - 4 = 9G + 9 - 9G - 4 = 5.$$

- 0001: $x = \frac{1}{G^4} + \frac{x}{G^4}$, also $x = \frac{1}{G^4-1} = \frac{3G-4}{5}$.

- 0010: $x = \frac{1}{G^3} + \frac{x}{G^4}$, also $x = \frac{G}{G^4-1} = \frac{3-G}{5}$.

- 0100: $x = \frac{1}{G^2} + \frac{x}{G^4}$, also $x = \frac{G^2}{G^4-1} = \frac{2G-1}{5}$.

- 1000: $x = \frac{1}{G} + \frac{x}{G^4}$, also $x = \frac{G^3}{G^4-1} = \frac{G+2}{5}$.

Man kann sich fragen, warum etwa der Fall des Blockes 1010, welcher der Entwicklung $x = \frac{1}{G} + \frac{1}{G^3} + \frac{x}{G^4}$ entspricht, nicht aufscheint. Es wäre dann $x = \frac{G^3+G}{G^4-1} = 1$. Im Falle $g = 10$ entspricht dies der Reihe $1 = \sum_{j=1}^{\infty} \frac{9}{10^j}$, die die gelegentliche Mehrdeutigkeit der Dezimalzahldarstellung wiedergibt, welche aber bei der Verwendung der Abbildung T nicht auftreten kann.

47. Ein bisschen Zahlenmagie

GEORG GLAESER

Zahlen haben stets eine Faszination auf die Menschen ausgeübt. Bei vielen Sachverhalten sagen wir: „Das kann kein Zufall sein." In den Werken J.S.BACHs spielt die Zahl 14 eine wichtige Rolle. Damals war es weit verbreitet, den Buchstaben des Alphabets Zahlen zuzuordnen ($A \rightarrow 1, B \rightarrow 2, \cdots$). Dabei zählten $I = J$ und $U = V$ nur einfach. Die Quersumme von BACH ergibt nach dieser Regel 14. Viele seiner Werke signierte Bach mit 29 (JSB)[1].

Das magische Quadrat der Ordnung drei

Magische Quadrate haben die Menschen über Jahrtausende beschäftigt. Man versteht darunter quadratische Tabellen (n Zeilen, n Spalten), in denen i. Allg. die ersten n^2 natürlichen Zahlen so angeordnet sind, dass die Summe in jeder Zeile, jeder Spalte und zusätzlich in den beiden Diagonalen gleich groß ist. Diese Summe s ist dann bekannt:

$$s = \frac{1}{n} \sum_{k=1}^{n^2} k, \text{ also etwa für } n = 3 : s = \frac{1}{3} \sum_{k=1}^{9} k = \frac{1+2+\cdots+9}{3} = \frac{45}{3} = 15.$$

Es gibt im Wesentlichen, also bis auf Spiegelungen und Drehungen, nur ein magisches Quadrat der Ordnung drei. Das „Hexen-Einmaleins" von GOETHE (Zeichnung von Markus Roskar) aus seinem berühmten „Faust" kann man mit einiger Fantasie als Anleitung zum Erstellen dieses Quadrats interpretieren – selbst wenn sich GOETHE dazu in Schweigen gehüllt hat und auch andere Interpretationen „in Umlauf sind":

Hier die Interpretation des Verfassers, zu finden in GEORG GLAESER: *Der mathematische Werkzeugkasten, 4. Aufl.* Springer Spektrum, Heidelberg 2014:[2]

1. „*Du musst versteh'n, aus Eins mach Zehn.*" wird nicht auf die Zahlen bezogen, sondern auf die Anzahl der Quadrate! Aus einem kleinen Quadrat mach 10, indem du 9 weitere (in Matrixform) dazu zeichnest (siehe Figur 2).

2. „*Die Zwei lass geh'n.*" wird wörtlich genommen: die 2 wandert (geht) von der 2. auf die 3. Position (siehe Figur 3).

---

[1] http://www.welt.de/kultur/buehne-konzert/article127271976/Johann-Sebastian-Bach-Fetischist-der-Vierzehn.html

[2] Bei einem ähnlich gelagerten Lösungsversuch `http://www-stud.rbi.informatik.uni-frankfurt.de/~haase/hexenlsg.html` kommen inkonsistenterweise nicht die Zahlen 1 und 9 vor, stattdessen aber 0 und 10. Zudem ist die Summe über die Nebendiagonale 21 und nicht 15.

G. Glaeser (Hrsg.), *77-mal Mathematik für zwischendurch*,
https://doi.org/10.1007/978-3-662-61766-3_47

Du musst versteh'n,
aus Eins mach Zehn.
Die Zwei lass geh'n.
Die Drei mach gleich,
So bist Du reich.
Verlier die Vier.
Aus Fünf und Sechs,
So spricht Die Hex',
Mach Sieben und Acht,
So ist's vollbracht.
Die Neun ist eins
Und Zehn ist keins.
Das ist das
Hexeneinmaleins.
Faust quittierte diesen
Vers übrigens mit
„Mich dünkt, die Alte
spricht im Fieber."

Fig. 1: Goethe schreibt berühmte Verse . . .

Fig. 2: Aus 1 mach 10

Fig. 3: Die 2 lass geh'n

3. *„Die Drei mach gleich, so bist du reich."*: Die 3 wird angeschrieben (mittlerweile an Position 4, siehe Figur 4). Damit ist schon viel gewonnen, wie wir gleich sehen werden.

Fig. 4: Die Drei mach gleich

Fig. 5: Verlier die Vier

4. *„Verlier die Vier"*: Also schreib' die 4 nicht an und geh' zum nächsten Feld (siehe Figur 5).

5. *„Aus Fünf und Sechs, So spricht die Hex, Mach Sieben und Acht"*: Jetzt kämen 5 und 6 an die Reihe. Stattdessen schreiben wir aber 7 und 8 an (siehe Figur 6).

6. *„So ist's vollbracht:"* Das ist der Schlüsselsatz: Es ist tatsächlich vollbracht. Wir können nun der Reihe nach die Summen auf 15 ergänzen (siehe Figur 7)!

		2	
3	-	5	
6			

		2
3	-	7
8		

Fig. 6: 5, 6→7,8

		2
3	5	7
8		6

4		2
3	5	7
8	1	6

4	9	2
3	5	7
8	1	6

Fig. 7: Vollbracht!

4	9	2
3	5	7
8	1	6

Fig. 8: 9 ist 1 und 10 ist kein's

7. *„Die Neun ist eins Und Zehn ist keins. Das ist das Hexeneinmaleins“.* Wir nehmen es wörtlich: Neun Quadrate werden zu einem vereinigt, und das zehnte streichen wir weg (siehe Figur 8). Fertig!

Viel Spaß beim Wiederholen des Vorgangs ohne die genaue Anleitung – nur unter Verwendung des Texts!

Magische Quadrate höherer Ordnung

Neben dem magischen Quadrat der Ordnung drei gibt es viele bekannte Beispiele für magische Quadrate höherer Ordnung. Ein klassisches magisches Quadrat der Ordnung vier (magische Summe 34) wurde von A.DÜRER im Jahre 1514 in einen seiner berühmten Stiche eingezeichnet (siehe Figur 9, `http://de.wikipedia.org/wiki/Melencolia_I`).
Die letzte Zeile ist leicht zu merken: 4, 15, 14, 1. Die 4 und die 1 entsprechen den Initialen von DÜRER ALBRECHT.

7	12	1	14
2	13	8	11
16	3	10	5
9	6	15	4

Fig. 9: Dürer-Quadrat   Fig. 10: Parshva Jaina Tempel in Khajuraho (Indien)

Bemerkenswert ist auch ein magisches Quadrat aus dem 10.-12. Jhdt. in Indien (siehe Figur 10, `http://de.wikipedia.org/wiki/Vollkommen_perfektes_magisches_Quadrat`, Foto Rainer Typke).

Weiterführende Literatur

Weitere Interpretationen bzw. Informationen über magische Quadrate:

[1] Gramatke, H. P. (11. Dezember 2006). *Bibliographie: Magische Quadrate*. Abgerufen von http://www.hp-gramatke.de/magic_sq/german/page9000.htm

[2] Hexeneinmaleins. (o. D.). In *Wikipedia*. Abgerufen am 2. März 2020, von https://de.wikipedia.org/wiki/Hexeneinmaleins

[3] Wegerer, A. (o. D.). *Das Hexeneinmaleins*. Abgerufen von http://vs-material.wegerer.at/mathe/pdf_m/mal/Hexeneinmaleins.pdf

[4] Köller, J. (2011). *Magische Quadrate*. Abgerufen von http://www.mathematische-basteleien.de/magquadrat.htm

48. Im Dickicht der Gitterpunkte

LEONHARD SUMMERER

Es ist immer wieder erstaunlich, dass auch sehr abstrakte Teilgebiete der Mathematik mitunter anhand von sehr anschaulichen Problemen illustriert werden können. Ein Beispiel dazu, betreffend diophantische Approximation, möchte ich als Anregung zur näheren Untersuchung im Wahlpflichtfach oder im Rahmen einer Fachbereichsarbeit vorstellen.

Als Spielwiese für alle folgenden Überlegungen dient die zweidimensionale Ebene und deren sämtliche Punkte mit ganzzahligen Koordinaten, anders ausgedrückt das vollständige Gitter $\mathbb{Z} \times \mathbb{Z}$ in $\mathbb{R}^2$, oder konkreter ein unendlich ausgedehnter Wald bestehend aus zylindrischen Bäumen vom Durchmesser 0, die vollkommen regelmäßig in quadratischer Anordnung im Abstand 1 gepflanzt wurden. Aus der Vogelperspektive böte sich dann folgender Anblick:

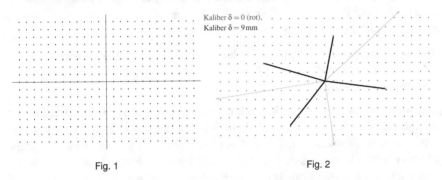

Kaliber $\delta = 0$ (rot).
Kaliber $\delta = 9\,\text{mm}$

Fig. 1   Fig. 2

Anstelle des Baums in $(0,0)$ postieren wir einen Beobachter, der in alle Himmelsrichtungen blicken kann und versuchen, sein Blickfeld zu beschreiben.

Folgende Fragen können dazu bearbeitet werden:

1. Welche Bäume kann der Beobachter aus seiner Position sehen und welche sind durch andere Bäume verdeckt?

2. Wie groß ist der Anteil der Bäume, die innerhalb eines gegebenen Radius vom Ursprung aus sichtbar sind?

3. In welche Richtungen wird sein Blick, egal wie weit dieser reicht, überhaupt keinen Baum treffen?

Die Antwort auf Frage 1 führt klarerweise auf den Begriff der Teilerfremdheit bzw. der primitiven Gitterpunkte und diejenige auf Frage 3 auf die Unterscheidung zwischen rationalen und irrationalen Zahlen, wenn man die Blickrichtung durch den Anstieg einer Geraden im Koordinatensystem parametrisiert. Frage 2 ist wesentlich komplexer und hat mit der Wahrscheinlichkeit zu tun, dass zwei beliebig ausgewählte ganze Zahlen teilerfremd sind. (x, y) ist genau dann primitiv, wenn weder 2, noch 3, noch 5, noch eine andere Primzahl ein gemeinsamer Teiler von x und y ist. Für jede Primzahl p ist die Wahrscheinlichkeit, dass p weder x noch y teilt gleich 1 weniger die Wahrscheinlichkeit, dass p sowohl x als auch y teilt, also gleich $1 - (1/p)^2$. Über die Gesamtheit aller Primzahlen ausgedehnt ergibt sich damit heuristisch gerade

$$\left(1 - \frac{1}{4}\right)\left(1 - \frac{1}{9}\right)\left(1 - \frac{1}{25}\right)\cdots = \prod_{p \in \mathbb{P}}\left(1 - \frac{1}{p^2}\right) = \frac{1}{\zeta(2)} = \frac{6}{\pi^2},$$

wobei der genaue Wert dieses Produkts und der rigorose Beweis für diese Aussage didaktisch wohl weniger von Bedeutung sind, als eine Veranschaulichung samt numerischer Auswertung. Es können etwa primitive Gitterpunkte, deren Abstand zum Ursprung durch einen immer größer werdenden Parameter beschränkt ist, abgezählt werden, was zur Beobachtung führen soll, dass der Anteil dieser Gitterpunkte gegen einen Wert um die 60% zu konvergieren scheint.

Nun ist es aber an der Zeit, unser Problem noch realistischer zu machen, wofür sich zwei Varianten anbieten, die beide interessante Zugänge zur diophantischen Approximation bieten.

Einerseits können wir unseren Beobachter durch einen Schützen ersetzen und demzufolge die Blickrichtung durch die Schussrichtung. Bei Projektilen vom Kaliber null, also ohne Durchmesser, ändert dies nichts, aber was passiert, wenn die Projektile positiven Durchmesser δ, etwa Kaliber 9mm, haben? Gibt es dann immer noch Richtungen, in die niemals ein Baum angeschossen wird?

Bei gegebener Schussrichtung (wieder parametrisiert durch den Anstieg α) hängt dies offensichtlich davon ab, wie nahe an der Schussbahn Gitterpunkte liegen. Ist $\alpha = a/b$ rational, so verläuft der Schusskanal direkt durch den Gitterpunkt (a, b) und wird daher aufgehalten. Ist α irrational, so wird der Schuss genau dann aufgehalten, wenn ein Gitterpunkt (q, p) existiert, dessen Abstand A zur Geraden $y = \alpha x$ kleiner als $\delta/2$ ist.

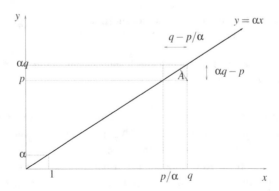

Fig. 3

Wie man leicht nachrechnet, ist dieser Abstand höchstens gleich $|\alpha q - p|$ (siehe Skizze), und der Schuss wird sicher aufgehalten, wenn

$$|\alpha q - p| < \frac{\delta}{2} \iff \left|\alpha - \frac{p}{q}\right| < \frac{\delta}{2|q|}.$$

An dieser Stelle ist nun etwas Theorie in Form des Dirichletschen Approximationssatzes von Nutzen. Dieser besagt:

Satz 1. *Sei $\alpha \in \mathbb{R} \setminus \mathbb{Q}$. Dann existieren unendlich viele rationale p/q, für die gilt:*

$$\left|\alpha - \frac{p}{q}\right| < \frac{1}{q^2}.$$

Die Nenner q dieser rationalen Approximationen können aber nicht beschränkt sein und daher muss sicher $q > 2/\delta$ für mindestens ein q erfüllt sein, sodass das Projektil vom Kaliber δ durch den Baum in (q, p) aufgehalten wird.

Zum Beweis des Dirichletschen Approximationssatzes ist zu sagen, dass dieser ganz elementar geführt werden kann und eine ausgezeichnete Möglichkeit bietet, das Schubfachprinzip zu erklären.

Nun aber zur zweiten Möglichkeit unserem Beobachter das Leben schwer zu machen. Lassen wir die Bäume wachsen, d.h. einen positiven Stammdurchmesser d annehmen und gleichzeitig den Wald auf ein kreisförmiges Gebiet mit Radius R beschränken. Die offensichtliche Frage ist nun: ab welchem Wert von d wird es keine Richtung mehr geben, in die der Beobachter aus dem Wald heraussehen kann?

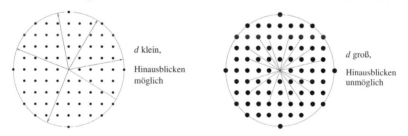

Fig. 4

Dazu soll zunächst eine Abschätzung für d gegeben werden, die garantiert, dass der Beobachter in $O := (0,0)$ zwischen den Gitterpunkten $(R,0)$ und $(R-1,1)$ in Richtung $M := (R,1)$ noch hinausblicken kann. Die Skizze zeigt, dass die beiden der Blickachse nächstgelegenen Bäume diejenigen in $N := (1,0)$ und $(R-1,1)$ sind, sodass diese den Stammdurchmesser d begrenzen.

Man kann den Flächeninhalt des Dreiecks OMN (die fehlende Seite MN ist in rot ergänzt) mittels der Formel $1/2 \times$ Grundlinie $\times$ Höhe nun auf zwei verschiedene Arten berechnen: einmal mit ON (Länge 1) als Grundlinie und Höhe 1, woraus sich $1/2$ als Flächeninhalt ergibt, andererseits mit OM als Grundlinie (Länge $\sqrt{R^2 + 1}$)

Fig. 5

und der Hälfte des gesuchten maximalen Stammdurchmessers (ebenfalls in rot) des Baums in der Höhe N. Die daraus resultierende Beziehung zwischen d und R sowie eine analoge Überlegung für den Baum in der Höhe $(R-1,1)$ liefern, dass die beiden Bäume die Blickachse berühren, falls $d = 2/\sqrt{R^2+1}$. Hinausblicken ist also für $d < 2/\sqrt{R^2+1}$ zumindest in diese Richtung möglich.

Die Abschätzung von d in die andere Richtung führt wiederum auf ein Approximationsproblem, diesmal über eine Anwendung des Gitterpunktsatzes von Minkowski. Das Ziel ist dabei zu zeigen, dass kein Blick aus dem Wald hinausgeht, falls $d > 2/R$ gilt. In diesem Fall wähle $\varepsilon > 0$ so, dass $d = 2/R + \varepsilon$.

Die grundlegende Idee, um zur gewünschten Abschätzung zu gelangen, ist in eine beliebige Richtung den Blick zu einem schmalen, den gesamten Wald durchziehenden Rechteck mit Mittelpunkt im Ursprung auszudehnen, das einerseits breit genug ist, einen Gitterpunkt ungleich $(0,0)$ zu enthalten, und andererseits schmal genug ist, um zu garantieren, dass der Baum mit Durchmesser d in diesem Gitterpunkt den Blick in die gewählte Richtung versperrt, indem er in die Blickachse hineinragt (siehe Skizze).

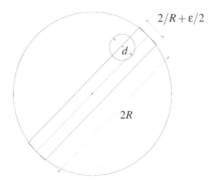

Fig. 6

Mit einer Länge von $2R$ und der Breite $2/R + \varepsilon/2$ ist Letzeres garantiert, da der Baumdurchmesser $d = 2/R + \varepsilon$ größer als die Breite $2/R + \varepsilon/2$ des Rechtecks ist. Für den Flächeninhalt F des Rechtecks ergibt sich:

$$F = 2R\left(\frac{2}{R} + \frac{\varepsilon}{2}\right) = 4 + \varepsilon R > 4,$$

woraus die Existenz eines Gitterpunkts ungleich $(0,0)$ innerhalb des Rechtecks folgen wird. Dies zu gewährleisten vermag der Gitterpunktsatz von Minkowski:

Satz 2. *Jedes ebene, konvexe Gebiet mit einem Flächeninhalt größer als 4, das bezüglich des Ursprungs symmetrisch liegt, enthält außer dem Ursprung einen weiteren Gitterpunkt.*

Auch dieser Satz, sowie der für den Beweis nötige Satz von Blichfeldt, bietet ein lohnendes Fachbereichsarbeitsthema für Schüler, wenn man den Begriff des Flächeninhalts eher intuitiv behandelt. Der Bogen über die hier dargebotenen Zugänge zur diophantischen Approximation schließt sich mit der Bemerkung, dass gerade der Gitterpunktsatz von Minkowski der Schlüssel zu weitreichenden Verallgemeinerungen des Dirichletschen Approximationssatzes ist. Schließlich kann man den Schusskanal des ersten Zugangs auch als sehr schmales Rechteck unendlicher Länge interpretieren, das man an geeigneter Stelle abschneiden kann, wenn der Flächeninhalt hinreichend groß ist. Im Dickicht der Gitterpunkte sind noch viele weitere höchst interessante mathematische Erkenntnisse verborgen, aber ohne die entsprechende Ausrüstung (d.h. Vorkenntnisse) ist ein Durchkommen äußerst schwierig!

Weiterführende Literatur

[1] Pólya, G. (1918). Zahlentheoretisches und wahrscheinlichkeitstheoretisches über die Sichtweite im Walde. *Arch. Math. Phys*, 27, 135–142.

[2] Allen, T. T. (1986). Polya's orchard problem. *The American Mathematical Monthly*, 93(2), 98–104.

[3] Gruber, P. M., & Lekkerkerker, C. G. (1987). *Geometry of numbers*. North-Holland.

49. Das schriftliche Wurzelziehen

BERNHARD KRÖN

Wie kann mithilfe der vier Grundrechnungsarten die Quadratwurzel aus einer gegebenen reellen Zahl A gezogen werden? In diesem Artikel soll neben dem Heronverfahren das schriftliche Wurzelziehen so dargestellt werden, dass der Rechenalgorithmus nicht nur operativ nachvollziehbar, sondern auch inhaltlich verständlich wird.

Das *Heronverfahren* liefert eine Folge, die gegen die gesuchte Wurzel $\sqrt{A}$ konvergiert. Man wählt zunächst eine beliebige positive reelle Zahl x_0 und stellt sich ein Rechteck vor, dessen eine Seite x_0 lang und dessen Fläche A ist. Die zweite Seite ist somit $\frac{A}{x_0}$. Der Mittelwert

$$x_1 = \frac{1}{2}\left(x_0 + \frac{A}{x_0}\right)$$

der beiden Seitenlängen sei nun die Seitenlänge eines weiteren Rechtecks mit Fläche A. Dieses Rechteck mit den Seiten x_1 und $\frac{A}{x_1}$ ähnelt einem Quadrat mehr als das erste Rechteck. Rekursiv definieren wir

$$x_{n+1} = \frac{1}{2}\left(x_n + \frac{A}{x_n}\right).$$

Die Folge $(x_n)_{n\in\mathbb{N}}$ ist beschränkt und monoton und somit konvergent. Sie konvergiert gegen die Lösung der Gleichung

$$x = \frac{1}{2}\left(x + \frac{A}{x}\right),$$

also gegen $\sqrt{A}$.

Die Quadratwurzel einer Zahl kann jedoch auch wie beim schriftlichen Dividieren Stelle für Stelle exakt bestimmt werden. Der Vorteil der Exaktheit hat jedoch seinen Preis. Wie wir sehen werden, steigt bei der Bestimmung jeder weiteren Stelle der Wurzel der Rechenaufwand.

Die Anzahl der Vorkommastellen von A teilen wir durch zwei und runden das Ergebnis gegebenenfalls auf. Dies ergibt die Anzahl der Vorkommastellen der Wurzel $\sqrt{A}$. Rür den Radikand $A = 5499025$ ist dies zum Beispiel $3{,}5 \approx 4$. Also hat $\sqrt{A}$ vier Vorkommastellen, denn

$$1000 = \sqrt{1000000} \leq \sqrt{5499025} < \sqrt{100000000} = 10000.$$

Alternativ teilen wir den Radikand rechts beginnend in Zweierblöcke 5|49|90|25. Die Anzahl der Blöcke ist die Anzahl der Vorkommastellen der Wurzel. In der Dezimalentwicklung ist

$$\sqrt{5499025} = x_3 \cdot 10^3 + x_2 \cdot 10^2 + x_1 \cdot 10^1 + x_0 \cdot 10^0 + x_{-1} \cdot 10^{-1} + \ldots$$

G. Glaeser (Hrsg.), *77-mal Mathematik für zwischendurch*,
https://doi.org/10.1007/978-3-662-61766-3_49

mit $x_i \in \{0,1,2,\ldots,9\}$ und $x_3 \geq 1$. Die Ziffernfolge $x_3, x_2, x_1, \ldots$ gilt es zu bestimmen. Das Ziehen der Wurzel ist das schrittweise Lösen der Gleichung

$$5499025 = (x_3 \cdot 10^3 + x_2 \cdot 10^2 + x_1 \cdot 10^1 + x_0 \cdot 10^0 + x_{-1} \cdot 10^{-1} + \ldots)^2. \quad (49.1)$$

Die größte ganze Zahl x_3 mit $\sqrt{5499025} \geq x_3 \cdot 10^3$ bzw. $5,499025 \geq x_3^2$ ist $x_3^2 = 4$ bzw. $x_3 = 2$. Nun bestimmen wir x_2:

$$\sqrt{5499025} \geq 2 \cdot 10^3 + x_2 \cdot 10^2,$$
$$5499025 \geq 4 \cdot 10^6 + 2 \cdot 2 \cdot 10^3 \cdot x_2 \cdot 10^2 + x_3^2 \cdot 10^4,$$
$$549,9025 \geq 400 + x_2 \cdot (2 \cdot 20 + x_2),$$
$$149,9025 \geq x_2 \cdot (2 \cdot 20 + x_2).$$

Wieder suchen wir die größte ganze Zahl, die diese Ungleichung erfüllt. Da $2 \cdot 20 = 40$ dreimal in 149 enthalten ist, vermuten wir, dass $x_2 = 3$ ist. In der Tat ist

$$149,9025 \geq 3 \cdot (2 \cdot 20 + 3) = 129,$$

jedoch $149,9025 \not\geq 4 \cdot (2 \cdot 20 + 4)$. Und so setzen wir fort:

$$\sqrt{5499025} \geq 23 \cdot 10^2 + x_1 \cdot 10^1,$$
$$5499025 \geq 23^2 \cdot 10^4 + 2 \cdot 23 \cdot 10^2 \cdot x_1 \cdot 10^1 + x_1^2 \cdot 10^2,$$
$$54990,25 \geq 52900 + 2 \cdot 230 \cdot x_1 + x_1^2,$$
$$2090,25 \geq x_1 \cdot (2 \cdot 230 + x_1).$$

Weil 460 viermal in 2090 geht, wählen wir $x_1 = 4$, denn $2090,25 \geq 4 \cdot (2 \cdot 230 + 4) = 1856$.

$$\sqrt{5499025} \geq 234 \cdot 10^1 + x_0 \cdot 10^0$$
$$5499025 \geq 54756 \cdot 10^2 + 2 \cdot 234 \cdot 10^1 \cdot x_0 \cdot 10^0 + x_0^2 \cdot 10^0$$
$$23425 \geq x_0 \cdot (2 \cdot 2340 + x_0)$$

Für $x_0 = 5$ ist $23425 = 5 \cdot (2 \cdot 2340 + 5)$ und somit $\sqrt{5499025} = 2345$. Diese Rechnungen stellen wir in einem Schema (49.2) dar:

$$
\begin{array}{ll}
\sqrt{5|49|90|25} = 2345 & \\
\underline{4} & \\
1\ 49 & \geq \underline{3} \cdot (2 \cdot 20 + \underline{3}) = 129 \\
\underline{1\ 29} & \\
\quad 20\ 90 & \geq \underline{4} \cdot (2 \cdot 230 + \underline{4}) = 4 \cdot 464 = 1856 \qquad (49.2) \\
\quad \underline{18\ 56} & \\
\qquad 2\ 34\ 25 \geq \underline{5} \cdot (2 \cdot 2340 + \underline{5}) = 5 \cdot 4685 = 23425 & \\
\qquad \underline{2\ 34\ 25} & \\
\hline
\qquad\qquad 0 & \\
\end{array}
$$

Dass wir im Schema in Zweierblöcken vorgehen, kommt daher, dass wir in der Rechnung die quadrierte Gleichung (49.1) lösen und dabei Koeffizienten von 100er-Potenzen bestimmen. Die unterstrichenen Ziffern auf der rechten Seite der Ungleichungen sind die Ziffern der Wurzel. Die unterstrichenen Plätze werden im Schema zunächst ohne Zahl angeschrieben, dann folgt die Frage nach diesen Ziffern, z.B.: „Wie oft geht $2 \cdot 20$ in 149?" Die Antwort 3 wird nun in das unterstrichene Feld geschrieben.

In den Ungleichungen oben wurden von 5499025 die Quadrate der Anfangsstücke der Ziffernentwicklung abgezogen, z.B. $52900 = (2 \cdot 10^4 + 3 \cdot 10^3)^2$. Im Schema (49.2) werden hingegen der Reihe nach Teile dieser Quadrate von den Anfangsstücken der Ziffernentwicklung abgezogen. Welche Terme im Schema (49.2) der Reihe nach vom Radikanden 5499025 abgezogen werden, ist im Folgenden durch eckige Klammern gekennzeichnet, z.B.

$$(2 \cdot 10^3 + 3 \cdot 10^2)^2 = [4 \cdot 10^6] + [3 \cdot (2 \cdot 20 + 3) \cdot 10^4] \quad \text{oder}$$

$$(2 \cdot 10^3 + 3 \cdot 10^2 + 4 \cdot 10^1)^2 = [4 \cdot 10^6] + [3 \cdot (2 \cdot 20 + 3) \cdot 10^4] + [4 \cdot (2 \cdot 230 + 4) \cdot 10^2].$$

Um zu demonstrieren, wie dieses Schema bei nicht ganzzahligen Wurzeln funktioniert, berechnen wir $\sqrt{2}$ als weiteres Beispiel:

$$\sqrt{2} = 1{,}41421\ldots$$

$$\underline{1}$$
$$1\,00 \geq \underline{4} \cdot (2 \cdot 10 + \underline{4}) = 96$$
$$\underline{96}$$
$$4\,00 \geq \underline{1} \cdot (2 \cdot 140 + \underline{1}) = 281$$
$$\underline{2\,81}$$
$$1\,19\,00 \geq \underline{4} \cdot (2 \cdot 1410 + \underline{4}) = 4 \cdot 2824 = 11296$$
$$\underline{1\,12\,96}$$
$$6\,04\,00 \geq \underline{2} \cdot (2 \cdot 14140 + \underline{2}) = 2 \cdot 28282 = 56564$$
$$\underline{5\,65\,64}$$
$$38\,36\,00 \geq \underline{1} \cdot (2 \cdot 141420 + \underline{1}) = 282842$$
$$\text{etc.}$$

50. Vernünftige Kreispunkte

Gilbert Helmberg

Ganze Zahlen braucht man zum Zählen, Brüche zum Teilen: Wenn fünf Kinder von ihrem Taschengeld ein Kuchenstück kaufen wollen, das 2 Euro kostet, dann trifft es auf jedes Kind $\frac{2}{5}$ Euro, oder 0,40 Cent. Wenn es nur drei Kinder sind, dann bekommt jedes Kind mehr, aber es muss auch mehr bezahlen, genau genommen $\frac{2}{3}$ Euro. Allerdings führt das auf eine Schwierigkeit: Als Dezimalbruch geschrieben, wäre $\frac{2}{3} = 0,\overline{6}$ (d.h. sechs periodisch), und $0,\overline{6}$ Euro gibt es nicht. Wahrscheinlich einigen sie sich darauf, dass zwei von ihnen 67 Cent und eines 66 Cent bezahlt.

In der Mathematik nennt man Brüche, deren Zähler und Nenner ganze Zahlen sind, *rationale* (das heißt eigentlich *vernünftige*) Zahlen - es sind genau die Zahlen, die als periodische Dezimalbrüche geschrieben werden können (schlimmstenfalls endend mit lauter Nullen). Mit diesen Zahlen haben auch schon die alten Griechen gearbeitet. Ein Problem war für sie, dass sie es in der Geometrie auch mit Strecken zu tun hatten, deren Länge nicht durch eine rationale Zahl ausdrückbar war, wie die Diagonale des Einheitsquadrates. Man kann zwar hinschreiben $\sqrt{2}$, aber über den genauen Wert dieser Zahl ist damit nichts gesagt. Wenn man sie als Dezimalbruch schreiben will, kann man heutzutage zwar mit einem Computer viele Dezimalstellen ausrechnen, aber irgendwann einmal muss man Schluss machen und weiß dann nicht, wie es hinter der letzten berechneten Dezimalstelle weitergeht. Solche Zahlen, die nicht *rational* sind, nennt man in der Mathematik *irrational* – was eigentlich 'unvernünftig' heißt, obwohl man mit ihnen genau so rechnen kann, wie mit *vernünftigen* Zahlen.

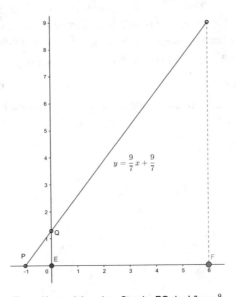

Fig. 1: Konstruktion einer Strecke PQ der Länge $\frac{9}{7}$

G. Glaeser (Hrsg.), *77-mal Mathematik für zwischendurch*,
https://doi.org/10.1007/978-3-662-61766-3_50

Ein geometrisches Verfahren, eine Strecke beliebiger rationaler Länge - z.B. $\frac{9}{7}$ - zu konstruieren, kann beispielsweise so aussehen. Wir verbinden den Punkt $P = (-1,0)$ in einem kartesischen Koordinatensystem in der Euklidischen Ebene mit dem Punkt $(6,9)$ und schneiden diese Gerade, die dann die Steigung $\frac{9}{7}$ hat, mit der y-Achse im Punkt Q. Der hat dann die Koordinaten $(0,\frac{9}{7})$. Allgemeiner, wenn wir durch den Punkt P eine Gerade g mit der (nicht notwendigerweise rationalen) Steigung d legen – sie hat dann die Gleichung $y = dx + d$ –, dann schneidet diese die y-Achse im Punkt $(0,d)$.

Wenn $d = \frac{m}{n}$ (wobei m und n ganze Zahlen sind), dann schließt die Gerade g mit der x-Achse einen Winkel α ein, dessen Tangens $\tan\alpha$ gerade diesen rationalen Wert d hat. Für $|d| \leq 1$ ist es überhaupt nicht schwierig, einen Winkel α zu konstruieren, dessen Cosinus den rationalen Wert $\cos\alpha = d$ besitzt: Wir verbinden den Punkt $(d,\sqrt{1-d^2})$ auf der oberen Hälfte des Einheitskreises $x^2 + y^2 = 1$ mit dem Ursprung $O = (0,0)$ und bezeichnen mit α den Winkel, den dieser Radius mit der positiven x-Achse einschließt. Allerdings wird dann im Allgemeinen der Sinus $\sin\alpha = \sqrt{1-d^2}$ nicht mehr eine rationale Zahl sein. Schon für einen so 'einfachen' Winkel wie $\alpha = \frac{\pi}{3}$ (oder $60°$) ist $\cos\alpha = \frac{1}{2}$, aber $\sin\alpha = \frac{\sqrt{3}}{2}$.

Das veranlasst den neugierigen Mathematiker natürlich gleich, die Frage zu stellen: „Gibt es auf dem Einheitskreis außer den Punkten $(\pm 1,0), (0 \pm 1)$ noch andere 'rationale' Punkte (x,y), deren Koordinaten x und y beide rational sind?"

Hier springt Pythagoras mit seinen *pythagoräischen Zahlentripeln* ein: drei ganze positive Zahlen a, b und c, paarweise teilerfremd, für die $a^2 + b^2 = c^2$ und deshalb $\left(\frac{a}{c}\right)^2 + \left(\frac{b}{c}\right)^2 = 1$ gilt. Man bekommt sämtliche pythagoräischen Zahlentripel in der Form $a = e^2 - f^2$, $b = 2ef$, $c = e^2 + f^2$, wenn man (e,f) sämtliche Paare positiver ganzer Zahlen mit ungerader positiver Differenz $e - f$ durchlaufen lässt (wie in Mathe-Brief 2 erläutert). Jedes solche Zahlentripel liefert einen rationalen Punkt $\left(\frac{e^2-f^2}{e^2+f^2}, \frac{2ef}{e^2+f^2}\right)$ auf dem Einheitskreis, für $f = 1$, $e = 2$ beispielsweise den Punkt $\left(\frac{3}{5},\frac{4}{5}\right)$, und umgekehrt liefert jeder rationale Punkt $\left(\frac{k}{l}, \frac{p}{q}\right)$ auf dem Einheitskreis nach Division durch den größten gemeinsamen Teiler der drei Zahlen kq, lp und lq ein pythagoräisches Zahlentripel $\{kq/u, lp/u, lq/u\}$. Dies folgt aus den Gleichungen

$$\left(\frac{k}{l}\right)^2 + \left(\frac{p}{q}\right)^2 = 1$$
$$k^2q^2 + l^2p^2 = l^2q^2$$
$$\left(\frac{kq}{u}\right)^2 + \left(\frac{lp}{u}\right)^2 = \left(\frac{lq}{u}\right)^2.$$

Es gibt unendlich viele verschiedene pythagoräische Zahlentripel und deshalb auch unendlich viele rationale Punkte auf dem Einheitskreis. Das sagt aber noch nichts darüber aus, wie diese auf dem Kreisumfang verteilt sind. Es könnte ja auch *Lücken* geben, also kleine Bogenstücke, die keine rationalen Punkte enthalten. Bei einer Klärung dieser Frage kommt uns die schon eingangs vorgestellte Gerade g durch den Punkt $P = (-1,0)$ zu Hilfe. Nehmen wir an, sie hat die rationale Steigung $d = \frac{m}{n}$. Sie schneidet den Kreis außer in P in einem zweiten Punkt $R = (x,y)$, dessen Koordinaten dann die beiden Gleichungen

$$x^2 + y^2 = 1 \qquad und \qquad y = dx + d$$

erfüllen müssen. Aus ihnen kann man x und y folgendermaßen berechnen:

$$
\begin{aligned}
x^2 + (dx+d)^2 &= 1, \\
(d^2+1)x^2 + 2d^2x + d^2 - 1 &= 0, \\
x_{1,2} &= \frac{-2d^2 \pm \sqrt{4d^4 - 4(d^2+1)(d^2-1)}}{2(d^2+1)} = \\
&= \frac{-2d^2 \pm \sqrt{4}}{2(d^2+1)} = \frac{-d^2 \pm 1}{d^2+1}
\end{aligned}
$$

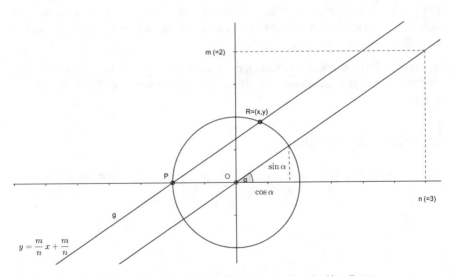

Fig. 2: Konstruktion eines Kreispunktes (x,y) mit rationalen Koordinaten

Eine Wahl des Minus-Zeichens liefert den Ausgangspunkt $P = (-1,0)$. Also hat der Punkt R die Koordinaten

$$x = \frac{1-d^2}{1+d^2},$$

$$y = d(x+1) = d\left(\frac{1-d^2}{1+d^2}+1\right) = \frac{2d}{1+d^2}$$

Wenn die rationale Zahl d als gekürzter Bruch die Form $d = \frac{m}{n}$ hat, erhalten die Koordinaten von R die Form

$$\left(x = \frac{n^2-m^2}{n^2+m^2}, y = \frac{2mn}{n^2+m^2}\right).$$

Also liefert jede Gerade g mit rationaler Steigung d einen rationalen Kreispunkt, und weil die rationalen Zahlen d auf der Zahlengeraden dicht liegen, liegen diese rationalen Kreispunkte dicht auf dem Kreis. Umgekehrt hat die Verbindungsgerade eines beliebigen rationalen Punktes R auf dem Kreis mit dem Punkt P eine rationale Steigung, d.h. die Geraden g durch P mit rationaler Steigung entsprechen umkehrbar eindeutig den rationalen Punkten R auf dem Kreis.

Die Geraden g durch P mit irrationaler Steigung schneiden den Kreis in je einem Punkt Q, der kein rationaler Punkt sein kann, und weil es viel mehr irrationale Werte für die Steigung gibt als rationale (es gibt nur abzählbar viele rationale Zahlen, d.h. man kann sie mit den natürlichen Zahlen $1, 2, \ldots$ nummerieren, aber die Menge der irrationalen Zahlen ist überabzählbar, d.h. die natürlichen Zahlen reichen nicht aus, um sie zu nummerieren), gibt es auch viel mehr nicht rationale Punkte auf dem Kreis als rationale Punkte. Trotzdem gibt es in jedem noch so kleinen Bogenstück unendlich viele rationale Kreispunkte.

Wahrscheinlich war das den Griechen noch nicht bewusst, von Koordinaten war zu ihrer Zeit ja noch keine Rede. Sie hätten aber möglicherweise ihre Freude daran gehabt.

Weiterführende Literatur

[1] Ash, A., Gross, R., & Gross, R. (2012). *Elliptic tales: curves, counting, and number theory.* Princeton University Press.

51. Kann man die rationalen Zahlen nummerieren?

GILBERT HELMBERG

Sprechen wir voraus ab, dass wir es nur mit positiven Zahlen zu tun haben. Es brächte nichts Neues, die negativen Zahlen dazuzunehmen.

Die rationalen Zahlen sind die Brüche zweier ganzer Zahlen. Während die natürlichen Zahlen 1, 2, 3,... gemütlich aufeinander folgen, liegen schon die rationalen Zahlen im Intervall $[0,1]$ dicht an dicht, fast möchte man sagen, wie der Sand am Meer. Trotzdem lernt man schon zu Beginn des Mathematikstudiums, dass ein einfacher Trick es erlaubt, jeder rationalen Zahl eine natürliche Zahl als *Nummer* zuzuordnen (man sagt auch, die rationalen Zahlen seien *abzählbar*). Wer das zum ersten Mal sieht, stellt staunend fest, dass es offenbar genau so viele rationale Brüche gibt wie natürliche Zahlen.

Hier ist der Trick: Wir schreiben alle Brüche auf ein nach rechts und unten unendlich großes Papier so, dass in der ersten Zeile alle Brüche mit dem Zähler 1 stehen, in der zweiten Zeile alle Brüche mit dem Zähler 2 usw:

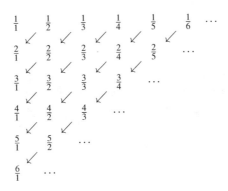

Wenn wir die durch die Pfeile angedeuteten Diagonalen in einer Zeile aneinanderfügen, bekommen wir alle Brüche in eine Folge, in der jeder Bruch, also auch die durch diesen Bruch dargestellte rationale Zahl, eine Nummer hat. Allerdings hat diese Folge einen Schönheitsfehler: Weil sie auch alle ungekürzten Brüche enthält, kommt jede rationale Zahl in dieser Folge sogar unendlich oft vor.

Im Jahr 2000 haben N. CALKIN und HERBERT WILF in [3] eine Folge vorgestellt, in der jeder gekürzte Bruch genau einmal vorkommt. Ihr Konstruktionsprinzip ist: von $\frac{1}{1}$ ausgehend, hat jeder gekürzte Bruch $\frac{r}{s}$ einen linken Nachfolger $\frac{r}{r+s}$ und einen rechten Nachfolger $\frac{r+s}{s}$:

$$
\begin{array}{ccc}
 & \dfrac{r}{s} & \\
 \swarrow & & \searrow \\
\dfrac{r}{r+s} & & \dfrac{r+s}{s}
\end{array}
\tag{51.1}
$$

G. Glaeser (Hrsg.), *77-mal Mathematik für zwischendurch*,
https://doi.org/10.1007/978-3-662-61766-3_51

Offenbar ist jeder linke Nachkomme kleiner als 1, und jeder rechte Nachkomme größer als 1. Vom Bruch $\frac{1}{1}$ ausgehend liefert dieses Konstruktionsprinzip folgendes Schema (in der Graphentheorie heißt so ein Schema ein *Baum*):

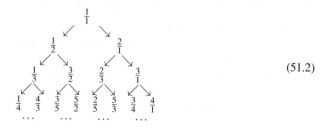

$$(51.2)$$

Wenn die Zeilen dieses Schemas aneinander gereiht werden, ergibt sich die Folge

$$\frac{1}{1}, \frac{1}{2}, \frac{2}{1}, \frac{1}{3}, \frac{3}{2}, \frac{2}{3}, \frac{3}{1}, \frac{1}{4}, \frac{4}{3}, \frac{3}{5}, \frac{5}{2}, \frac{2}{5}, \frac{5}{3}, \frac{3}{4}, \frac{4}{1}, \dots . \tag{51.3}$$

In dieser Folge bezeichnen wir, beginnend mit

$$a(0) = \frac{b(0)}{c(0)} = \frac{1}{1},$$

das $n+1$-te Glied mit $a(n) = \frac{b(n)}{c(n)}$. Sie hat überraschende und reizvolle Eigenschaften, die wir ohne Beweise anführen – an sich sind die Beweise unkompliziert und problemlos aus [1], Kapitel 19 oder in der deutschsprachigen Ausgabe [2], Kapitel 19 zu entnehmen.

1. Jeder Bruch $a(n) = \frac{b(n)}{c(n)}$ ist bereits gekürzt.

2. Jeder gekürzte Bruch $\frac{r}{s}$ kommt in der Folge $\left\{ a(n) = \frac{b(n)}{c(n)} \right\}_{n=0}^{\infty}$ genau einmal vor.

3. Die Nenner genügen der Gleichung $c(n) = b(n+1)$, d.h. $a(n) = \frac{b(n)}{b(n+1)}$. Offenbar kommt es bei der Auflistung der Glieder $a(n) = \frac{b(n)}{b(n+1)}$ nur auf die Folge $\{b(n)\}_{n=0}^{\infty}$ an, die sogar schon lange Zeit vorher, im Jahr 1858, von A. STERN in [4] untersucht wurde.

4. Auch diese Folge ist leicht konstruierbar mit Hilfe der rekursiven Gleichungen

$$b(0) = 1,$$
$$b(2n+1) = b(n),$$
$$b(2n+2) = b(n) + b(n+1).$$

Das führt auf folgendes Konstruktionsverfahren:

$$
\begin{array}{cccccccccc}
b(2) & b(4) & b(6) & b(8) & \cdots & & & & & \\
+ & + & + & + & & & & & & \\
\overbrace{\quad} & \overbrace{\quad} & \overbrace{\quad} & \overbrace{\quad} & \cdots & & & & & \\
1 & 1 & 2 & 1 & 3 & 2 & 3 & 1 & 4 & 3 \quad \cdots \\
b(0) & b(1) & b(2) & b(3) & b(4) & b(5) & b(6) & b(7) & b(8) & b(9) \quad \cdots \\
b(1) & b(3) & b(5) & b(7) & b(9) & \cdots & & & &
\end{array}
$$

Zwei Fragen sind in diesem Zusammenhang naheliegend: Welche rationale Zahl steht in der Folge (51.3) an der m-ten Stelle ? An welcher Stelle in der Folge (51.3) steht ein gegebener Bruch?

Natürlich kann man beide Fragen beantworten, indem man die Glieder $a(n)$ einfach der Reihe nach inspiziert, aber es gibt eine elegantere Methode. Um die erste Frage zu beantworten, schreiben wir die Zahl m in ihrer binären Entwicklung. Beispielsweise ist $m = 25 = 16 + 8 + 1 = 2^4 + 2^3 + 2^0 = (11001)_2$. In unserem Schema (51.2) spazieren wir nun, vom ersten Bruch $1 = \frac{1}{1}$ ausgehend, für jede weitere binäre Ziffer 1 zum rechten Nachkommen, und für jede binäre Ziffer 0 zum linken Nachkommen.

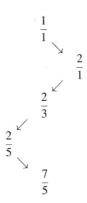

Der letzte so erreichte Bruch $\frac{7}{5}$ ist der $m = 25$-te in der Folge (51.3) (d.h. weil die Folge mit $a(0)$ beginnt, ist es der Bruch $a(m-1) = a(24)$).

Zur Beantwortung der zweiten Frage müssen wir umgekehrt vorgehen: Wir suchen der Reihe nach die Vorgänger des gegebenen Bruches, z.B. $\frac{48}{37}$ und notieren jedesmal, wenn ein Bruch größer als 1 und deshalb rechter Nachkomme ist, die binäre Ziffer 1, und wenn ein Bruch kleiner als 1 und deshalb linker Nachkomme ist, die binäre Ziffer 0, bis wir beim Bruch $\frac{1}{1}$ angelangt sind, der noch eine Ziffer 1 beiträgt:

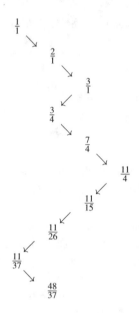

Das ergibt als Positionsnummer m des Bruches $\frac{48}{37}$ in der Folge (3) den Wert $m = (1110110001)_2 = 512 + 256 + 128 + 32 + 16 + 1 = 945$, d.h. $\frac{48}{37} = a(944)$.

Zum Schluss: Es gibt auch eine Formel, die für jede rationale Zahl x in der Folge (3) die nächste liefert:

$$x \mapsto f(x) = \frac{1}{\lfloor x \rfloor + 1 - \{x\}}.$$

Dabei ist $\lfloor x \rfloor$ die größte in x enthaltene ganze Zahl, und $\{x\} = x - \lfloor x \rfloor$ der *Bruchteil* von x. Beispielsweise folgt auf $\frac{48}{37}$ die rationale Zahl $\frac{1}{1+1-\frac{11}{37}} = \frac{37}{63}$.

Weiterführende Literatur

[1] Aigner, M., Ziegler, G. M., Hofmann, K. H., & Erdos, P. (2018). *Proofs from the Book*. Springer.

[2] Aigner, M., Ziegler, G. M., & Hofmann, K. H. (2018). *Das Buch der Beweise*. Springer.

[3] Calkin, N., & Wilf, H. S. (2000). Recounting the rationals. *The American Mathematical Monthly*, 107(4), 360–363.

[4] Stern, M. A. (1858). Über eine zahlentheoretische Funktion. *Journal für die reine und angewandte Mathematik*, 55, 193–220.

52. Divergente Reihen

GILBERT HELMBERG

Ein guter Teil der Mathematik besteht aus dem (gelegentlich mühsamen) Nachweis der Konvergenz von Reihen, die sich dem Mathematiker herausfordernd entgegenstellen. Wieviel einfacher wäre es doch, wenn man sich über ihre Konvergenz keine Gedanken machen müsste!

Allerdings kann man dann zu erstaunlichen Ergebnissen kommen. Der indische Mathematiker SRINIVASA RAMANUJAN (1887–1920) erwähnt in einem Brief (vgl. [2, S. 351]) an den englischen Mathematiker GODFREY HAROLD HARDY (1877–1947) die Gleichung

$$1 + 2 + 3 + 4 + 5 + 6 + 7 + 8 + \cdots = -\frac{1}{12}. \tag{52.1}$$

Wie könnte man denn darauf kommen? Tun wir einmal verbotenerweise so, als könnte man mit divergenten Reihen rechnen wie mit konvergenten Reihen, also mit Zahlen. Z.B. stellen wir uns vor, die folgende Reihe a wäre durch eine Zahl gegeben:

$$a = 1 - 1 + 1 - 1 \pm \cdots.$$

Dann ist offenbar

$$a = 1 - (1 - 1 + 1 - 1 \pm \cdots) = 1 - a,$$

also $2a = 1$ und $a = \frac{1}{2}$. Das schaut noch nicht so unvernünftig aus, weil das der Mittelwert der zwischen 1 und 0 oszillierenden Partialsummen der Reihe ist. Schräger wird es bereits bei der Argumentation

$$
\begin{aligned}
b = 1 - 2 + 3 - 4 + 5 - 6 + 7 \mp \cdots &= \\
= \quad 1 - 2 + 3 - 4 + 5 - 6 &\pm \cdots, \\
b + b = 2b = 1 - 1 + 1 - 1 \pm \cdots &= a, \\
b = \frac{1}{4}.&
\end{aligned}
$$

Das n-te Glied b_n dieser Reihe hat die Form $b_n = (-1)^{n-1}n$. Die Partialsummen $s_k = \sum_{n=1}^{k} b_n$ der Reihe b nehmen der Reihe nach die Werte

G. Glaeser (Hrsg.), *77-mal Mathematik für zwischendurch*,
https://doi.org/10.1007/978-3-662-61766-3_52

$1, -1, 2, -2, 3, -3, 4, -4, \cdots$ an, d.h. $s_{2n-1} = n$ und $s_{2n} = -n$. Die Mittelwerte $m_l = \frac{1}{l} \sum_{k=1}^{l} s_k$ dieser Partialsummen oszillieren zwischen $\frac{n}{2n-1}$ (für $l = 2n - 1$) und 0 (für $l = 2n$). Im Sinne einer Mittelbildung der Partialsummen für $l \to \infty$ ist also der Wert $\frac{1}{4}$ für b noch halbwegs annehmbar.

Jetzt aber kommt es dick: Die Reihe $c = \sum_{n=1}^{\infty} n$ erfüllt die Gleichungen

$$
\begin{aligned}
c &= 1 &+2 + 3 &+ 4 + 5 &+ 6 + 7 &+ 8 + &\cdots, \\
4c &= &4 &+ 8 &+ 12 &+ 16 + &\cdots, \\
c - 4c &= 1 &- 2 + 3 &- 4 + 5 &- 6 + 7 &- 8 \pm &\cdots = b, \\
-3c &= \tfrac{1}{4} \\
c &= -\tfrac{1}{12}\,.
\end{aligned}
$$

Tatsächlich sind wir also bei (52.1) gelandet.

Es ist gar nicht so abwegig, sich vorzustellen, dass man bei fortschreitender Summation, über ∞ rechts im Unendlichen hinaus, links aus dem Unendlichen wieder in den Bereich der negativen Zahlen kommt, und bei der Funktion $\frac{1}{x}$ erlebt man Ähnliches, wenn x nach links über den Nullpunkt hinweg wandert.

Die Geschichte ist aber noch nicht zu Ende, sondern hat eine überraschende Pointe. Die Funktion

$$
f(s) := 1 + \frac{1}{2^s} + \frac{1}{3^s} + \frac{1}{4^s} + \frac{1}{5^s} + \cdots = \sum_{n=1}^{\infty} n^{-s} \tag{52.2}
$$

ist zunächst definiert für reelle Parameter $s > 1$, weil in diesem Fall die Reihe $\sum_{n=1}^{\infty} n^{-s}$ konvergiert. Für $s \leq 1$ divergiert sie. Formal steht dann da z.B.

$$
f(-1) = 1 + 2 + 3 + 4 + 5 + \cdots = \sum_{n=1}^{\infty} n. \tag{52.3}
$$

Die Reihe (52.2) konvergiert auch für komplexe Argumente s mit Realteil > 1; andernfalls divergiert sie. Die durch (52.2) auf der komplexen Halbebene $\{s \in \mathbb{C} : \mathrm{Re}(s) > 1\}$ gegebene Funktion kann man aber auf eindeutige Weise zu einer auf ganz $\mathbb{C} \setminus \{1\}$ definierten komplex differenzierbaren Funktion ζ *analytisch fortsetzen*, die nur im Punkt 1 eine Unendlichkeitsstelle besitzt. Diese Funktion heißt RIE-MANN*sche Zetafunktion*. Ihr Wert an der Stelle -1 ist, wer hätte sich das gedacht,

$$
\zeta(-1) = -\frac{1}{12}. \tag{52.4}
$$

Sehr neugierige und mathematisch hartgesottene Leserinnen und Leser können das in [3, S. 212] oder [1, S. 77] nachlesen. Vielleicht hat die Kombination von (2), (3) und (4) RAMANUJAN veranlasst, das gewissermaßen zur mathematische Belustigung in der Form (1) zu notieren. Sie diente seinen Überlegungen zur sogenannten *Konstanten einer Reihe*, die erst später von HARDY in mathematisch exakte Form gegossen wurde.

Man kann z.B. nachdenken, was man mit Reihen anfangen kann, von denen man nur weiß, dass die Mittelwerte ihrer Partialsummen konvergieren (das trifft für konvergente Reihen und die Reihe *a* zu). Wenn man Resultate, die wie (1) aussehen, vermeiden will, ist es aber jedenfalls sicherer, sich davon zu überzeugen, dass eine Reihe, mit der man rechnen will, konvergiert.

Weiterführende Literatur

[1] Helmberg, G. (2018). *Analytische Zahlentheorie: Rund um den Primzahlsatz.* deGruyter.

[2] Ramanujan, S. (1962). *Collected Papers.* Chelsea.

[3] Stopple, J. (2003). *A primer of analytic number theory: from Pythagoras to Riemann.* Cambridge University Press.

53. Die Sylvesterschen Reihen

FRITZ SCHWEIGER

Im Jahr 1880 hat JAMES J. SYLVESTER einen Algorithmus vorgeschlagen, der es gestattet eine rationale Zahl $x = \frac{a}{b}$, $0 < a < b < 1$ als endliche Summe von Stammbrüchen zu schreiben:

$$x = \frac{1}{k_1 + 1} + \frac{1}{k_2 + 1} + \ldots + \frac{1}{k_n + 1}, n = n(x) \geq 1.$$

Ist x eine reelle Zahl mit $0 < x < 1$, so gibt es eine ganze Zahl $k_1 \geq 1$, so dass

$$\frac{1}{k_1 + 1} \leq x < \frac{1}{k_1}$$

gilt. Dann ist

$$x = \frac{1}{k_1 + 1} + x_1.$$

Aus der Gleichung $\frac{1}{k_1} - \frac{1}{k_1+1} = \frac{1}{k_1(k_1+1)}$ folgt $0 \leq x_1 < \frac{1}{k_1(k_1+1)}$.
Ist $x_1 = 0$, so ist $x = \frac{1}{k_1+1}$. Ist $0 < x_1$, so wiederholt man das Verfahren und erhält

$$x_1 = \frac{1}{k_2 + 1} + x_2$$

und

$$x = \frac{1}{k_1 + 1} + \frac{1}{k_2 + 1} + x_3.$$

Allerdings gilt dabei $k_2 \geq k_1(k_1 + 1)$.
Ist $x_2 = 0$, so ist $x = \frac{1}{k_1+1} + \frac{1}{k_2+1}$. Ist $x_2 > 0$, so macht man weiter und landet bei

$$x = \frac{1}{k_1 + 1} + \frac{1}{k_2 + 1} + \frac{1}{k_3 + 1} + x_3.$$

Ist $x = \frac{a}{b}$, $0 < a < b < 1$, eine rationale Zahl, so formen wir den Algorithmus etwas um. Wir setzen voraus, dass der Bruch schon gekürzt ist.
Ist $a = 1$, so setzen wir $k_1 + 1 = b$. Ist $a \geq 2$, so verwenden wir den Euklidischen Divisionsalgorithmus und schreiben

$$b = k_1 a + r_1 = (k_1 + 1)a + r_1 - a, 0 < r_1 < a.$$

Dann ist

$$\frac{a}{b} = \frac{1}{k_1 + 1} + \frac{a - r_1}{b(k_1 + 1)}.$$

Da $\frac{a-r_1}{b(k_1+1)} < \frac{1}{k_1(k_1+1)}$, ist $\frac{a}{b} < \frac{1}{k_1}$. Dies bedeutet, dass wir die gleiche Darstellung

$$\frac{a}{b} = \frac{1}{k_1 + 1} + x_1$$

G. Glaeser (Hrsg.), *77-mal Mathematik für zwischendurch*,
https://doi.org/10.1007/978-3-662-61766-3_53

erhalten.

Ist $a - r_1 = 1$, so setzen wir $k_2 + 1 = b(k_1 + 1)$. Ist $a - r_1 \geq 2$, so wiederholen wir das Verfahren und schreiben

$$b(k_1 + 1) = k_2(a - r_1) + r_2 = (k_2 + 1)(a - r_1) + r_1 + r_2 - a.$$

Dies ergibt

$$\frac{a}{b} = \frac{1}{k_1 + 1} + \frac{1}{k_2 + 1} + \frac{a - r_1 - r_2}{b(k_1 + 1)(k_2 + 1)}.$$

Jedenfalls gibt es ein $n \geq 1$, so dass

$$a - r_1 - \ldots - r_{n-1} = 1$$

gilt, und mit $k_n + 1 = b(k_1 + 1)(k_2 + 1)\ldots(k_{n-1} + 1)$ erhalten wir

$$\frac{a}{b} = \frac{1}{k_1 + 1} + \frac{1}{k_2 + 1} + \ldots + \frac{1}{k_n + 1}.$$

Damit ist gezeigt, dass die Sylvestersche Reihe einer rationalen Zahl eine endliche Summe von Stammbrüchen ist.

Wir geben zwei Beispiele!

Sei $x = \frac{3}{13}$. Dann ist $13 = 4 \cdot 3 + 1 = 5 \cdot 3 - 2$ und daher

$$\frac{3}{13} = \frac{1}{5} + \frac{2}{65}.$$

Weiters ist sodann $65 = 32 \cdot 2 + 1 = 33 \cdot 2 - 1$ und daher

$$\frac{3}{13} = \frac{1}{5} + \frac{1}{33} + \frac{1}{2145}.$$

Sei $x = \frac{15}{44}$. Dann ist $44 = 2 \cdot 15 + 14 = 3 \cdot 15 - 1$ und somit

$$\frac{15}{44} = \frac{1}{3} + \frac{1}{132}.$$

Aus der Herleitung der Formel

$$\frac{a}{b} = \frac{1}{k_1 + 1} + \frac{1}{k_2 + 1} + \ldots + \frac{1}{k_n + 1}$$

ist ersichtlich, dass $n \leq a$ sein muss. MICHAEL MAYS [1] hat sich mit der Frage beschäftigt, in welchen Fällen der schlechteste Fall $n = a$ zu erwarten ist. Dies ist genau dann der Fall, wenn $r_1 = r_2 = \ldots = r_n = 1$ gilt. Dies führt auf die Gleichungen

$$k_1 = \frac{b - 1}{a}, k_2 = \frac{b(k_1 + 1) - 1}{a - 1}, k_3 = \frac{b(k_1 + 1)(k_2 + 1) - 1}{a - 2},$$

$$\ldots, k_n = b(k_1 + 1)(k_2 + 1)\ldots(k_{n-1} + 1) - 1.$$

Diese Gleichungen können in einfachen Fällen rekursiv gelöst werden.
a=n=2

$$k_1 = \frac{b-1}{2}, k_2 = b(k_1 + 1) - 1$$

Hier muss b eine ungerade Zahl sein! Z.B. $b = 3$ ergibt $k_1 = 1$ und $k_2 = 5$ und somit

$$\frac{2}{3} = \frac{1}{2} + \frac{1}{6}.$$

$b = 7$ etwa führt auf $k_1 = 3$ und $k_2 = 27$ und somit zu

$$\frac{2}{7} = \frac{1}{4} + \frac{1}{28}.$$

a=n=3

$$k_1 = \frac{b-1}{3}, k_2 = \frac{b(k_1 + 1) - 1}{2}, k_3 = b(k_1 + 1)(k_2 + 1) - 1$$

Nun passt $b = 4$ leider nicht, denn dann ist $k_1 = 1$, aber $k_2 = \frac{7}{2}$ ist keine ganze Zahl!
Tatsächlich ist

$$\frac{3}{4} = \frac{1}{2} + \frac{1}{4}.$$

Der nächste Versuch, $b = 7$, gelingt. Dann ist $k_1 = 2$, $k_2 = 10$ und $k_3 = 230$ und
daher

$$\frac{3}{7} = \frac{1}{3} + \frac{1}{11} + \frac{1}{231}.$$

Auch $b = 10$ passt wieder nicht, wohl aber $b = 13$.
a=n=4

$$k_1 = \frac{b-1}{4}, k_2 = \frac{b(k_1 + 1) - 1}{3}, k_3 = \frac{b(k_1 + 1)(k_2 + 1) - 1}{2},$$
$$k_4 = b(k_1 + 1)(k_2 + 1)(k_3 + 1) - 1$$

Hier ist $b = 17$ die kleinste Lösung. Man findet $k_1 = 4$, $k_2 = 28$, $k_3 = 1232$ und
$k_4 = 3039344$. Man erhält die etwas verblüffende Darstellung

$$\frac{4}{17} = \frac{1}{5} + \frac{1}{29} + \frac{1}{1233} + \frac{1}{3039345}.$$

Übrigens: Informationen zu Sylvesterschen und anderen Reihenentwicklungen für
reelle Zahlen finden sich in [2], Kapitel 3.

Weiterführende Literatur

[1] Mays, M. E. (1987). A worst case of the Fibonacci-Sylvester expansion. *J. Combin.*,
    1, 141–148.

[2] Schweiger, F. (2016). *Continued fractions and their generalizations: A short history of
    f-expansions.* Docent Press.

54. Die Eulersche Zahl

WALTHER JANOUS

Keine Sorge, wir werden uns im Weiteren nicht mit dem Auftreten der Zahl e bei und in den Lösungen von Differentialgleichungen der Art $y' = Cy$, $y'' = ay' + by$ oder dergleichen mehr beschäftigen, sondern uns auf einen kleinen und hoffentlich nicht allzu beschwerlichen Rundgang durch die Vielzahl algebraischer Eigenschaften der Eulerschen Zahl begeben.

Dabei zeigt sich insbesondere sehr schnell, dass die im Zusammenhang mit der Beschreibung diverser Wachstumsvorgänge sehr nützliche Darstellung

$$e = \lim_{n \to \infty} \left(1 + \frac{1}{n}\right)^n$$

zu unmittelbar wenig Brauchbarem führt, wenn man beispielsweise die Frage beantworten will, ob

$$e = 2{,}718281828459045235360287471352662497757247093699995957496696\ldots$$

rational oder irrational ist. LEONHARD EULER konnte die Antwort auf diese Frage nicht finden, obwohl ihm die Reihendarstellung

$$e = 1 + \frac{1}{1!} + \frac{1}{2!} + \frac{1}{3!} + \cdots + \frac{1}{n!} + \cdots$$

bekannt war. Wir werden gleich sehen, dass sie der Schlüssel für den Beweis folgender Behauptung ist:

Die Zahl e ist irrational.

Nehmen wir an, die Zahl e wäre rational, d.h. e könnte in der Form $e = a/b$ mit positiven ganzen Zahlen a und b dargestellt werden. Dann ergäbe sich $b! \cdot e = b! \cdot a/b$, also

$$a \cdot (b-1)! = b! \cdot \left(\sum_{j=0}^{b} \frac{1}{j!} + \sum_{j=b+1}^{\infty} \frac{1}{j!}\right), \quad \text{d.h.}$$

$$a \cdot (b-1)! = \left(b! + \frac{b!}{1!} + \frac{b!}{2!} + \cdots + \frac{b!}{b!}\right) + R.$$

Weil in dieser Identität links eine ganze Zahl steht und der rechtsseitige Klammerterm ganzzahlig ist, muss auch der positive Summand R ganzzahlig sein. Es ist aber

© Der/die Herausgeber bzw. der/die Autor(en), exklusiv lizenziert durch Springer-Verlag GmbH, DE, ein Teil von Springer Nature 2020
G. Glaeser (Hrsg.), *77-mal Mathematik für zwischendurch*,
https://doi.org/10.1007/978-3-662-61766-3_54

$$R = b! \cdot \left(\frac{1}{(b+1)!} + \frac{1}{(b+2)!} + \frac{1}{(b+3)!} + \cdots \right)$$

$$= \frac{1}{b+1} + \frac{1}{(b+1)(b+2)} + \frac{1}{(b+1)(b+2)(b+3)} + \cdots$$

$$< \frac{1}{b+1} + \frac{1}{(b+1)^2} + \frac{1}{(b+1)^3} + \cdots = \left(\frac{1}{b+1} \right) \Big/ \left(1 - \frac{1}{b+1} \right) = \frac{1}{b} \leq 1.$$

Damit müsste die ganze Zahl R zwischen 0 und 1 liegen, was natürlich nicht möglich ist.   □

Der erste Beweis der Irrationalität von e (und auch von π) gelang JOHANN HEINRICH LAMBERT im 18. Jahrhundert. Als unmittelbare Folgerung erhält man, dass auch alle Zahlen der Form $e^{1/n}$, $n = 2, 3, 4, \ldots$ irrational sind.

Wie verhält es sich aber mit ganzzahligen Potenzen von e, etwa mit e^2? Wir zeigen nun die Gültigkeit folgender Aussage:

Auch die Zahl e^2 ist irrational.

Für den Beweis werden wir ähnlich wie vorher vorgehen und nehmen wieder an, es gälte $e^2 = a/b$ mit natürlichen Zahlen a und b, $a > b \geq 2$. Dann hätten wir $b \cdot e = a \cdot e^{-1}$, also

$$b \cdot \left(1 + \frac{1}{1!} + \frac{1}{2!} + \frac{1}{3!} + \cdots + \frac{1}{n!} + \cdots \right) = a \cdot \left(1 - \frac{1}{1!} + \frac{1}{2!} - \frac{1}{3!} + \cdots + \frac{(-1)^n}{n!} + \cdots \right).$$

Wenn man diese Gleichung mit $n!$ multipliziert, wobei $n \geq 1$ eine beliebige natürliche Zahl ist, ergibt sich

$$b \cdot \left(A_n + \frac{n!}{(n+1)!} + \frac{n!}{(n+2)!} + \cdots \right) = a \cdot \left(B_n + (-1)^{n+1} \left(\frac{n!}{(n+1)!} - \frac{n!}{(n+2)!} \pm \cdots \right) \right),$$

wobei A_n und B_n ganze Zahlen sind. Also haben wir

$$bA_n + b \left(\frac{1}{n+1} + \frac{1}{(n+1)(n+2)} + \frac{1}{(n+1)(n+2)(n+3)} + \cdots \right) =$$

$$= aB_n + (-1)^{n+1} a \left(\frac{1}{n+1} - \frac{1}{(n+1)(n+2)} + \frac{1}{(n+1)(n+2)(n+3)} \pm \cdots \right), \quad \text{d.h.}$$

$$aB_n - bA_n = b \left(\frac{1}{n+1} + \frac{1}{(n+1)(n+2)} + \cdots \right) + (-1)^n a \left(\frac{1}{n+1} - \frac{1}{(n+1)(n+2)} \pm \cdots \right).$$

Daraus erhalten wir mit Hilfe der Dreiecksungleichung

$$|aB_n - bA_n| \leq b\left(\frac{1}{n+1} + \frac{1}{(n+1)(n+2)} + \cdots\right) + a\left(\frac{1}{n+1} + \frac{1}{(n+1)(n+2)} + \cdots\right).$$

Weil sich analog zur obigen Abschätzung von R die Ungleichung

$$\frac{1}{n+1} + \frac{1}{(n+1)(n+2)} + \cdots < \frac{1}{n}$$

ergibt, folgt

$$|aB_n - bA_n| < \frac{a+b}{n}.$$

Deshalb gilt für alle $n > a + b$, dass $|aB_n - bA_n| < 1$ ist. Weil aber $aB_n - bA_n$ eine ganze Zahl ist, müsste $aB_n = bA_n$, also

$$a \cdot \sum_{j=0}^{n} \frac{(-1)^j}{j!} = b \cdot \sum_{j=0}^{n} \frac{1}{j!}$$

für alle $n > a + b$ erfüllt sein. Dies ist aber nicht möglich, weil beim Übergang von einem geraden n zu einem ungeraden $n + 1$ der Ausdruck auf der rechten Seite wächst, der Ausdruck auf der linken Seite aber fällt! $\square$

Wir können das bisher Bewiesene folgendermaßen zusammenfassen: *Es gibt keine Polynome der Art $P(x) = ax + b$ bzw. $P(x) = ax^2 + b$ mit ganzzahligen Koeffizienten a und b, $a \neq 0$, die die Eulersche Zahl e als Nullstelle haben.*

Damit stellt sich folgende Frage fast von selbst: Gibt es ein quadratisches Polynom $P \in \mathbb{Z}[x]$, das die Zahl e als Nullstelle besitzt?

Mit Überlegungen, deren Grundidee aus den Beweisen der Irrationalität von e und e^2 stammt, lässt sich nachweisen, dass die Antwort auf unsere Frage „nein" lautet[1]. Es gilt nämlich der

Satz von Liouville[2] *Weder e noch e^2 sind Nullstellen eines quadratischen Polynoms $P \in \mathbb{Z}[x]$, mit anderen Worten, sowohl e als auch e^2 sind nichtquadratisch irrational.*

---

[1] Man formt dafür die angenommene Gleichung $ae^2 + be + c = 0$ mit ganzen Zahlen a, b und c auf $ae + b + ce^{-1} = 0$ um und leitet einen Widerspruch her.

[2] JOSEPH LIOUVILLE, 1809–1882

Deshalb lassen sich diese zwei Zahlen nicht in der Form $\frac{u \pm \sqrt{v}}{w}$ mit ganzen Zahlen u, v und w darstellen.[3]

Während unseres weiteren Rundgangs werden wir keinem der durchwegs tiefsinnigen und großteils umfangreichen Beweise mehr begegnen. Ich muss auf die Literatur verweisen.

Nachdem LIOUVILLE die nichtquadratische Irrationalität von e und e^2 bewiesen hatte, stand die Frage im Raum, ob es überhaupt ein Polynom $P \in \mathbb{Z}[x]$ vom Grad $n \geq 3$ geben kann, das e als Nullstelle besitzt, mit anderen Worten, die Frage, ob die Eulersche Zahl algebraisch oder transzendent ist.

Beweisversuche für den Fall $n = 3$ verliefen nicht sehr ermutigend, und es zeigte sich bald, dass nur grundsätzlich neuartige Ideen, Konzepte und Methoden zur Lösung führen konnten. Der *Durchbruch* gelang schließlich CHARLES HERMITE, einem bedeutenden Schüler LIOUVILLES. Er bewies auf *mysteriösem Weg*[4] den bemerkenswerten

Satz: *Für jede rationale Zahl r $(r \neq 0)$ ist die Zahl e^r transzendent.*

Man könnte meinen, die Geschichte sei nun zu Ende – mitnichten! FERDINAND LINDEMANN, dem es als Erstem gelang, die Transzendenz der Kreiszahl π nachzuweisen, formulierte folgende weitreichende

Vermutung: *Es seien $n \geq 1$ eine natürliche und $\alpha_1, \alpha_2, \ldots, \alpha_n$ paarweise verschiedene algebraische Zahlen. Dann gilt die Gleichung*

$$a_1 e^{\alpha_1} + a_2 e^{\alpha_2} + \cdots + a_n e^{\alpha_n} = 0$$

genau dann, wenn $a_1 = a_2 = \cdots = a_n = 0$.

Er konnte sie für bestimmte Fälle nachweisen. Der Beweis der allgemeinen Aussage gelang schließlich KARL WEIERSTRASS.[5] Ausgehend von Ideen GEORGE PÓLYAS lässt sich folgende sehr allgemeine Aussage beweisen:

Für komplexe Zahlen α, $\alpha \neq 0$, sind α und e^α nicht beide algebraisch.

Daraus ergibt sich beispielsweise für die nicht algebraische Zahl $\alpha = \pi$ als weitere Frage, welche Natur die Zahl e^π hat[6]. Die Antwort darauf fand ALEXANDER OSSIPOWITSCH GELFOND. Er bewies einen allgemeinen Satz mit der Konsequenz:

---

[3]Daraus ergibt sich nach wichtigen Sätzen von EULER und JOSEPH LOUIS LAGRANGE, dass weder e noch e^2 als periodische regelmäßige Kettenbrüche darstellbar sind.

[4]Dies ist ein wörtliches Zitat seines bedeutendsten Schülers HENRI POINCARÉ.

[5]Deshalb heißt die ursprüngliche Vermutung nun *Satz von Lindemann und Weierstraß*. Als Korollar kann man mit Hilfe der *schönsten Formel der Mathematik*, nämlich $e^{i\pi} + 1 = 0$, elegant beweisen, dass $i\pi$ und damit auch π transzendent sein müssen.

[6]Man beachte, dass sich aus $e^{i\pi} = -1$ und $i \cdot (-i) = 1$ die Darstellung $e^\pi = (-1)^{-i}$ ergibt.

Die Zahl e^{π} ist transzendent.[7]

Mit Verfeinerung der Methoden, die GELFOND verwendet hatte, und nach Vorarbeiten von RODION OSIJEWITSCH KUSMIN und CARL LUDWIG SIEGEL gelang es GELFOND und THEODOR SCHNEIDER, innerhalb eines Jahres unabhängig voneinander das siebente Hilbertsche Problem zu lösen, das DAVID HILBERT neben 22 anderen am legendären Mathematikerkongress im Jahr 1900 in Paris vorgetragen hatte. Die Aussage trägt seither den Namen *Satz von Gelfond-Schneider* und lautet:

Falls $\alpha \notin \{0,1\}$ algebraisch und β algebraisch und irrational sind, so ist die Zahl α^{β} transzendent.

Insbesondere ergeben $\alpha = a \in \mathbb{Q} \setminus \{0,1\}$ und $\beta = \sqrt{b} \notin \mathbb{Q}$, dass $a^{\sqrt{b}}$ transzendent ist,[8] ein Tatsache, die bereits von EULER vermutet wurde, bevor es überhaupt noch eine exakte Definition des Begriffs der transzendenten Zahlen gab. Diesen kleinen Rundgang möchte ich mit einigen Fragen beenden, deren Beantwortung im Moment wohl hoffnungslos scheint:

- Welche der Zahlen e^e, e^{e^2}, π^e oder π^{π} sind transzendent?

- Sind $e + \pi$, $e \cdot \pi$ oder e/π rational, irrational oder transzendent?

- Welche Natur haben die „Fast-Eulerschen" Zahlen[9]

$$\mathrm{erd}(n) = \sum_{j=0}^{\infty} \frac{1}{j! + n}, \quad n = 1, 2, 3, \ldots ?$$

Weiterführende Literatur

[1] Havil, J. (2012). *The irrationals: a story of the numbers you can't count on.* Princeton University Press.

[2] Perron, O. (1960). *Irrationalzahlen* (4. Auflage). deGruyter.

[3] Siegel, C. L. (1967). *Transzendente Zahlen.* Bibliographisches Institut.

[4] Toenniessen, F. (2010). *Das Geheimnis der transzendenten Zahlen.* Spektrum Akademischer Verlag.

---

[7] Diese Zahl wird oft als Gelfondsche Konstante bezeichnet.

[8] Als schönes Beispiel sollte die (transzendente) Zahl $2^{\sqrt{2}}$, die sog. Konstante von Gelfond-Schneider, erwähnt werden.

[9] PAUL ERDÖS hat die Frage für $n = 1$ gestellt.

55. Die pythagoräische Konstante

WALTHER JANOUS

Dem Andenken von Univ. Prof. Dr. Gilbert Helmberg (1928–2019).
Er begründete den Mathe-Brief und weiß nun hoffentlich, ob die
Riemann-Vermutung stimmt.

Woher der mitunter verwendete Name der Protagonistin des aktuellen Mathe-Briefs, nämlich der Zahl

$$\sqrt{2} = 1{,}41421356237309504880168872420969807856967187537694807317667\ldots,$$

stammt, liegt im Dunkeln, steht doch die Natur dieser Zahl diametral im Widerspruch zum Programm und Ziel der pythagoräischen Schule, die Welt durch natürliche Zahlen und entsprechende Zahlenverhältnisse zu beschreiben und erklären. Im Folgenden werden wir einigen Besonderheiten der Zahl $\sqrt{2}$ nachspüren. Ein frühes Zeugnis, auch ihrer Berechnung, findet sich auf der babylonischen Steintafel YBC 7289[1].

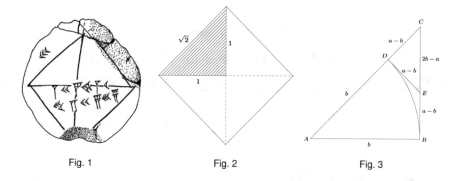

Fig. 1   Fig. 2   Fig. 3

(Sie geht auf die Zeit von 1800 bis 1600 v. Chr. zurück und ist hier in schematischer Form wiedergegeben.) Der auf ihr im Sexagesimalsystem angegebene sehr genaue Zahlenwert lautet in moderner Schreibweise

$$(1.[24][51][10])_{60} = 1 + \frac{24}{60} + \frac{51}{60^2} + \frac{10}{60^3} = \frac{305470}{216000} = 1{,}41421\overline{296}$$

und ist der bestmögliche Näherungswert mit drei Nachkommastellen in babylonischer Darstellungsweise.

Alte indische Texte aus der Zeit zwischen 800 und 200 v. Chr., die *Sulbasutras*, enthalten geometrische Vorschriften zur Anlage von Altären. Darin findet sich auch

---

[1]Genaueres dazu etwa in `http://www.maa.org/press/periodicals/convergence/the-best-known-oldbabylonian-tablet` mit dem lesenswerten Abschnitt „YBC 7289 in the Classroom".

eine Anweisung zur Konstruktion der Zahl $\sqrt{2}$, die zu folgender befremdlich anmutenden Näherungsformel führt:

$$\sqrt{2} \approx 1 + \frac{1}{3} + \frac{1}{3 \cdot 4} - \frac{1}{3 \cdot 4 \cdot 34} = \frac{577}{408} = 1{,}4142\overline{15686274509803921}.$$

(Man vermutet, dass dieser und manch ähnlicher Formel taylorähnliche Wurzelnäherungen der Art

$$\sqrt{a^2 + x} \approx a + \xi - \frac{\xi^2}{2(a + \xi)} \ \text{mit} \ \xi = \frac{x}{2a}$$

zu Grunde liegen dürften, wobei wir in ihr speziell $a = 4/3$ und $b = 2/9$ zu wählen haben.)

Diese zwei Beispiele sind eher statischer Natur. Einen gänzlich anderen dynamischen Weg hat dagegen wesentlich später (im ersten nachchristlichen Jahrhundert) HERON VON ALEXANDRIA beschritten. Überlegungen der Art hatten schon früh – noch lange vor der Bildung des exakten Wurzelbegriffs – den Zusammenhang zwischen Quadratwurzeln und dem Flächeninhalt entsprechender Quadrate nahegelegt. Die Idee hinter HERONS Vorgehen zur Berechnung von $\sqrt{2}$ besteht darin, von einem Rechteck mit Flächeninhalt 2, etwa dem 1×2-Rechteck, auszugehen und sukzessive die Seitenlänge des $\sqrt{2} \times \sqrt{2}$-Quadrats anzunähern, indem man die Längsseite des neuen Rechtecks als das arithmetische Mittel der Längs- und Breitseite des zuletzt bestimmten Rechtecks bildet, und die Breitseite so, dass sich der Flächeninhalt 2 ergibt. In moderner Schreibweise verbirgt sich dahinter folgende Rekursion mit den Seitenlängen x_n und $\frac{2}{x_n}$ des n-ten Näherungsrechtecks:

$$x_{n+1} = \frac{1}{2}\left(x_n + \frac{2}{x_n}\right), \quad n \geq 0,$$

wobei man beispielsweise mit dem 1×2-Rechteck, also mit $x_0 = 1$, beginnt und damit die Folge

$$(x_0, x_1, x_2, x_3, x_4, \dots) = \left(1, \frac{3}{2}, \frac{17}{12}, \frac{507}{408}, \frac{665857}{470832}, \dots\right)$$

erhält, in der sich die Anzahl der korrekten Dezimalstellen in jedem Schritt annähernd verdoppelt. Intuitiv ist es einsichtig, dass die angegebene Folge gegen $\sqrt{2}$ konvergiert. Dass dies tatsächlich so ist, ergibt sich wegen

$$x_{n+1} = \frac{1}{2}\left(x_n + \frac{2}{x_n}\right) = x_n - \frac{x_n^2 - 2}{2x_n}, \quad n \geq 0,$$

aus allgemeinen Tatsachen des Newtonschen Näherungsverfahrens

$$x_{n+1} = x_n - \frac{f(x_n)}{f'(x_n)}, \quad n \geq 0,$$

zur Lösung gewisser Gleichungen $f(x) = 0$, wenn wir als Funktion $f(x) = x^2 - 2$ wählen.

Im Gegensatz zu den *statischen* Berechnungsmethoden von $\sqrt{2}$ bietet das Heron-Verfahren die Möglichkeit, den Wert beliebiger Quadratwurzeln $\sqrt{a}, a > 0$, beliebig genau zu *berechnen*, wenn man die Rekursionsformel zu

$$x_{n+1} = \frac{1}{2}\left(x_n + \frac{a}{x_n}\right), \quad n \geq 0,$$

mit (beispielsweise) $x_0 = 1$ modifiziert. Natürlich könnte man auch das von Heron favorisierte arithmetische Mittel durch andere Mittelwerte ersetzen und damit andere Typen von Rekursionsformeln erhalten.

All die bisher vorgestellten Methoden liefern mehr oder weniger gute und für die Praxis im Allgemeinen ausreichende Näherungswerte von $\sqrt{2}$, ergeben aber keinerlei Aussagen über die algebraische Natur von $\sqrt{2}$, also, ob die Zahl rational oder irrational, und zwar algebraisch oder transzendent, ist.

Letzteres kann sofort ausgeschlossen werden, da $\sqrt{2}$ Nullstelle des Polynoms $f(x) = x^2 - 2 \in \mathbb{Z}[x]$ ist.

Dem pythagoräischen Programm zufolge sollte gelten, dass die Diagonalen- und Seitenlänge eines Quadrats kommensurabel seien, also in einem rationalen Zahlenverhältnis stehen. Es dürfte allerdings bereits einigen Mitgliedern der pythagoräischen Schule bekannt gewesen sein, dass dies nicht stimmen kann, dieses Wissen aber geheim gehalten wurde.[2]

In [4] sind 29 Beweise für die Irrationalität von $\sqrt{2}$ versammelt. Es soll nun an einige davon erinnert werden, der ursprünglichen griechischen Denkart folgend, zuerst an einen geometrischen:

• Angenommen, $\sqrt{2}$ wäre rational, d.h. $\sqrt{2} = \frac{a}{b}$ mit $a > b$. Aus $a = b\sqrt{2}$ ergibt sich die Existenz des gleichschenkelig-rechtwinkeligen Dreiecks ABC mit den Katheten b und der Hypotenuse a. Der Kreis k mit Mittelpunkt A und Radius b schneidet die Hypotenuse im Punkt D und es folgt $\overline{DC} = a - b$. Die Normale auf AC im Punkt D ist Tangente von k. Sie soll BC im Punkt E schneiden. Das rechtwinkelige Dreieck CDE ist auch gleichschenkelig mit Kathetenlänge $a - b$. Weil ED und EB Tangentenabschnitte von E zu k sind, ergibt sich $\overline{EB} = \overline{ED} = a - b$, also $\overline{CE} = b - (a - b) = 2b - a$. Damit haben wir aber das weitere (kleinere) Dreieck CDE mit ganzzahligen Seitenlängen gefunden, aus dem sich $\sqrt{2} = \frac{2b-a}{a-b}$ ergibt. Aus diesem Dreieck erhält man analog ein weiteres noch kleineres derartiges Dreieck mit ganzzahligen Seitenlängen, usw. Dies ist aber nicht möglich, weil die Menge der natürlichen Zahlen nach unten beschränkt ist.

• Der ursprünglich auch in geometrischer Sprache formulierte und von Euklid im Appendix seiner Elemente festgehaltene Beweis ist wohl der gebräuchlichste, setzt

---

[2]Der Legende nach hat der Geheimnisverrat dem Pythagoräer Hippasos von Megapont das Leben gekostet.

aber doch einiges an elementar-zahlentheoretischem Verständnis voraus, enthält aber auch das Potential der Verallgemeinerung auf alle Primzahlen p: Nehmen wir an, $\sqrt{p}$ wäre rational, hätte also eine Darstellung $\sqrt{p} = \frac{a}{b}$ mit teilerfremden natürlichen Zahlen a und b. Dann folgt $a^2 = pb^2$. Wegen des Lemmas von Euklid muss die Zahl a durch p teilbar sein, d.h. es ist $a = p\alpha$ mit $\alpha > 0$ und ganz. Damit ergibt sich aber $p\alpha^2 = b^2$, also muss auch b durch p teilbar sein, was im Widerspruch dazu steht, dass a und b teilerfremd sind.

• Ein sehr kurzer Beweis dafür, dass $\sqrt{p}$ für alle Primzahlen p irrational ist, verwendet die Eindeutigkeit der Primfaktorzerlegung in $\mathbb{N}$: Wir gehen wie zuerst von $a^2 = pb^2$ aus. Auf der linken Seite kommt jeder Primfaktor mit einem geradzahligen Exponenten vor, auf der rechten Seite dagegen auch jeder, bis auf den Primfaktor p.

• Eine Idee des vorletzten nun vorgestellten Beweises werden wir später noch kurz weiterverfolgen. Angenommen, die Zahl $z := \sqrt{2}$ wäre rational, es gäbe also natürliche Zahlen a und b mit $z = \frac{a}{b}$, wobei der Nenner b kleinstmöglich sein soll. Dann haben wir der Reihe nach

$$(z-1)(z+1) = 1 \iff z+1 = \frac{1}{z-1} \iff z = \frac{2-z}{z-1} \iff z = \frac{2b-a}{a-b}.$$

Aus $b < a = \sqrt{2}b < 2b$ ergibt sich $0 < a - b < b$. Deshalb ist z auch durch einen Bruch mit dem kleineren Nenner $a - b$ dargestellt, was im Widerspruch zur Minimalität von b steht.

• Im folgenden letzten Beweis der Nichtrationalität von $\sqrt{2}$ zeigt man auf konstruktivem Weg, dass zwischen $\sqrt{2}$ und jeder rationalen Zahl $\frac{a}{b}$ ein apriori quantifizierbarer Abstand liegt.[3] Wir haben früher schon gezeigt, dass die zwei natürlichen Zahlen a^2 und $2b^2$ verschieden sein müssen, d.h. es gilt $|2b^2 - a^2| \geq 1$. Deshalb ergibt sich

$$\left| \sqrt{2} - \frac{a}{b} \right| = \frac{|2b^2 - a^2|}{b^2 \left(\sqrt{2} + \frac{a}{b} \right)} \geq \frac{1}{b^2 \left(\sqrt{2} + \frac{a}{b} \right)} \geq \frac{1}{3b^2}.$$

Die letzte Ungleichung ist für $b\sqrt{2} + a > 3b$, also $\frac{a}{b} < 3 - \sqrt{2}$, unmittelbar einsichtig. Dagegen haben wir für $\frac{a}{b} \geq 3 - \sqrt{2}(> \sqrt{2})$ im Fall $b = 1$ (samt $a \geq 3 - \sqrt{2}$, d.h. $a \geq 2$), dass

$$|\sqrt{2} - \frac{a}{b}| = a - \sqrt{2} \geq 2 - \sqrt{2} > \frac{1}{3} = \frac{1}{3b^2},$$

---

[3]Hinter dieser Idee verbirgt sich eine sehr allgemeine Tatsache, nämlich der Approximationssatz von Liouville, der Folgendes besagt: Für jede irrationale algebraische Zahl $\xi \in \mathbb{R}$ gibt es eine nur von ihr abhängige Konstante $C(\xi) > 0$ derart, dass für alle ganzen Zahlen a und b mit $b > 0$ die Ungleichung

$$\left| \xi - \frac{a}{b} \right| > \frac{C(\xi)}{b^n}$$

erfüllt ist. Dabei ist n der Grad des Minimalpolynoms von ξ über $\mathbb{Q}[x]$.

und für $b \geq 2$, dass

$$\left|\sqrt{2} - \frac{a}{b}\right| = \frac{a}{b} - \sqrt{2} \geq 3 - 2\sqrt{2} > \frac{1}{12} \geq \frac{1}{3b^2}.$$

Beispielsweise lässt sich mit der Idee, die im zuletzt angegebenen Beweis verwendet wurde, auch folgende hübsche Eigenschaft der Zahl $\sqrt{2}$ nachweisen:[4] Es sei k eine positive ganze Zahl. Wenn in der Dezimaldarstellung von $\sqrt{2}$ ein Block von k aufeinanderfolgenden Nullen auftritt, dann kann die erste Null dieses Blocks frühestens an der k-ten Stelle nach dem Komma stehen.

Im verbleibenden Teil dieses Mathe-Briefs soll nun noch einiges Bemerkenswerte über die Zahl $\sqrt{2}$ berichtet werden.

1. Mit dem Vorgehen aus dem vorletzten Beweis kann man (formal) die reguläre Kettenbruchentwicklung der Zahl $z = \sqrt{2}$ erhalten, nämlich ergibt

$$z - 1 = \frac{1}{z+1} \Leftrightarrow z = 1 + \frac{1}{1+z}$$

sukzessive

$$z = 1 + \frac{1}{1 + \left(1 + \frac{1}{1+z}\right)} = 1 + \frac{1}{2 + \frac{1}{1+z}} = 1 + \frac{1}{2 + \frac{1}{2+\dots}}$$

und damit $\sqrt{2} = [1; 2, 2, 2, \dots]$ als Kettenbruchentwicklung. Wenn man dabei die Folge der Näherungsbrüche, also die Folge $(z_n)_{n \geq 1}$, betrachtet, erhält man $z_1 = 1$, $z_2 = [1; 2] = \frac{3}{2}$, $z_3 = [1; 2, 2] = \frac{7}{5}$, $z_4 = [1; 2, 2, 2] = \frac{17}{12}$, $z_5 = [1; 2, 2, 2, 2] = \frac{41}{29}$ usw. Für die Brüche $z_n = \frac{a_n}{b_n}$ lassen sich viele interessante Eigenschaften nachweisen, beispielsweise

- die zwei Rekursionsbedingungen $a_{n+1} = a_n + 2b_n$ und $b_{n+1} = a_n + b_n$, $n \geq 1$, mit $a_1 = b_1 = 1$, die insbesondere auf $b_{n+2} = 2b_{n+1} + b_n$, $n \geq 1$, mit $b_1 = 1$ und $b_2 = 2$ führen und damit die Näherungsnenner als Pell-Zahlen ausweisen,

- die wichtige Tatsache, dass die Brüche $\frac{a_n}{b_n}$ in einem mathematisch exakt fassbaren Sinn die jeweils bestmöglichen Näherungen von $\sqrt{2}$ sind, für die überdies die Abschätzungen

$$\frac{1}{2b_n b_{n+1}} < \left|\sqrt{2} - \frac{a_n}{b_n}\right| < \frac{1}{b_n b_{n+1}}$$

gelten, und

---

[4]Vgl. [5] Bundeswettbewerb Mathematik 2019 (Deutschland), 1. Runde, Aufgabe 4.

- Bezüge zu den zwei Pellschen Gleichungen $x^2 - 2y^2 = \pm 1$, deren gesamte Lösungsmenge über $\mathbb{N} \times \mathbb{N}$ durch die Zahlenpaare (a_n, b_n) beschrieben wird.[5]

2. In der kurzen und lesenswerten Notiz [3] findet sich u. a. der Beweis dafür, dass die unendlich iterierte Exponentialgleichung

$$x^{x^{x^{\cdot^{\cdot^{\cdot}}}}} = 2$$

die Zahl $x = \sqrt{2}$ als einzige Lösung besitzt.

3. Bekannt ist, dass es keine zwei rationalen Zahlen gibt, die sich im gleichen Abstand von $\sqrt{2}$ befinden. Meines Wissens ungelöst ist dagegen die schwierige Frage nach der größten Menge, in der es keine zwei Elemente gibt, die von $\sqrt{2}$ gleich weit entfernt liegen.

4. Die Zahl $\sqrt{2}$ hat folgende kuriose Darstellung

$$\sqrt{2} = \sqrt{\frac{2}{2^{2^0}} + \sqrt{\frac{2}{2^{2^1}} + \sqrt{\frac{2}{2^{2^2}} + \sqrt{\frac{2}{2^{2^3}} + \ldots}}}},$$

die man als Spezialfall einer allgemeinen Formel erhält.[6]

5. Zum Abschluss sollen noch einige wenige auch ästhetisch ansprechende Verbindungen der pythagoräischen Konstante $\sqrt{2}$ zur Kreiszahl π vermerkt werden.

- Auf Vieta geht die Darstellung

$$\frac{2}{\pi} = \frac{\sqrt{2}}{2} \cdot \frac{\sqrt{2+\sqrt{2}}}{2} \cdot \frac{\sqrt{2+\sqrt{2+\sqrt{2}}}}{2} \cdot \frac{\sqrt{2+\sqrt{2+\sqrt{2+\sqrt{2}}}}}{2} \ldots$$

von $\frac{2}{\pi}$ als unendliches Produkt zurück.

- Mit der Halbwinkelformel der sin-Funktion erhält man folgenden allgemeinen Satz: Für eine natürliche Zahl $n \geq 1$ und die Zahlen $a_1, a_2, \ldots, a_n \in \{-1; 1\}$ gilt

$$2\sin\left(\left(a_1 + \frac{a_1 a_2}{2} + \frac{a_1 a_2 a_3}{4} + \ldots + \frac{a_1 a_2 \ldots a_n}{2^{n-1}}\right)\frac{\pi}{4}\right)$$

$$= a_1\sqrt{2 + a_2\sqrt{2 + a_3\sqrt{2 + \ldots + a_n\sqrt{2}}}}.$$

---

[5]Mutatis mutandis lassen sich diese Aussagen für Näherungsbrüche von $\sqrt{D}$ modifizieren, wenn D eine quadratfreie natürliche Zahl ist.

[6]Vgl. etwa *http://mathworld.wolfram.com/NestedRadical.html*.

Mit Hilfe von $\sin^2 x + \cos^2 x = 1$ ergeben sich analoge Formeln für die entsprechenden cos-Werte.

- Für $m \to \infty$ gilt

$$2^m \sqrt{2 - \sqrt{2 + \sqrt{2 + \ldots + \sqrt{2}}}} \to \pi,$$

wobei m Wurzelzeichen auftreten und nur vor der zweiten Wurzel ein Minuszeichen steht.

- Obwohl bis jetzt noch nicht bekannt ist, ob es für die Zahl $\sqrt{2}$ eine sog. BBP-Formel gibt[7], sind für die Zahl $\pi\sqrt{2}$ derartige Formeln bekannt, vgl. etwa [6].

Damit hat diese kleine Exkursion ihr Ende gefunden – sie war hoffentlich nicht allzu beschwerlich. Und hoffen wir, dass manch offenes Problem doch noch gelöst werde!

Weiterführende Literatur

[1] Finch, S. R. (2003). *Mathematical constants*. Cambridge University Press.

[2] Flannery, D. (2006). *The square root of 2: A dialogue concerning a number and a sequence*. Copernicus Book & Praxis Publishing Ltd.

[3] Länger, H. (1996). An elementary proof of the convergence of iterated exponentials. *Elemente der Mathematik*, 51(2), 75–77.

[4] Bogomolny, A. (2018). *Square root of 2 is irrational*. Abgerufen von http://www.cut-the-knot.org/proofs/sq_root.shtml

[5] Bundesweite Mathematik-Wettbewerbe (2020). *Bundesweite Mathematik-Wettbewerbe*. Abgerufen von https://www.mathe-wettbewerbe.de/bwm/

[6] Wolfram Research, Inc. (2020). *BBP-Type Formula*. Abgerufen von http://mathworld.wolfram.com/BBP-TypeFormula.html

[7] Gourdon, X. & Sebah, P. (15. November 2001). *Pythagoras' Constant :Ö 2*. Abgerufen von http://numbers.computation.free.fr/Constants/Sqrt2/sqrt2.html

---

[7]Dabei handelt es sich um (konvergente) Summendarstellungen von Zahlen z in der Form $z = \sum_{j=0}^{\infty} \frac{p(j)}{b^j q(j)}$, wobei $b \geq 2$ eine ganze Zahl ist und das für die Darstellung verwendete Zahlensystem angibt und p und q Polynome in $\mathbb{Z}[x]$ sind. Sie wurden von den drei Mathematikern BAILEY, BORWEIN und PLOUFFE im Umfeld der sog. *experimental mathematics* ausführlich untersucht. Das wohl spektakulärste Resultat in dieser Richtung ist die Möglichkeit eine beliebige Ziffer von π im Hexadezimalsystem zu berechnen, ohne die vorherigen Ziffern bestimmen zu müssen.

56. Die Bibel, Archimedes, und Ludolf van Ceulen zu π

RUDOLF TASCHNER

Die Vermessung des Kreises war seit ältester Zeit eine der größten Herausforderungen der Mathematik in den frühen Hochkulturen und in der Antike. Ägyptische Vermessungsbeamte fanden, wie der Papyrus Rhind berichtet, dass das Verhältnis vom Umfang zum Durchmesser des Kreises $4^4 : 3^4$ beträgt, was auf den Zahlenwert $\frac{256}{81} \approx 3{,}16$ hinausläuft. Die babylonischen Gelehrten schlugen $3 + \frac{1}{8} = 3{,}125$ als Wert dieses Verhältnisses vor. Ob die Erfinder dieser Werte glaubten, es handle sich um das exakte Verhältnis von Umfang zum Durchmesser des Kreises, oder nur um einen ungefähren Wert, wissen wir nicht.

In der Bibel findet man im siebenten Kapitel des ersten Buchs der Könige die Beschreibung eines kreisförmigen Brunnens, bei dem das Verhältnis des Umfangs zum Durchmesser mit $30 : 10$ angegeben ist. Der Umfang des Kreises wäre daher dreimal so groß wie sein Durchmesser. Dies entspricht einem nur sehr groben Näherungswert.

Erst Archimedes von Syrakus hatte gegen 250 v. Chr. mehr geleistet, als nur einen hinlänglich guten Näherungswert für das Verhältnis vom Umfang zum Durchmesser eines Kreises zu finden. Er entwickelte eine *Methode*, mit der man dieses Verhältnis so genau berechnen kann, wie man nur möchte. Erst im frühen 18. Jahrhundert kam die Bezeichnung π für dieses Verhältnis auf: WILLIAM JONES erfand dieses Symbol als Abkürzung des griechischen Wortes *perímetros*, das *Umfang* bedeutet, und der Schweizer Mathematiker LEONHARD EULER sorgte dafür, dass seitdem dieser Name für das Verhältnis von Umfang zu Durchmesser des Kreises allgemein verwendet wird. Archimedes kannte diese Bezeichnung noch nicht, doch darauf kommt es selbstverständlich nicht an. Wichtig allein ist, dass er ein Verfah-

Fig. 1: Archimedes von Syrakus

Fig. 2: Grabmal des Ludolph van Ceulen

G. Glaeser (Hrsg.), *77-mal Mathematik für zwischendurch*,
https://doi.org/10.1007/978-3-662-61766-3_56

ren fand, diese Größe π so genau zu berechnen, wie man nur möchte. Er schrieb nämlich dem Kreis ein regelmäßiges Vieleck mit sehr vielen Ecken ein. Je mehr Ecken das Vieleck besitzt, umso besser ist die Näherung an π. Zwar hatte Archimedes noch nicht unsere Formelsprache zur Verfügung, doch wäre diese ihm geläufig gewesen, hätte er geschrieben, dass man π dadurch erhält, dass man

$$2^3 \cdot 3 \cdot \sqrt{2 - \sqrt{2 + \sqrt{2 + \sqrt{3}}}} \quad \text{oder} \quad 2^4 \cdot 3 \cdot \sqrt{2 - \sqrt{2 + \sqrt{2 + \sqrt{2 + \sqrt{3}}}}}$$

berechnet. Noch genauere Resultate würde man erzielen, wenn man die Hochzahl des ersten Faktors 2 noch höher wählte, dafür aber entsprechend mehr ineinander geschachtelte Wurzeln anschriebe. Dabei stehen in den ineinander geschachtelten Wurzeln genau so viele Zahlen 2, wie die vorher geschriebene Hochzahl angibt, und bis auf das erste Minuszeichen kommen nur Pluszeichen vor. Die erstgenannte der beiden oben geschriebenen Formeln nennt die Näherung an π, wenn man den Umfang des eingeschriebenen 48-Ecks berechnet, und die zweitgenannte, etwas bessere Näherung, wenn man den Umfang des eingeschriebenen 96-Ecks berechnet.

Welche Schlüsse zog Archimedes aus diesen Rechnungen? Einerseits sah er, dass er mit dieser Methode nie den endgültig richtigen Wert für π erhalten wird, sondern immer bloß Näherungswerte. Andererseits erkannte er, dass die Berechnung dieser Näherungswerte ziemlich aufwendig ist: Man muss oft Wurzeln ziehen. Natürlich hatte er damals keine elektronischen Rechenmaschinen zur Verfügung, ja nicht einmal das so flexible arabische Ziffern- und Dezimalsystem, sondern er musste mühsam mit den griechischen Zahlzeichen, die ähnlich wie die hebräischen Zahlzeichen auf den Buchstaben beruhten, rechnen. Zwar war das Ziehen der Wurzel bereits babylonischen Mathematikern geläufig, aber anstrengend war es allemal. Darum hatte Archimedes nur den Näherungswert des eingeschriebenen 96-Ecks herangezogen und erkannt, dass π ein wenig größer als $3 + \frac{10}{71}$ sein muss.

Um sicher zu gehen, hatte Archimedes nicht nur Vielecke dem Kreis eingeschrieben, sondern auch Vielecke dem Kreis umschrieben. Damit konnte er feststellen, wie groß π höchstens ist. Aus der Berechnung des Umfangs vom regelmäßigen 96-Eck entnahm Archimedes das Resultat, dass π ein wenig kleiner als $3 + \frac{1}{7}$ sein muss.

Die beiden Abschätzungen, die man in der Formel $3 + \frac{10}{71} < \pi < 3 + 1/7$ zusammenfasst, hatten Archimedes gewiss davon überzeugt, dass es wenig Sinn hat, die Größe π noch genauer zu berechnen. Denn einerseits reichen die beiden Näherungen für praktische Zwecke, andererseits ist nicht zu erwarten, dass sich plötzlich ein besonders *schöner* wahrer Wert für π herausstellen wird. Höchstwahrscheinlich wird π gar keine Bruchzahl, sondern eine irrationale Größe sein, wie dies die Pythagoräer schon vom Verhältnis der Diagonale zur Seite des Pentagramms und von der Wurzel aus 2 kannten. Erst 1761 wurde diese Vermutung vom schweizerisch-elsässischen Mathematiker JOHANN HEINRICH LAMBERT bestätigt.

Um 1600, als das Rechnen mit den arabischen Zahlen bereits gang und gäbe war, hatte der Rechenmeister LUDOLPH VAN CEULEN den Ehrgeiz, eine möglichst genaue Näherung für π zu ermitteln. In jahrzehntelanger mühevoller Arbeit ermittelte er die Umfänge eines dem Kreis eingeschriebenen und dem Kreis umschriebenen Vielecks mit mehr als vier Trillionen Ecken und kam mit der Methode, die schon Archimedes ersonnen hatte, zu dem Resultat, dass π zwischen

3,14159 26535 89793 23846 26433 83279 50288   und
3,14159 26535 89793 23846 26433 83279 50289

liegt. Fürs praktische Rechnen sind diese Zahlenmonster völlig wertlos. Viel wertvoller war die Einsicht des Archimedes, dass die gleiche, so eigenartige Größe π auch für die Berechnung des Flächeninhalts des Kreises und des Rauminhaltes von Zylinder und Kugel sowie der Oberflächen von Zylinder und Kugel heranzuziehen ist. Dies ist tatsächlich eine höchst bemerkenswerte Tatsache. Archimedes jedenfalls war sie so wichtig, dass er verfügte, auf sein Grabmal eine Kugel und den ihr umschriebenen Zylinder zu gravieren.

V. STOCHASTIK

57. Damals entstand die Wahrscheinlichkeitstheorie

GILBERT HELMBERG

Was, würden Sie vermuten, kommt öfter vor: mindestens eine *Sechs*, wenn man mit einem Würfel viermal wirft, oder mindestens eine *Doppelsechs*, wenn man mit zwei Würfeln vierundzwanzigmal wirft? Eine absurde Frage, meinen Sie?

In der Mitte des siebzehnten Jahrhunderts hatte sich ein gebildeter französischer Adeliger und passionierter Spieler, der CHEVALIER DE MÉRÉ, tatsächlich eine begründete Meinung darüber gebildet — offenbar hatte er Zeit, Lust und möglicherweise auch Geld genug, um genügend viele Ergebnisse bei Spielen mit Freunden zu sammeln und für sich gewinnbringend auszuwerten. Nach seiner Erfahrung kam das erste Ereignis beim Würfeln mit einem Würfel deutlich öfter vor, als das zweite. Das veranlasste ihn auch zu einem abschätzigen Urteil über die Mathematik, die ja der Meinung sei, der Anteil des ersten Ereignisses in einer großen Anzahl von Wiederholungen des Experimentes wäre vier Sechstel, und das wäre doch das Gleiche wie der Anteil des zweiten Ereignisses in einer großen Anzahl von Wiederholungen des entsprechenden Experimentes mit zwei Würfeln, nämlich vierundzwanzig Sechsunddreißigstel, also $4/6 = 24/36$!

Diese Überlegungen brachte er einem gewissen BLAISE PASCAL (1623–1662) zur Kenntnis, offenbar in neugieriger Erwartung, was dieser wohl dazu zu sagen hätte. BLAISE PASCAL war ein inzwischen durch Arbeiten über Kegelschnitte, physikalische Erscheinungen und die Konstruktion einer Rechenmaschine bekannt gewordenes Mitglied der Académie de Mersenne, einer Vorgängerin der französischen Académie des Sciences. CHEVALIER DE MÉRÉ hatte an PASCAL noch eine weitere Frage als Pfeil im Köcher, die auf folgendes Problem hinauslief: Gesetzt den Fall, zwei gleich starke Spieler, Adolphe und Bertrand (also mit gleich großen Chancen, jedes Einzel-Spiel zu gewinnen), setzten je 24 Dukaten ein und vereinbarten, die Summe erhielte jener Spieler, der zuerst vier Spiele gewönne. Von den ersten drei Spielen gewinnt Adolphe zwei und Bertrand eines. Danach tritt irgendein Ereignis ein, das einen vorzeitigen Abbruch der Spiele erzwingt, und die Einsatzsumme soll jetzt ehrlich verteilt werden. Was für eine Aufteilung ist dann ehrlich?

Über Fragen dieser Art hatten sich schon früher Mathematiker Gedanken gemacht. Der Vorschlag von LUCA PACIOLI (1445–1514?), Minorit und Professor für Mathematik in Perugia, Neapel, Mailand, Florenz, Venedig und Rom, wäre gewesen, nach der Anzahl der bereits gewonnen Spiele aufzuteilen; demnach bekäme Adolphe zwei Drittel, also 32, und Bertrand ein Drittel der eingesetzten 48 Dukaten, also 16. Diese Überlegung schien zwei anderen italienischen Mathematikern, GERONIMO CARDANO (1501–1576) und NICCOLÒ TARTAGLIA (1499?–1557), Prioritätskonkurrenten für die Lösung einer algebraischen Gleichung dritten Grades, unpassend: Wenn Bertrand bei Abbruch noch kein Spiel gewonnen hätte, bekäme er gar nichts, und das wäre doch unsinnig. Nach der Meinung CARDANOs käme es darauf an, wieviel Spiele jeder von beiden noch bis zur Entscheidung zu spie-

G. Glaeser (Hrsg.), *77-mal Mathematik für zwischendurch*,
https://doi.org/10.1007/978-3-662-61766-3_57

len hätte, was bei Adolphe 1 oder 2, bei Bertrand aber 1 oder 2 oder 3 wäre (auch eine anfechtbare Überlegung), also hätte Adolphe Recht auf $(1+2+3)/9 = 2/3$, Bertrand aber Recht auf $(1+2)/9 = 1/3$ von 48 Dukaten, also 32 bzw. 16 Dukaten. Das kommt im gegenständlichen Fall allerdings auf die gleiche Verteilung wie nach dem System von PACIOLI hinaus, wenn Bertrand aber beispielsweise noch kein Spiel gewonnen hätte, würde er doch noch einige Dukaten erhalten. Nach Auffassung von TARTAGLIA hingegen käme es darauf an, wie weit Adolphe vor Bertrand liegt, also hätte Adolphe, der eines von vier erforderlichen Spielgewinnen vor Bertrand liegt, Recht auf seine eingesetzten 24 Dukaten und ein Viertel der restlichen 24 Dukaten, also insgesamt $24+24/4 = 30$ Dukaten, Bertrand hätte den Rest, also 18 Dukaten zu erhalten.

PASCAL korrespondierte über diese Fragen mit seinem geschätzten älteren Fachkollegen PIERRE DE FERMAT (1601–1665). Dieser war als Jurist Rat am Gericht zu Toulouse und ein bereits wegen seiner Erfolge anerkannter Mathematiker, wenn er auch sein Hobby nur in der Freizeit betrieb. Beide kamen zum gemeinsamen Schluss: Wenn dieselbe Ausgangssituation (Adolphe fehlen noch 2 und Bertrand noch 3 Spielgewinne) ein große Zahl von Malen bis zum Gewinn eines der beiden durchgespielt würde, würde Adolphe A Male und Bertrand B Male von insgesamt $A+B$ Entscheidungen die 48 Dukaten gewinnen. Eine gerechte Aufteilung zum Zeitpunkt der Ausgangssituation sollte dann Adolphe $A/(A+B)$ als Anteil und Bertrand $B/(A+B)$ als Anteil des Spielgewinnes von 48 Dukaten zuteilen. Dabei ist $A/(A+B)$ offenbar die Gewinnchance von Adolphe bei Weiterführung der Spiele, und $B/(A+B)$ die von Bertrand.

Kann man diese Gewinnchancen von vornherein berechnen? Jedenfalls entscheidet sich, wer den Einsatz gewinnt, innerhalb der nächsten vier Spiele. Dann hat nämlich entweder Adolphe noch zwei Spiele gewonnen, oder Bertrand hat die ihm noch fehlenden drei Spiele gewonnen (innerhalb der nächsten drei Spiele könnte ja Adolphe erst noch eines und Bertrand gerade zwei Spiele gewonnen haben, also keiner bereits vier Spiele insgesamt). Bei jedem dieser vier Spiele haben Adolphe und Bertrand die gleiche Chance zu gewinnen. Wenn a ‚Gewinn für Adolphe' und b ‚Gewinn für Bertrand' bedeutet, gibt es für die nächsten vier Spiele also die sechzehn gleich wahrscheinlichen Ausgangsmöglichkeiten

aaaa	*aaab*	*aaba*	*abaa*	*baaa*	*aabb*	*abab*	*baab*
bbbb	*bbba*	*bbab*	*babb*	*abbb*	*bbaa*	*baba*	*abba*.

Von diesen führen alle jene zum Gewinn von Adolphe, in denen Adolphe mindestens zweimal gewinnt, also elf, während die übrigen Sätze von vier Spielen, in denen Bertrand mindestens dreimal gewinnt, also fünf von sechzehn, Bertrand den Gewinn verschaffen. Eine *ehrliche* Gewinnaufteilung, die jedem den Anteil am Gewinn verschafft, wie er ihn bei oftmaliger Wiederholung dieser Wette mit gleicher Ausgangssituation (Adolphe hat noch einen Spielgewinn nötig, Bertrand noch zwei) erwarten könnte, überlässt also Adolphe elf Sechzehntel (also 33 Dukaten) und Bertrand fünf Sechzehntel (also 15 Dukaten) des Gesamteinsatzes von

48 Dukaten.

Die 1654 begonnene Korrespondenz von PASCAL und FERMAT über diese Fragen wird heute allgemein als Anfangspunkt der Wahrscheinlichkeitstheorie betrachtet. Weitergeführt haben die Entwicklung der Wahrscheinlichkeitstheorie der Holländer CHRISTIAN HUYGENS (1629–1695), dann JACOB BERNOULLI (1654–1705), ABRAHAM DE MOIVRE (1667–1754), PIERRE RAYMOND DE MOMORT (1678–1719), DANIEL BERNOULLI (1700–1782), LEONHARD EULER (1707–1783), JOSEPH LOUIS LAGRANGE (1736–1813), PIERRE-SIMON LAPLACE (1749–1827) und viele weitere ebenso bekannt gewordene Mathematiker.

Ach ja, wir hatten ja mit einer Frage von CHEVALIER DE MÉRÉ begonnen, die noch nicht beantwortet ist. Seine Berechnung der Wahrscheinlichkeiten der beiden Ereignisse war natürlich unbegründet und unsinnig. Wenn bei vier Würfen eines Würfels niemals eine Sechs, sondern immer nur eine Eins, Zwei, Drei, Vier oder Fünf auftaucht, dann ist die Wahrscheinlichkeit dafür bei jedem Wurf $5/6$, bei vier Würfen insgesamt also $(5/6) \cdot (5/6) \cdot (5/6) \cdot (5/6) = 625/1296$, auf zwei Stellen gerundet also $0{,}48$. Die Wahrscheinlichkeit des *komplementären* Ereignisses, also gewissermaßen des Gegenteiles, dass nämlich mindestens einmal eine Sechs gewürfelt wird, ist dann $1 - 0{,}48 = 0{,}52$. Analog dazu ist die Wahrscheinlichkeit, dass bei 24 Würfen mit zwei Würfeln niemals eine Doppelsechs (eines von 36 möglichen Ergebnissen) auftritt, gleich der 24. Potenz von $35/36$, auf zwei Stellen gerundet $0{,}51$. Das komplementäre Ereignis (mindestens einmal taucht eine Doppelsechs auf) hat also die Wahrscheinlichkeit $1 - 0{,}51 = 0{,}49$. Der Unterschied beträgt gerade einmal drei Prozent. Wie oft muss CHEVALIER DE MÉRÉ wohl gespielt haben, um so sicher sein zu können, dass er lieber auf eine Sechs bei vier Würfen mit einem Würfel als auf eine Doppelsechs bei 24 Würfen mit zwei Würfeln gewettet hätte?

Weiterführende Literatur

[1] Brockhaus, F. A. (2001). *Brockhaus Enzyklopädie*. Brockhaus.

[2] Bell, E. T. (1937). *Men of mathematics*. Dover Publications.

[3] Eves, H. (1983). *Great moments in mathematics (after 1650)*. Mathematical Association of America.

[4] Kaiser, H., & Nöbauer, W. (1984). *Geschichte der Mathematik für den Schulunterricht*. Hölder Pichler Tempsky.

[5] Rényi, A. (1969). *Briefe über die Wahrscheinlichkeit*. Birkhäuser Verlag.

[6] Bogomolny, A. (2018). *Chevalier de Méré's Problem*. Abgerufen von https://www.cut-the-knot.org/Probability/ChevalierDeMere.shtml

[7] Pierre Raymond de Montmort. (o. D.). In *Wikipedia*. Abgerufen am 2. März 2020, von https://en.wikipedia.org/wiki/Pierre_Raymond_de_Montmort.

58. Spieltheorie

ANITA DORFMAYR

Die Spieltheorie beschäftigt sich mit Entscheidungssituationen, mit strategischen Konflikten, in denen mindestens zwei Parteien (Spieler) interagieren. Sie kann optimales Verhalten und strukturelle Ähnlichkeiten aufzeigen. Die grundlegende Idee besteht darin, die Situation als strategisches *Spiel* zu modellieren. Anwendungsgebiete finden sich in Wirtschaftswissenschaften, Soziologie, Biologie, Psychologie, Militärstrategie, usw. Das Thema eignet sich zur Behandlung in einem Wahlpflichtfach Mathematik, zur Begabtenförderung und als Thema für eine vorwissenschaftliche Arbeit [2].

Zwei gebürtige Österreicher, der Mathematiker JOHN VON NEUMANN (1903–1957) und der Wirtschaftswissenschaftler OSKAR MORGENSTERN (1902–1977), die beide in die USA ausgewandert sind, dort gelebt und gearbeitet haben, gelten als die Begründer der Spieltheorie. Sie veröffentlichten im Jahre 1944 gemeinsam das Buch *Theory of Games and Economic Behavior* [4].

Aus dem Hollywood-Film *A Beautiful Mind – Genie und Wahnsinn* allseits bekannt ist der amerikanische Spieltheoretiker JOHN F. NASH (geboren 1928). Der Film erzählt seine Lebensgeschichte und wurde mehrfach mit Oscars und Golden Globes ausgezeichnet. JOHN F. NASH erhielt 1994 den Nobelpreis für Wirtschaftswissenschaften. Dies ist umso beachtlicher, als es keinen eigenen Nobelpreis für Mathematik gibt. Nash war damit der erste von bisher acht Spieltheoretikern, die für ihre Arbeit den Wirtschafts-Nobelpreis erhielten.

Das Gefangenendilemma

Aufgabenstellung: Albert und Bernhard werden verdächtigt, gemeinsam eine Straftat begangen zu haben. Sie werden unabhängig voneinander verhört, ohne sich vorher abstimmen zu können. Da es keine Beweise gibt, schlägt der Staatsanwalt jedem Gefangenen folgenden Handel vor:

- *Kooperation:* Sollten beide schweigen, so werden sie auf Grund kleinerer Delikte zu je 2 Jahren Haft verurteilt.

- *Defektion:* Legen beide ein Geständnis ab, so müssen sie wegen Zusammenarbeit mit den Ermittlungsbehörden nicht die Höchststrafe von 5 Jahren absitzen. Sie werden in diesem Fall zu je 4 Jahren Haft verurteilt.

- *Defektion / Kooperation:* Gesteht nur einer der Gefangenen und der andere schweigt, so kommt der erste als Kronzeuge frei. Der zweite Gefangene muss in diesem Fall die Höchststrafe von 5 Jahren absitzen.

G. Glaeser (Hrsg.), *77-mal Mathematik für zwischendurch*,
https://doi.org/10.1007/978-3-662-61766-3_58

Lösung: Den beschriebenen Handel stellen wir übersichtlich in Form von Matrizen dar, in der wir die Haftjahre eintragen – negativ, weil sich eine Verminderung ihrer Anzahl positiv auswirkt und wir so mit weiter unten beschriebenen Beispielen konsistent bleiben. Wir schreiben A für Albert und B für Bernhard.

Haftjahre für Albert

	B schweigt	B gesteht
A schweigt	-2	-5
A gesteht	0	-4

Haftjahre für Bernhard

	B schweigt	B gesteht
A schweigt	-2	0
A gesteht	-5	-4

Albert überlegt seine Strategie:

- Wenn Bernhard schweigt, ist es für mich besser zu gestehen. Denn dann komme ich frei und muss nicht 2 Jahre absitzen.

- Wenn Bernhard gesteht, sollte ich auch gestehen. 4 Jahre Haft sind besser als 5 Jahre.

Albert wird daher gestehen. Bernhard überlegt genau wie Albert. Auch er wird daher gestehen.

Das Ergebnis des Spiels zeigt ein Dilemma: Beide *Spieler* wollen den persönlichen Nutzen optimieren, das heißt eine möglichst kurze Haftstrafe bekommen. Daher werden sie gestehen und haben jeweils 4 Jahre Gefängnis vor sich. Für beide wäre es jedoch besser gewesen, zu schweigen, denn dann wären sie mit nur je 2 Jahren Haft davon gekommen.

Allerdings wäre mit der Strategie *Schweigen, Schweigen* auch ein Stabilitätsrisiko verbunden: Wenn nachträglich einer von beiden auf *Gestehen* umschwenkt, während der andere bei *Schweigen* bleibt, verbessert der erste seine Situation spürbar: Er braucht nicht mehr in das Gefängnis, dafür verlängert sich für seinen Komplizen aber die Haft.

Das Gefangenendilemma zeigt, dass Kooperation nicht funktioniert, wenn nur der eigene Nutzen und nicht (auch) der Nutzen der Gemeinschaft bei der Entscheidung mit einbezogen wird. Dieses Dilemma taucht nicht nur in der Kriminalistik, sondern oft auch in den Wirtschaftswissenschaften und der Soziologie auf.

Nash-Gleichgewicht

Die Überlegungen, die wir zur Lösung des Gefangenendilemmas angestellt haben, gehen auf John Nash zurück. Das Ergebnis *Gestehen, Gestehen* hat eine Eigenschaft, durch die ein *Nash-Gleichgewicht* definiert ist: Keiner der beiden Spieler kann durch einseitiges Abweichen von der Strategie *Gestehen* seine Situation verbessern. Weicht Albert von der für ihn optimalen Strategie *Gestehen* ab, so hat er mehr Haftjahre zu erwarten. Das gleiche gilt für Bernhard.

Das an sich für beide Spieler beste Strategie-Paar *Schweigen, Schweigen* würde kein Nash-Gleichgewicht liefern: Jeder der beiden könnte dann durch einseitiges *Gestehen* die eigene Situation verbessern.

Kompakter als vorhin können wir die Haftjahre aus dem Gefangenendilemma in Form einer *Auszahlungsmatrix* darstellen. Dies ist eine *Bimatrix* – in jedem Feld werden je zwei Einträge gemacht:

In den Zeilen und Spalten werden die möglichen Strategien der beiden Spieler angeführt. Die erste Eintragung in jedem Feld beschreibt jeweils die Auszahlung des ersten Spielers (Alberts Haftjahre), die zweite jene des zweiten Spielers (Bernhards Haftjahre):

	B schweigt	B gesteht
A schweigt	$-2, -2$	$-5, \ 0$
A gesteht	$0, -5$	$-4, -4$

Auch die Lösung des Spieles erhalten wir recht rasch mit Hilfe dieser Bimatrix: Wir überlegen zuerst für Spieler 1 (Albert) die (in rot geschriebene) *beste Antwort* auf jede Strategie von Spieler 2 (Bernhard):

	B schweigt	B gesteht
A schweigt	$-2, -2$	$-5, \ 0$
A gesteht	$\mathbf{0}, -5$	$-4, -4$

Dann gehen wir für Spieler 2 analog vor, dessen *beste Antwort* auf jede Strategie von Spieler 1 in blau geschrieben ist:

	B schweigt	B gesteht
A schweigt	$-2, -2$	$-5, \ 0$
A gesteht	$\mathbf{0}, -5$	$-4, \mathbf{-4}$

Das Feld, in dem beide Einträge hervorgehoben sind, liefert das Spielergebnis und – in diesem Falle – ein *Nash-Gleichgewicht in reinen Strategien* (d.h. in Strategien, in denen jeder Spieler sich für genau eine der Alternativen entscheiden muss). In diesem Fall: *Gestehen-Gestehen*.

Weitere bekannte Spiele

Aufgabenstellung: Man interpretiere bei den folgenden Spielen jeweils die Auszahlungsmatrix und bestimme die Nash-Gleichgewichte. Wie lautet das Ergebnis des Spiels?

Hirschjagd

Zwei Jäger J_1 und J_2 müssen sich unabhängig voneinander entscheiden, ob sie einen Hirsch jagen oder ob sie mit einem Hasen vorlieb nehmen. Den Hirsch bekommen sie nur, wenn sie zusammen auf die Jagd gehen und zusammenarbeiten, einen Hasen erlegt auch jeder für sich allein. Hirsch und Hase auf einmal zu jagen, ist nicht möglich. Die Auszahlungsmatrix lautet:

	J_2: Hirsch	J_2: Hase
J_1: Hirsch	5, 5	0, 1
J_1: Hase	1, 0	1, 1

Hier hat sich etwas gegenüber dem vorhergehenden Beispiel geändert: Während Albrecht sicher war, mit seiner Strategie *Gestehen* bei jeder Strategiewahl von Bernhard besser auszusteigen, als mit der Strategie *Schweigen*, wäre hier J_1 mit der Strategie *Hirsch* besser dran, wenn J_2 die Strategie *Hirsch* wählt. Wenn aber J_2 die Strategie *Hase* wählt, schneidet J_1 mit der Strategie *Hase* besser ab. Beim Gefangenen-Spiel war das Rezept, das ein vernünftiges Ergebnis geliefert hat: Jeder Spieler wählt die für ihn optimale Strategie. Wie soll aber hier in konsistenter Weise eine optimale Strategie definiert werden? Der Minimalertrag für J_1, wenn er Strategie *Hirsch* wählt, ist 0. Wenn er Strategie *Hase* wählt, ist sein Minimalertrag größer, nämlich 1. Wir gehen von der Vorstellung aus, dass J_1 jemand ist, der auf Nummer sicher gehen will, und definieren seine (rot eingezeichnete) optimale Strategie als jene, bei der sein Minimalertrag – je nachdem welche Strategie J_2 wählt – am größten ist, also für J_1 die Strategie *Hase*. Eine analoge Überlegung liefert auch für J_2 die (blau eingezeichnete) Strategie *Hase*. Wenn beide ihre optimale Strategie wählen, besteht wieder Nash-Gleichgewicht: Keiner der beiden Spieler kann durch einseitige Änderung seiner Strategie seine Situation verbessern, jeder würde an Stelle des Ertrages 1 den Ertrag 0 erhalten.

Übrigens liefert auch die beiderseitige Wahl der Strategie *Hirsch* ein Nash-Gleichgewicht: Sowohl J_1 als auch J_2 würden bei Wechsel zur Strategie *Hase* von 5 Ertragseinheiten auf 1 Ertragseinheit herunterfallen:

	J_2: Hirsch	J_2: Hase
J_1: Hirsch	5, 5	0, 1
J_1: Hase	1, 0	**1, 1**

Kampf der Geschlechter

Dominik und Marie sind ein junges Paar, die an sich am liebsten miteinander etwas unternehmen. Während aber Dominik sehr gerne auf den Fußballplatz geht, bevorzugt Marie einen Kinobesuch.

Die Auszahlungsmatrix (hier steht D für Dominik und M für Marie) gibt die Unterhaltungswerte für beide an:

	M: Fußball	M: Kino
D: Fußball	3, 1	1, 1
D: Kino	0, 0	2, 2

Wieder werden die optimalen Strategien für Dominik rot und für Marie blau eingezeichnet. Betrüblicherweise ist das Ergebnis der Anwendung optimaler Strategien, dass Dominik zum Fußball und Marie ins Kino geht. Allerdings liefert dieses Ergebnis kein Nash-Gleichgewicht: Wenn Dominik nachträglich doch bereit ist, ins Kino zu gehen, steigert das sein Vergnügen. Sowohl bei *Fußball, Fußball* wie auch bei *Kino, Kino*, würde sich ein Nash-Gleichgewicht einstellen:

	M: Fußball	M: Kino
D: Fußball	3, 1	**1, 1**
D: Kino	0, 0	**2, 2**

Wenn die Unterhaltungswerte so verteilt sind

	M: Fußball	M: Kino
D: Fußball	3, 1	0, 0
D: Kino	0, 0	1, 3

,

dann gibt es nach obiger Definition für keinen von beiden eine eindeutig definierte optimale Strategie und kein dadurch eindeutig definiertes Ergebnis. Wohl aber liefern wieder die Strategienpaare *Fußball, Fußball* und *Kino, Kino* Nash-Gleichgewichte. Wenn allerdings optimale Strategie nicht durch maximalen Minimal-Ertrag sondern durch maximalen mittleren Ertrag definiert worden wäre (die Erträge bei den verschiedenen Partner-Strategien werden gemittelt), dann wäre wieder *Fußball* die optimale Strategie für Dominik und *Kino* die optimale Strategie für Marie mit dem gleichen betrüblichen Ergebnis und den gleichen Nash-Gleichgewichten wie vorher.

Ausblick

Es gibt Spiele, die – ähnlich wie das Gefangenendilemma – genau ein Nash-Gleichgewicht haben. Genau so können aber auch mehrere solche Gleichgewichte auftreten, oder aber ein Spiel hat kein Nash-Gleichgewicht.

Wir haben hier ausschließlich *Spiele mit reinen Strategien* behandelt. Interessant ist darüber hinaus die Analyse von *Spielen in gemischten Strategien*, in denen die Spieler ihre Strategie z.B. mit selbst bestimmten Wahrscheinlichkeiten wählen können, *Mehrpersonenspiele* und eine Formenvielfalt weiterer Arten von Spielen mit entsprechenden Strategie-Theorien, die in der Spieltheorie behandelt werden.

Weiterführende Literatur

[1] Ortmanns, W., & Albert, A. (2008). *Entscheidungs-und Spieltheorie: Eine anwendungsbezogene Einführung.* Verlag Wissenschaft & Praxis.

[2] Brand, C., Dorfmayr, A., Lechner, J., Mistlbacher, A., & Nussbaumer, A. (2012). *Thema Mathematik 7: Angewandte Mathematik – Anregungen für die vorwissenschaftliche Arbeit.* Veritas.

[3] Diekmann, A. (2009). *Spieltheorie: Einführung, Beispiele, Experimente.* Rowohlt Taschenbuch.

[4] Morgenstern, O., & Von Neumann, J. (1953). *Theory of games and economic behavior.* Princeton University Press.

59. Das Smarties-Spiel

GILBERT HELMBERG

In weiser Voraussicht für den Regentag hat Opa Smarties besorgt, drei Kaffeetassen bereit gestellt und Anna und Bernhard ein Spiel vorgeschlagen:

Anna als Spielleiterin versteckt unter einer der drei umgekehrten Kaffeetassen ein Smartie. Bernhard, der dabei natürlich wegschauen musste, darf dann raten, unter welcher Tasse das Smartie liegt, diese aber noch nicht umdrehen. Anna gibt ihm jetzt noch eine zusätzliche Chance: Sie dreht von den beiden nicht gewählten Tassen eine um, unter der kein Smartie liegt (weil sie genau weiß, wo dieses versteckt ist), und fragt Bernhard, ob er jetzt seine ursprüngliche Tassen-Wahl noch ändern will, oder bei seiner ursprünglichen Wahl bleibt. Die endgültig gewählte Tasse wird umgedreht. Wenn darunter ein Smartie auftaucht, bekommt es Bernhard, im anderen Falle Anna.

Bevor das Spiel losgeht, kommen noch Christoph und Dora dazu und möchten mitspielen. Sie dürfen zwar nicht wie Bernhard wählen, sich aber vor dem Umdrehen der Tasse entweder Bernhards Entscheidung anschließen oder nicht. Je nachdem, ob sie richtig oder falsch geraten haben, bekommen sie aus Opas Fundus ein Smartie oder nicht.

Nach einigen Runden fällt Opa auf, dass Bernhard, Christoph und Dora offenbar verschiedene Strategien anwenden. Auf seine Frage hin erläutert Christoph: „Bernhard hat bei seiner Entscheidung, ob er an seiner ursprünglichen Wahl festhält oder nicht, ohnehin nur mehr eine Tasse ohne und eine Tasse mit Smartie vor sich, die Wahrscheinlichkeit, dass er richtig tippt, ist also 1/2. Ich habe mir deshalb zur Regel gemacht, abwechselnd seiner Entscheidung zuzustimmen beziehungsweise nicht zuzustimmen. Bisher bin ich damit ganz gut gefahren." Dora erläutert ihre Strategie so: „Christoph hat schon gesagt, dass es gleich ist, wie man sich auf die Frage von Anna hin entscheidet. Ich lasse es deshalb einfach vom Zufall abhängen, ob ich mich Bernhards Entscheidung anschließe oder nicht. Ich bin mit dem Resultat bisher auch zufrieden." Und Bernhard? Der grinst und sagt: „Weil es nach der Frage von Anna ohnehin fifty-fifty steht, bin ich zu faul, um nochmals über Entscheidungen nachzudenken, und bleibe stur einfach bei meinem ersten Tipp." Worauf Anna etwas pikiert findet: „Lieber Bernhard, damit drängst du mich in die Position der Zweiflerin, die jedesmal deinen ersten Tipp verwirft. Aber bitte - wie du willst!"

Nach hundert Runden haben Anna 70, Bernhard 30, Christoph 54 und Dora 55 Smarties ergattert. Bernhard hadert etwas mit seinem Schicksal und verwünscht die Wahrscheinlichkeitsrechnung, während Anna ihre unerwartete Ausbeute genießt. Opa lächelt auf dem Stockzahn und macht Bernhard darauf aufmerksam, dass er sich von vornherein hätte ausrechnen können, dass er, wenn er immer bei seiner ersten Wahl bleibt, eben nur in etwa einem Drittel der Fälle richtig raten würde, was Anna zu ungefähr zwei Dritteln der Smarties verhilft. Es stimmt zwar, dass in jedem einzelnen Fall die Wahrscheinlichkeit, auf Annas Frage die richtige Tasse zu erraten, gleich $1/2$ ist, aber in zwei Dritteln der Fälle (nämlich jedesmal, wenn Bernhard zuerst auf eine falsche Tasse getippt hat) führt ein Wechsel der Tassenwahl zum Erfolg, und nur in einem Drittel der Fälle (nämlich, wenn Bernhard gleich von Beginn an die richtige Tasse erraten hat) verhilft ihm ein Beharren auf seiner ersten Wahl zu einem Smartie. Die Wahrscheinlichkeit, ein Smartie zu bekommen, ist sowohl für Christoph wie auch für Dora die Hälfte der Erfolgswahrscheinlichkeit bei Wahlwechsel ($= 1/2 \cdot 2/3 = 1/3$) plus der Hälfte der Erfolgswahrscheinlichkeit bei Wahlbeibehalt ($= 1/2 \cdot 1/3 = 1/6$), zusammen also gleich $1/2$.

Wie haben Anna, Bernhard und Dora erreicht, dass ihre Wahl wirklich „zufällig" getroffen wurde? Sie haben einen Würfel verwendet. Anna hat die Tassen mit A, B und C bezeichnet und das Smartie unter Tasse A gelegt, wenn sie 1 oder 2 Augen gewürfelt hat, unter Tasse B bei 3 oder 4 Würfelaugen, und unter Tasse C bei 5 oder 6 Würfelaugen. Bernhard hat auch gewürfelt und nach dem gleichen System die Tasse A, B oder C gewählt. Und Dora hat ebenfalls gewürfelt und sich bei 1, 2 oder 3 Augen der Wahl von Bernhard angeschlossen, im anderen Falle aber nicht.

Die genannten Zahlen sind nicht erfunden. Sie haben sich allerdings ergeben, auch ohne dass Opa einen Regentag abwarten und Anna, Bernhard, Christoph und Dora bemühen musste. Er hat einfach allein hundertmal mit drei verschiedenfarbigen Würfeln gewürfelt. Jeder kann es ihm nachmachen. Es wird immer etwas anderes herauskommen, die Wahrscheinlichkeiten bleiben aber immer dieselben.

Für den Würfel-Experimentator kann die Ausschüttung der Smarties nach Belieben geregelt werden.

Weiterführende Literatur

[1] Lucas, S., Rosenhouse, J., & Schepler, A. (2009). The Monty Hall Problem, Reconsidered. *Mathematics Magazine*, 82(5), 332–342.

60. Ein weiteres Smarties–Spiel

GERHARD KIRCHNER

Wieder einmal ist ein Regentag, und Opa hat für Anna, Bernhard, Christoph und Dora Smarties vorbereitet. Diesmal erklärt er ihnen folgendes Spiel: „Ihr bekommt jeweils einen Haufen von 7 Smarties, ein Blatt Papier und einen Bleistift. Ihr sollt die Smarties schrittweise in kleinere Haufen aufteilen, wobei immer ein Haufen in zwei Teile geteilt wird. Das Ganze macht ihr so lange, bis ihr nur mehr einzelne Smarties habt. Jedes Mal, wenn ein Haufen in zwei Teile geteilt wird, notiert ihr dabei das Produkt der Anzahlen von Smarties in den neu gebildeten Haufen. Am Schluss addiert ihr alle notierten Zahlen. Gewonnen hat, wer die höchste Summe erreicht." Sogleich machen sich die Vier ans Werk:

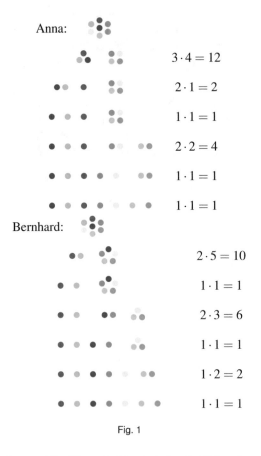

Fig. 1

So eine Überraschung: Alle Vier erhalten bei der Addition der notierten Zahlen den Wert 21, auch nachdem sie noch einige weitere Varianten ausprobiert haben.[1]

---

[1]Die geschätzten Leserinnen und Leser sollten an dieser Stelle einen Moment innehalten und versuchen, eine Erklärung für diese Beobachtung zu finden.

G. Glaeser (Hrsg.), *77-mal Mathematik für zwischendurch,*
https://doi.org/10.1007/978-3-662-61766-3_60

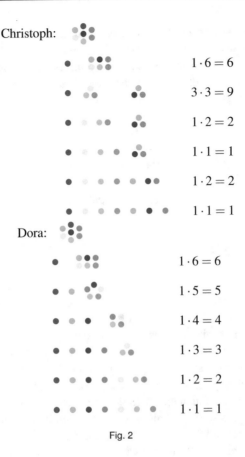

Christoph:

$1 \cdot 6 = 6$

$3 \cdot 3 = 9$

$1 \cdot 2 = 2$

$1 \cdot 1 = 1$

$1 \cdot 2 = 2$

$1 \cdot 1 = 1$

Dora:

$1 \cdot 6 = 6$

$1 \cdot 5 = 5$

$1 \cdot 4 = 4$

$1 \cdot 3 = 3$

$1 \cdot 2 = 2$

$1 \cdot 1 = 1$

Fig. 2

Bald probieren sie das Spiel auch mit anderen Anzahlen von Smarties aus. Und die schlaue Dora kann berichten: „Mit meiner Methode kann ich genau sagen, welcher Wert sich bei n Smarties ergibt, falls es wirklich für jede Aufteilungsmethode derselbe ist: Denn wenn ich immer ein einzelnes Smartie vom großen Haufen wegnehme, so notiere ich der Reihe nach die Zahlen $n - 1, n - 2, \ldots, 1$ und für deren Summe kenne ich eine Formel:"

$$1 + 2 + \ldots + (n - 1) = \frac{(n-1)n}{2}.$$

In der Tat ist es nun ganz leicht, mittels *vollständiger Induktion* zu beweisen, dass die berechnete Summe bei n Steinen wirklich immer genau den Wert $\frac{1}{2}n(n - 1)$ ergibt:

Denn für $n = 1$ werden gar keine Zahlen notiert und somit ist die Summe 0 (und auch noch in den Fällen $n = 2$ und $n = 3$ hat man bei der Aufteilung noch keine Wahlmöglichkeiten, sodass wegen Doras Argument schon alles klar ist).

Wenn nun schon bekannt ist, dass bei allen Haufen der Größe $k \leq n - 1$ (unabhängig von der Aufteilung) immer die Summe $\frac{1}{2}k(k - 1)$ herauskommt, so sehen wir das auch leicht für einen Haufen der Größe n. Denn im ersten Schritt wird dieser in zwei Haufen der Größe a bzw. b aufgeteilt, wobei $a + b = n$. Dabei wird die Zahl $a \cdot b$ notiert. Im Weiteren betrifft jede Zerlegung immer einen dieser beiden Haufen. Nachdem wir annehmen, dass die Aussage für alle Haufen der Größe kleiner als n bereits gezeigt ist, ist die Summe der im weiteren Verlauf des Spieles notierten Zahlen

$$\frac{a(a-1)}{2} + \frac{b(b-1)}{2}.$$

Insgesamt ist also die Summe aller notierten Zahlen

$$ab + \frac{a(a-1)}{2} + \frac{b(b-1)}{2} =$$
$$= \frac{a^2 + 2ab + b^2 - a - b}{2} = \frac{(a+b)^2 - (a+b)}{2} = \frac{n^2 - n}{2} = \frac{n(n-1)}{2},$$

was zu beweisen war.

Opa hat aber noch eine einfachere Erklärung für das beobachtete Phänomen, die ganz ohne Induktion auskommt: „Stellt euch vor, dass im Anfangshaufen je zwei verschiedene Smarties mit einer unsichtbaren Schnur verbunden sind. Wieviel Verbindungsschnüre sind das dann?" Anna weiß es: „Jedes der n Smarties ist mit $n - 1$ anderen verbunden, also sind es $n \cdot (n - 1)$ Schnüre!" Opa lächelt am Stockzahn: „Dabei hast Du aber jede Schnur doppelt gerechnet, nämlich zum Beispiel die Schnur vom roten zum blauen und auch die vom blauen zum roten Smartie!" Jetzt weiß Bernhard es: „Es sind also halb so viele, nämlich insgesamt $\frac{1}{2}n(n - 1)$ Schnüre!" „Und jetzt machen wir aus dem einen Haufen Smarties zwei" sagt Opa, „und schneiden alle Verbindungsschnüre zwischen Smarties in verschiedenen Haufen durch; wenn im ersten Haufen a Smarties liegen, und im zweiten b Smarties, wieviel Verbindungsschnüre haben wir dann durchgetrennt?" Dora denkt kurz nach und meint dann: „Das müssten $a \cdot b$ zerschnittene Schnüre sein, weil jedes Smartie vom ersten Haufen mit jedem Smartie vom zweiten Haufen verbunden war." „Richtig," sagt Opa, „und jedes Mal, wenn wir einen Haufen in zwei kleinere zerlegen, ist das wieder so, bis alle Haufen nur mehr aus je einem Smartie bestehen und deshalb alle Schnüre zerschnitten sind. Wieviele Schnüre haben wir denn dann insgesamt durchschnitten? " „Alle $\frac{1}{2}n(n - 1)$," platzen alle heraus. „Na also," sagt Opa, „dann kann ja jeder jetzt sein Häufchen einzelne Smarties verwenden, wie er will."

Weiterführende Literatur

[1] Patrick, D. (2007). *Intermediate Counting and Probability*. AoPS Inc.

61. Das widerspricht doch der Intuition

GÜNTER PILZ

Frauen haben immer Recht

Kann es sein, dass ein Mann immer bessere Argumente hat, aber seine Frau/Freundin am Ende des Tages doch *gewinnt*? Ja! Sehen wir uns folgende Situation an. Einige Frauen und Männer kommen zur Fahrprüfung. Hier sind die Ergebnisse von 2 Tagen:

	Frauen	Frauen	Frauen	Männer	Männer	Männer
	Anzahl	bestanden	Anteil	Anzahl	bestanden	Anteil
1. Tag	8	7	87.5%	1	1	100%
2. Tag	2	1	50%	3	2	66.7%

An beiden Tagen waren also die Männer erfolgreicher. Wie sieht die Gesamtbilanz aus?

	Frauen	Frauen	Frauen	Männer	Männer	Männer
	Anzahl	bestanden	Anteil	Anzahl	bestanden	Anteil
1. Tag	8	7	87.5%	1	1	100%
2. Tag	2	1	50%	3	2	66.7%
gesamt	*10*	*8*	*80%*	*4*	*3*	*75%*

Obwohl an beiden Tagen die Männer *gewonnen* haben, gewinnen insgesamt die Frauen! Wie ist das möglich? (*Hinweis*: Vergleichen Sie die Brüche $\frac{a}{b} + \frac{c}{d}$ und $\frac{a+b}{c+d}$!) Dieses Phänomen ist als das Simpson-Paradox bekannt.

Ab Dimension 10 wird alles anders

Stellen wir uns vier Kreise, jeweils mit Radius 1 und den Mittelpunkten in $(1,1)$, $(1,-1)$, $(-1,1)$ bzw. $(-1,-1)$ vor:

Welchen Radius r hat der kleine Kreis in der Mitte? Der Satz des Pythagoras liefert uns

$$(1+r)^2 = 1^2 + 1^2, \text{ also } r = \sqrt{2} - 1, \text{ also ca. } r \approx 0\,41$$

Wie sieht die entsprechende Fragestellung im 3-dimensionalen Raum aus? Da hat man 8 Kugeln mit Radius 1, die eine kleine Kugel in der Mitte *einzwicken*. Deren Radius ergibt sich aus dem *3-dimensionalen Pythagoras* als $(1+r)^2 = 1^2 + 1^2 + 1^2$, diesmal also als $r = \sqrt{3} - 1$ mit einem Wert von ca. 0.73. Im 4-dimensionalen Raum hätte man analog $r = \sqrt{4} - 1 = 1$. Und wie weiter?

Die innere *Kugel* scheint also immer mehr zu wachsen. Bei Dimension 9 hat man schon unglaubliche $r = \sqrt{9} - 1 = 2$, die innere *Kugel* reicht also schon bis zum Rand unseres Würfels, und ab der Dimension 10 reicht sie also schon aus dem Würfel hinaus. Ab Dimension 10 stimmen diese Rechnungen also nicht mehr mit

G. Glaeser (Hrsg.), *77-mal Mathematik für zwischendurch*,
https://doi.org/10.1007/978-3-662-61766-3_61

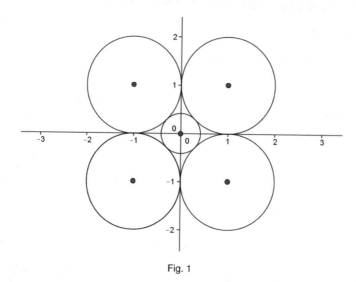

Fig. 1

unseren naiven Vorstellungen von Würfeln und Kugeln überein.

Warum kann die *kleine* Kugel so groß werden? Hat ein Aufsichtsrat oder eine andere Kontrollinstanz versagt? Wie groß ist das Volumen einer n-dimensionalen Kugel und wie definiert man so etwas überhaupt? Am besten, man zählt nach, wie viele kleine *Würfelchen* der Seitenlänge s in diese Kugel hineinschlichten kann (jedes dieser kleinen Würfel hat das Volumen s^n). Sind es w Stück, so hat die Kugel ein Volumen, das etwas größer als ws^n ist.

Eine kleine Herausforderung für die Leserinnen und Leser: Versuchen Sie, auf diese Weise selbst die Formel für den ungefähren Flächeninhalt eines Kreises zu berechnen und vergleichen Sie Ihr Ergebnis mit der *offiziellen* Formel $r^2\pi$!

Dann lässt man s immer kleiner werden und sucht den Grenzwert. Die folgende Tabelle gibt die Ergebnisse, darunter auch die Inhalte von Kreis (Dimension $n = 2$) und der gewöhnlichen Kugel (Dimension $n = 3$).

Dimension	2	3	4	5	6	10
Volumen	$r^2\pi$	$\dfrac{4r^3\pi}{3}$	$\dfrac{r^4\pi^2}{2}$	$\dfrac{8r^5\pi^2}{15}$	$\dfrac{r^6\pi^3}{6}$	$\dfrac{r^{10}\pi^5}{120}$
Volumen bei Radius 1	3.14	4.19	4.93	5.26	5.17	2.55

Schon wieder etwas Unglaubliches: Zuerst wächst das Volumen der Kugeln, erreicht das Maximum ca. bei „Dimension $5\frac{1}{2}$", wird dann immer kleiner und geht gegen 0. Daher passt bei immer größerer Dimension eine immer größere kleine Kugel dazwischen, während das Volumen des Gesamtwürfels, in dem sich alles abspielt, mit 2^n immer größer wird. Sehr seltsam.

Wer es noch genauer wissen möchte: Die allgemeine Formel für das Volumen $V(n)$ einer n-dimensionalen Kugel erhält man über die sogenannte Gammafunktion Γ (Genaueres siehe z.B. http://de.wikipedia.org/wiki/Gammafunktion). Sie genügt den Gleichungen $\Gamma(x+1) = x\Gamma(x)\,(x>0), \Gamma(1) = 1, \Gamma(\frac{1}{2}) = \sqrt{\pi}$, und sie interpoliert die Faktoriellen in dem Sinn, dass für alle natürlichen Zahlen n die Formel

$$\Gamma(n+1) = n! = n(n-1)(n-2)\cdots 3\cdot 2\cdot 1$$

gilt. Es gilt

$$V(n) = r^n \frac{\pi^{n/2}}{\Gamma(\frac{n}{2}+1)}.$$

Bei geradem $n = 2k$ ergibt sich die Formel

$$V(n) = r^n \frac{\pi^{n/2}}{(n/2)!} = r^{2k}\frac{\pi^k}{k!},$$

bei ungeradem $n = 2k+1$ dagegen

$$V(n) = r^n \frac{2^{\frac{n+1}{2}}\pi^{\frac{n-1}{2}}}{n(n-2)(n-4)\cdots 1} = r^{2k+1}\frac{2^{2k+1}k!\pi^k}{(2k+1)!} = r^{2k+1}\frac{2^{k+1}\pi^k}{(2k+1)(2k-1)\cdots 1}.$$

Der Fluch der Unehrlichkeit

Der folgende Fall ist leider tatsächlich passiert. Wissenschaftler wollten etwas „beweisen" und verwendeten dazu frei erfundene Daten. Hier sind 120 davon:

0,997	0,200	0,392	0,423	0,773	0,468	0,508	0,506	0,910	0,236	0,945	0,868	0,631	0,641	0,482
0,692	0,383	0,046	0,206	0,441	0,151	0,954	0,970	0,400	0,632	0,628	0,919	0,483	0,638	0,405
0,847	0,262	0,966	0,202	0,935	0,271	0,967	0,494	0,108	0,099	0,683	0,585	0,489	0,602	0,854
0,269	0,222	0,573	0,684	0,130	0,694	0,315	0,841	0,553	0,478	0,232	0,637	0,986	0,242	0,598
0,693	0,259	0,673	0,705	0,352	0,171	0,101	0,252	0,601	0,021	0,856	0,245	0,305	0,277	0,280
0,237	0,699	0,230	0,850	0,272	0,191	0,318	0,584	0,913	0,094	0,681	0,898	0,876	0,111	0,473
0,897	0,100	0,917	0,938	0,280	0,773	0,827	0,601	0,629	0,105	0,164	0,953	0,020	0,952	0,632
0,249	0,853	0,033	0,294	0,235	0,803	0,182	0,116	0,347	0,256	0,719	0,589	0,390	0,934	0,358

Ein anderer Wissenschaftler (ein Biologe, der gut in Statistik geschult ist) schaute eine Zeitlang auf diese Tabelle und sagte dann: „Die Daten sind gefälscht!" *Warum hat er das behaupten können?*

Die Antwort liegt in den letzten Kommastellen. Deren relative Häufigkeit sollte jeweils um die 10% sein. Tatsächlich haben die Endziffern folgende Häufigkeiten:

0	1	2	3	4	5	6	7	8	9
12	14	16	15	10	9	11	11	12	10
10,00%	11,67%	13,33%	12,50%	8,33%	7,50%	9,17%	9,17%	10,00%	8,33%

Aus ungeklärten psychologischen Gründen verwendet man bei frei erfundenen Kommazahlen häufiger die Endziffern 1,2,3. Natürlich könnte die größere Häufigkeit der Endziffern 1,2,3, die hier auftritt, auch Zufall sein. Mit Hilfe der Statistik kann man jedoch zeigen, dass es mit mehr als 95% Sicherheit *kein* Zufall ist. Dazu braucht man kein biologisches Fachwissen, man muss nicht einmal wissen, was gemessen wurde.

Man kann dies etwa so berechnen: Die Wahrscheinlichkeit, durch bloßen Zufall eine der drei Zahlen 1,2,3 zu bekommen, ist gleich $p = \frac{3}{10} = 0{,}3$; die Gegenwahrscheinlichkeit beträgt $q = 0{,}7$. Die Wahrscheinlichkeit, bei n zufällig ausgewählten Endziffern genau k mal eine der Zahlen 1,2,3 zu bekommen, ist nach der Formel für die „Binomialverteilung" gegeben durch $B(n,k) = \binom{n}{k} p^k q^{n-k}$. Wir haben $n = 120$ und für 1,2,3 haben wir $k = 14 + 16 + 15 = 45$. Die Wahrscheinlichkeit, höchstens 44mal die Zahlen 1,2,3 zu bekommen, ist also gegeben durch $B(120,0) + B(120,1) + B(120,2) + \ldots + B(120,44)$ (für unsere Werte $p = 0{,}3$, $q = 0{,}7$). Das kann man entweder selbst an regnerischen Sommertagen ausrechnen, oder man sieht in einer Tabelle nach und findet den Wert 0,9527. Man bekommt also bei „reinem Zufall" mit über 95% Wahrscheinlichkeit Anzahlen für 1,2,3 unter 44. Daher ist 45 zu hoch.

Wenn man weiß, was gemessen wurde (es waren sogenannte Stopp-Zeiten), dann ist die Verteilung ebenfalls ganz falsch (es sollte eine „negative Exponentialverteilung" sein). Kann man weiters noch einiges in Biologie, dann weiß man, dass die Varianz für diese Messungen viel zu groß ist. Die Fälscher brachen unter der Last dieser Indizien zusammen, gaben die Erfindung der Daten zu und reagierten „österreichisch": Sie kündigten die Schwächste: eine Laborantin. Man sieht: Datenfälschung will gelernt sein. Überall lauern Mathematiker!

Weiterführende Literatur

[1] Havil, J. (2011). *Impossible?: surprising solutions to counterintuitive conundrums* (S. 11–20). Princeton University Press.

[2] Cipra, B. (1993). Disproving the obvious in higher dimensions. *What's happening in the mathematical sciences*, 1, 21–26.

[3] Kugel. (o. D.). In *Wikipedia*. Abgerufen am 2. März 2020, von http://de.wikipedia.org/wiki/Kugel.

VI. OLYMPISCHES

62. Die Österreichische Mathematik-Olympiade

Walther Janous, Gerhard Kirchner

Zur Vorbereitung auf die Wettbewerbe der Mathematik-Olympiade werden Unverbindliche Übungen an den Schulen abgehalten. Falls Sie Interesse an der Einrichtung eines Kurses an Ihrer Schule haben, möchten wir Sie auf die alljährlich in Mariazell stattfindenden Seminare für Kursleiter/innen hinweisen.

Die Kurswettbewerbe werden von den Kursleiter/innen selbst gestellt und bewertet. Für „Anfänger/innen", das sind großteils Schüler/innen der 4.–6. Klasse, die zum ersten Mal an der Mathematik-Olympiade teilnehmen, findet ein Landeswettbewerb im Juni statt. Die Fortgeschrittenen können sich über den Gebietswettbewerb und den zweistufigen Bundeswettbewerb bis zur Internationalen Mathematik-Olympiade (IMO) bzw. zur Mitteleuropäischen Mathematik-Olympiade (MEMO) qualifizieren. Als Vorbereitung auf den Bundeswettbewerb findet ein mehrwöchiges Seminar statt, in dem die Inhalte der Vorbereitungskurse vertieft und erweitert werden.

Weitere Informationen zur Österreichischen Mathematik-Olympiade finden Sie auf der (von ehemaligen Teilnehmer/innen betriebenen) Seite `https://oemo.at/OeMO/`.

Die Aufgaben der Österreichischen Mathematik-Olympiade sind auch in Buchform erschienen:

• *Österreichische Mathematik-Olympiaden, 2000–2008, Aufgaben und Lösungen.* Herausgegeben von Gerd Baron und Birgit Vera Schmidt, Eigenverlag, Wien 2009, ISBN 978-3-940445-54-4.

• *Österreichische Mathematik-Olympiaden 2009-2018: Aufgaben und Lösungen.* Herausgegeben von Gerd Baron, Karl Czakler, Clemens Heuberger, Walther Janous, Reinhard Razen und Birgit Vera Schmidt, Nova MD, Traunstein 2019, ISBN 978-3-96111-797-0.

Die beiden folgenden Aufgaben wurden beim Landeswettbewerb für Anfänger/innen im Juni 2010 gestellt.

Aufgabe 1. *In einem Nationalpark steht eine Baumgruppe von Mammutbäumen, die alle ein positives ganzzahliges Alter haben. Ihr Durchschnittsalter beträgt 41 Jahre. Nachdem ein 2010 Jahre alter Baum vom Blitz zerstört wird, sinkt das Durchschnittsalter auf 40 Jahre. Wie viele Bäume waren ursprünglich in der Gruppe? Höchstens wie viele von ihnen waren genau 2010 Jahre alt? (Walther Janous)*

Lösung. Wir bezeichnen die gesuchte (ursprüngliche) Anzahl der Bäume mit n und die Alterssumme der n Bäume mit s. Dann gilt

$$s = 41n.$$

© Der/die Herausgeber bzw. der/die Autor(en), exklusiv lizenziert durch Springer-Verlag GmbH, DE, ein Teil von Springer Nature 2020
G. Glaeser (Hrsg.), *77-mal Mathematik für zwischendurch*,
https://doi.org/10.1007/978-3-662-61766-3_62

Andererseits ist
$$s - 2010 = 40(n - 1).$$
Daraus folgen sofort
$$n = 1970 \quad \text{und} \quad s = 80770.$$
Wegen $80770 = 2010 \cdot 40 + 370$ können von den insgesamt 1970 Bäumen nicht 40 oder mehr 2010 Jahre alt gewesen sein. Wegen $80770 = 2010 \cdot 39 + 2380$ können 39 Bäume 2010 Jahre alt gewesen sein.

Realisiert wird die Maximalzahl etwa durch 1930 einjährige Bäume, einen 450 Jahre alten Baum und 39 Bäume, die 2010 Jahre alt sind. □

Aufgabe 2. *Man zeige, dass 2010 nicht als Differenz zweier Quadratzahlen dargestellt werden kann (Birgit Vera Schmidt).*

Lösung 1. Wir nehmen an, dass es zwei solche Quadratzahlen gibt, dass also
$$2010 = x^2 - y^2 = (x - y)(x + y)$$
gilt.

- Wenn $x - y$ gerade wäre, dann wäre auch $x + y = (x - y) + 2y$ gerade und damit das Produkt 2010 durch vier teilbar, daher also ein Widerspruch.

- Wenn $x - y$ ungerade wäre, dann wäre auch $x + y$ ungerade und damit das Produkt 2010 ebenfalls ungerade, was wieder einen Widerspruch ergibt.

Es gibt also keine solchen Zahlen. □

Lösung 2. Wir nehmen an, dass es zwei solche Quadratzahlen gibt, dass also
$$x^2 - y^2 = 2010.$$
Dabei reicht es, nichtnegative x und y zu betrachten. Wir faktorisieren beide Seiten der Gleichung und erhalten
$$(x - y)(x + y) = 2 \cdot 3 \cdot 5 \cdot 67.$$
Da $0 < x - y \le x + y$ gelten muss, kann $x - y$ alle Teiler d von 2010 annehmen, die kleiner als $\sqrt{2010}$ sind, das sind alle, die nicht durch 67 teilbar sind, also $d \in \{1,2,3,5,6,10,15,30\}$. Für jeden Teiler d lässt sich das System
$$x - y = d, \quad x + y = \frac{2010}{d}$$
lösen und wir erhalten für x die Werte
$$x = \frac{1}{2}\left(d + \frac{2010}{d}\right) \in \left\{ \frac{2011}{2}, \frac{1007}{2}, \frac{673}{2}, \frac{407}{2}, \frac{341}{2}, \frac{211}{2}, \frac{149}{2}, \frac{97}{2} \right\}.$$
Da x nie eine ganze Zahl ist, gibt es also keine Lösung. □

63. Die Mitteleuropäische Mathematikolympiade

WALTHER JANOUS

Die Mitteleuropäische Mathematikolympiade (MEMO) hat im Sommer 2016 zum 10. Mal stattgefunden. Sie ist ein Schülerwettbewerb, wurde (wie die erste MEMO) von Österreich veranstaltet und fand vom 22. bis 28. August in Vöcklabruck statt. Wettbewerbe dieser Art wären ohne eine gezielte Vorbereitung und das oft unbedankte Engagement vieler Lehrerinnen und Lehrer sicher nicht möglich. (In Österreich geschieht die Vorbereitung im Rahmen der Unverbindlichen Übung *Mathematische Olympiade*, die für mathematisch interessierte Schülerinnen und Schüler eingerichtet ist und seit bald einem halben Jahrhundert angeboten wird.

Ich möchte im Folgenden einige allgemeine Informationen zur MEMO geben und zwei Aufgaben des Wettbewerbs aus dem Jahr 2016 vorstellen.

Die MEMO findet seit 2007 jährlich statt. Sie ist die Nachfolgerin des Österreichisch-Polnischen Mathematischen Wettbewerbs (ÖPMW), der 29 Mal als Wettbewerb zwischen einem österreichischen und polnischen Team in den Jahren 1978 bis 2006 abwechselnd in Österreich und Polen stattfand. An der MEMO (mit einem erweiterten Teilnehmerkreis) nehmen derzeit die Teams von zehn Ländern teil, nämlich von Deutschland, Kroatien, Litauen, Österreich, Polen, der Schweiz, der Slowakei, Slowenien, Tschechien und Ungarn. In Analogie zur Internationalen Mathematikolympiade (IMO) entsendet jedes teilnehmende Land sechs Teilnehmerinnen und Teilnehmer, die von einem Leader und einem Deputy Leader begleitet und betreut werden, die österreichische Mannschaft von 2016 von Walther Janous (Innsbruck) und Bernhard Schratzberger (Salzburg) in diesen Positionen. So wie viele andere regionale mathematische Schülerwettbewerbe bezweckt auch die MEMO, jüngeren Schülerinnen und Schülern die Möglichkeit zu geben, einerseits Erfahrungen für internationale Wettbewerbe zu sammeln, aber auch Freundschaften mit Gleichgesinnten aus anderen Ländern zu knüpfen.

Fig. 1: Das Logo der MEMO 2016 – a **MEMO**rable experience

© Der/die Herausgeber bzw. der/die Autor(en), exklusiv lizenziert durch Springer-Verlag GmbH, DE, ein Teil von Springer Nature 2020
G. Glaeser (Hrsg.), *77-mal Mathematik für zwischendurch*,
https://doi.org/10.1007/978-3-662-61766-3_63

Vor dem Beginn jeder MEMO sind alle teilnehmenden Länder eingeladen, Aufgaben vorzuschlagen. Von den 67 im Jahr 2016 eingereichten Aufgaben hat das Problem Selection Committee 36 für die Shortlist ausgewählt. Aus ihr hat die Jury, bestehend aus den Leaders und Deputies aller zehn Länder, unter der Leitung des Juryvorsitzenden Clemens Heuberger (AAU Klagenfurt) die zwölf Wettbewerbsaufgaben bestimmt.

Der Wettbewerb findet an zwei aufeinander folgenden Vormittagen mit jeweils fünf Stunden Arbeitszeit statt. Die anspruchsvollen Aufgaben entstammen den Gebieten Algebra, Geometrie, Kombinatorik und Zahlentheorie. Am ersten Tag ist im Einzelwettbewerb aus jedem Gebiet eine Aufgabe, am zweiten Tag sind im Teamwettbewerb aus jedem Gebiet zwei Aufgaben zu lösen. Der Teamwettbewerb ist eine vom ÖPMW übernommene Besonderheit mit einem speziellen Charme: Die Mitglieder jedes Teams versuchen dabei gemeinsam möglichst viele der acht Aufgaben zu lösen.

Jede Aufgabe wird mit 0 bis 8 Punkten bewertet. An ca. 50% der Teilnehmerinnen und Teilnehmer werden für den Einzelbewerb Gold-, Silber- und Bronzemedaillen vergeben, und zwar im Verhältnis 1 : 2 : 3. Weiters werden Ehrende Anerkennungen (Honourable Mentions) an alle Teilnehmerinnen und Teilnehmer vergeben, die zumindest eine Aufgabe vollständig gelöst haben, aber keine Medaille gewinnen. Die drei erfolgreichsten Teams erhalten auch Gold-, Silber- und Bronzemedaillen.

Das österreichische Team, die an der Jubiläums-MEMO teilnahm, war sehr jung. Trotzdem konnte Laurenz Kohlbach (Stiftsgymnasium St. Paul, 6. Kl.) eine Bronzemedaille gewinnen und das Team drei Aufgaben vollständig lösen.

Den Einzelbewerb gewann ein polnischer Schüler, den Teamwettbewerb das kroatische Team (jeweils mit voller Punktezahl).

Auf der Seite https://www.math.aau.at/MEMO2016/ finden sich weitere Informationen zur Mitteleuropäischen Mathematikolympiade, insbesondere findet man dort die Aufgaben, Lösungen und Ergebnisse der aktuellen und Links zu vergangenen MEMOs.

Die folgenden Aufgaben wurden bei der MEMO 2016 in Vöcklabruck gestellt.

Aufgabe T-7. *Eine positive ganze Zahl n heiße Mozartzahl, wenn jede Ziffer (zur Basis 10) in den Zahlen 1, 2, . . . , n insgesamt in gerader Anzahl vorkommt.*

Man zeige: (a) Alle Mozartzahlen sind gerade. (b) Es gibt unendlich viele Mozartzahlen.

Lösung. (a) Für eine positive ganze Zahl k betrachten wir die Zahlenpaare $(2,3), (4,5), \ldots, (2k, 2k+1)$. Die Zahlen jedes Paares bestehen aus gleich vielen Ziffern. Daher enthalten die zwei Zahlen jedes Paares insgesamt geradzahlig viele Ziffern. Folglich kommen in den Zahlen 1, 2, . . . , $2k$ insgesamt ungeradzahlig viele Ziffern vor. Auf Grund ihrer Definition muss deshalb jede Mozartzahl gerade sein.

(b) Es genügt, eine Folge von Mozartzahlen anzugeben. Dafür gibt es viele Möglichkeiten, etwa ist $(10^{2k} + 22, k \geq 1)$ eine derartige Folge. Aus dem Beweis von Teil (a) ergibt sich, dass die Gesamtzahl aller Ziffern in den Zahlen 1, 2, ..., $10^{2k} + 21$ ungerade ist. Wenn man die Zahl $10^{2k} + 22$ dazu nimmt, treten insgesamt geradzahlig viele Ziffern auf. Deshalb genügt es, für jede der neun Ziffern 1, 2, ..., 9 zu überprüfen, dass sie geradzahlig oft vorkommt. (Dies ist dann automatisch auch für die Ziffer 0 erfüllt.) Wir betrachten zuerst alle Zahlen von 0 bis $10^{2k} - 1$ als Zahlen mit $2k$ Ziffern, wobei gegebenenfalls Anfangsnullen verwendet werden. In der Gesamtheit dieser Zahlen treten die zehn Ziffern gleich oft auf. Die Gesamtzahl aller Ziffern ist aber ein Vielfaches von 100. Deshalb ist die Anzahl, in der jede Ziffer auftritt (also insbesondere jede Ziffer ungleich 0), durch 10 teilbar, also gerade. Man zählt schließlich unschwer ab, dass in der Gesamtheit der 23 Zahlen 10^{2k}, $10^{2k} + 1$, ..., $10^{2k} + 22$ jede Ziffer geradzahlig oft vorkommt. Damit ist der Beweis beendet.

Tatsächlich ist 122 die kleinste Mozartzahl. „Natürlich" stellt sich die Frage nach der Form aller Mozartzahlen. Ihre Antwort findet sich im Anhang an die Aufgabenlösung unter `https://www.math.aau.at/MEMO2016/?page_id=22`.

Die Aufgabe T-3 der MEMO 2016, für deren Lösung sehr genau argumentiert werden musste, war äußerst populär und wurde von allen Mannschaften gelöst.

Aufgabe T-3. *Ein Landstück hat die Form eines 8×8-Quadrates, dessen Seiten in Nord-Süd- beziehungsweise Ost-West-Richtung verlaufen, und besteht aus 64 kleineren quadratischen 1×1-Grundstücken. Auf jedem solchen Grundstück kann höchstens ein Haus stehen. Ein Haus steht auf höchstens einem 1×1-Grundstück.*

Wir sagen, ein Haus steht im Schatten, wenn drei Häuser auf den im Osten, Westen und Süden direkt angrenzenden Grundstücken stehen. Man bestimme die größtmögliche Anzahl an Häusern auf dem Landstück, sodass keines davon im Schatten steht.

Bemerkung: Gemäß Definition stehen Häuser an der Ost-, West- und Südgrenze des Landstücks niemals im Schatten.

Für die Teilnehmerinnen und Teilnehmer der MEMO wurden neben der Beschäftigung mit der Mathematik vielfältige Möglichkeiten für Aktivitäten angeboten – Ausflüge, Wanderungen, Besichtigungen, sportliche Betätigungen, eine Rätselrallye und vieles mehr.

Die MEMO fand auch ein breites und sichtbares Echo in der Öffentlichkeit: Plakate in Geschäften, Interviews mit Schülern, Berichte in Zeitungen und im Fernsehen, Hintergrundinformationen im Bildungsnetzwerk. Dabei wurde ausführlich über den Wettbewerb, Ausflüge, Empfänge und die allen Beteiligten in bester Erinnerung bleibende Abschlussfeier mit der Siegerehrung informiert und auch das Flair „eingefangen", das für das Zusammentreffen begeisterter junger Menschen charakteristisch ist. Vgl. dazu `https://www.math.aau.at/MEMO2016/?page_id=1249`.

Es soll noch einmal betont werden, dass bei vielen (nicht nur internationalen) mathematischen Schülerwettbewerben – insbesondere auf „höheren" Stufen – einerseits mathematische Ernsthaftigkeit verlangt wird, andererseits aber auch die Idee des Gedankenaustausches unter Gleichgesinnten eine tragende Rolle spielt und viele lebenslange Freundschaften und Kooperationen bei solchen Wettbewerben entstanden sind.

Abschließend muss ich drei Personen erwähnen, die schon lange im Rahmen der Österreichischen, Mitteleuropäischen und Internationalen Mathematik-Olympiade mitarbeiten. Ohne ihren tatkräftigen und unermüdlichen Einsatz wäre die diesjährige MEMO nicht in der vorbildlichen und zukunftsweisenden Art möglich gewesen: Birgit Vera Schmidt (Graz), Clemens Heuberger (AAU Klagenfurt) und Heinrich Josef Gstöttner (Vöcklabruck).

Neugierig Gewordene lade ich auch herzlich zum Besuch der hervorragend gestalteten Homepage https://oemo.at/OeMO/ der Österreichischen Mathematischen Olympiade ein und bitte insbesondere darum, interessierte und begabte Schülerinnen und Schüler darüber zu informieren.

64. Die Internationale Mathematik-Olympiade

GILBERT HELMBERG, WALTHER JANOUS, GERHARD KIRCHNER

Fig. 1: Logo der IMO 2011

Die Internationale Mathematik-Olympiade (IMO) findet seit 1959 jährlich (mit einer Ausnahme) statt. Jedes Land entsendet jetzt sechs Teilnehmer/innen. Der Wettbewerb findet an zwei aufeinanderfolgenden Vormittagen statt, an denen jeweils drei Aufgaben in 4,5 Stunden zu lösen sind. Jede Aufgabe wird mit 0 bis 7 Punkten bewertet. An ca. 50% der Teilnehmer/innen werden Gold-, Silber- und Bronzemedaillen vergeben, und zwar im Verhältnis 1 : 2 : 3. Weiters werden *Ehrende Anerkennungen* (Honourable Mentions) an alle Teilnehmer/innen vergeben, die zumindest eine Aufgabe vollständig gelöst haben, aber keine Medaille gewinnen. Die Anzahl der teilnehmenden Länder ist von ursprünglich sieben auf über hundert (im Jahr 2011) angewachsen.

Die österreichischen Teilnehmer/innen erreichen bei der IMO immer wieder beachtenswerte Erfolge. Bei der 52. IMO (Amsterdam) (siehe https://www.imo-official.org/year_info.aspx?year=2011) erreichten z. B. alle österreichischen Teilnehmer zumindest eine Ehrende Anerkennung für eine vollständig gelöste Aufgabe. Bernd Prach (BRG Graz Keplerstraße, 6. Kl.) und Adrian Fuchs (BRG Vöcklabruck Schloss Wagrain, 8. Kl.) erhielten eine Silbermedaille, Georg Anegg (BG/BRG/SRG Innsbruck Reithmannstraße, 8. Kl.) und Martin Nägele (BG Schillerstraße Feldkirch, 8. Kl.) erreichten eine Bronzemedaille. Weiters erreichten Lucas Kletzander (Öffentliches Stiftsgymnasium Melk, 8. Kl.) und Roland Prohaska (GRG XIV Goethegymnasium Wien, 8. Kl.) je eine Ehrende Erwähnung. Besonders beeindruckend war im heurigen Jahr die mannschaftliche Leistung des österreichischen Teams. In der (inoffiziellen) Nationenwertung lag Österreich auf dem 36. Platz von 101 teilnehmenden Nationen.

Weitere Informationen zur Internationalen Mathematik-Olympiade finden Sie auf der Seite http://www.imo-official.org. Insbesondere findet man dort Aufgaben, Ergebnisse und Statistiken vergangener IMOs. Außerdem verweisen wir auf das immer wieder aktualisierte Werk [1] sowie auf die zugehörige Homepage http://www.imomath.com sowie auf http://www.oemo.at.

© Der/die Herausgeber bzw. der/die Autor(en), exklusiv lizenziert durch Springer-Verlag GmbH, DE, ein Teil von Springer Nature 2020
G. Glaeser (Hrsg.), *77-mal Mathematik für zwischendurch*,
https://doi.org/10.1007/978-3-662-61766-3_64

Die folgende Aufgabe wurde bei der IMO 2011 in Amsterdam gestellt.

Aufgabe 3. *Für jede Menge* $A = \{a_1, a_2, a_3, a_4\}$ *von vier paarweise verschiedenen positiven ganzen Zahlen, deren Summe* $a_1 + a_2 + a_3 + a_4$ *mit* s_A *bezeichnet werde, sei* n_A *die Anzahl der Paare* (i, j) *mit* $1 \leq i < j \leq 4$, *für die* $a_i + a_j$ *die Zahl* s_A *teilt. Man bestimme unter all diesen Mengen* A *diejenigen, für die* n_A *maximal ist.*

Lösung. Wir ordnen die Zahlen a_i ($1 \leq i \leq 4$) aufsteigend der Größe nach und ändern ihre Bezeichnungen auf a, b, c, d, sodass $a < b < c < d$. Ihre Summe ist $s_A = a + b + c + d$. Die *Paarsummen*, die s_A möglicherweise teilen, sind

$$a+b, \qquad a+c, \qquad a+d,$$
$$c+d, \qquad b+d, \qquad b+c.$$

Diese Zusammenstellung von *Komplementärsummen* hat einen besonderen Grund: Wenn eine von ihnen (nennen wir sie u) die Summe s_A teilt, dann teilt sie auch die Komplementärsumme $s_A - u$.

Zwei Paarsummen fallen als mögliche Teiler von s_A gleich weg: Wenn $b + d$ ein Teiler von s_A wäre, dann auch von $a + c$. Das ist wegen $a + c < b + d$ nicht möglich. Aus dem gleichen Grund kann $c + d$ kein Teiler von s_A sein. Daraus folgt $n_A \leq 4$.

Damit bleibt uns die Hoffnung, Zahlen zu finden, für die $n_A = 4$, das heißt

(1) $\qquad\qquad a+b \mid s_A \quad$ und damit $a+b \mid c+d$,

(2) $\qquad\qquad a+c \mid b+d$,

(3) $\qquad\qquad a+d \mid b+c$,

(4) $\qquad\qquad b+c \mid a+d$.

Wenn das möglich ist, folgt aus (3) und (4) sofort $a + d = b + c$ und

$$s_A = 2(a+d) = 2(b+c)$$

(5) $\qquad\qquad d = b + c - a$.

Wenn (2) zutrifft, dann gibt es eine ganze Zahl $p > 1$ derart, dass

$$p(a+c) = b+d$$
$$= 2b + c - a \qquad\qquad \text{wegen (5)}$$

(6) $\qquad\qquad (p+1)a + (p-1)c = 2b$.

Für $p > 2$ kann (6) auf keinen Fall zutreffen, weil $2c > 2b$ ist.
Damit erhalten wir für $p = 2$

(7) $\qquad\qquad 3a + c = 2b$

(8) $\qquad\qquad a + c = 2b - 2a$.

Jetzt bleibt uns noch (1) zu berücksichtigen: Es muss eine ganze Zahl $q > 1$ geben derart, dass

(9)
$$q(a+b) = s_A = 2b + 2c$$
$$= 3a + 3c \qquad \text{wegen (7)}$$
$$= 6b - 6a \qquad \text{wegen (8)}$$

(10)
$$(q+6)a = (6-q)b.$$

In (10) probieren wir die verschiedenen möglichen Werte von q durch:

- $q = 2$ liefert $8a = 4b$, $b = 2a$ und wegen (7) $c = 2b - 3a = a$ im Widerspruch zu $a < c$.

- $q = 3$ liefert $9a = 3b$, $b = 3a$ und wieder wegen (7) $c = 3a = b$ im Widerspruch zu $b < c$.

- $q = 4$ liefert $10a = 2b$, $b = 5a$, $c = 7a$ wegen (7) und $d = 11a$ wegen (5). Tatsächlich ist $A = \{a,b,c,d\} = \{a,5a,7a,11a\}$, $s_A = 24a$ eine Lösung der Aufgabe.

- $q = 5$ liefert $b = 11a$, $c = 19a$ wegen (7) und $d = 29a$ wegen (5). Auch $A = \{a,b,c,d\} = \{a,11a,19a,29a\}$, $s_A = 60a$ ist eine Lösung der Aufgabe.

Damit sind alle Möglichkeiten erschöpft (und mit $a = 1, 2, 3, \ldots$) alle Lösungen gefunden. $\qquad \Box$

Die folgende Aufgabe 2 der IMO 2011 besticht durch ihre unkonventionelle Fragestellung. Sie bereitete vielen *erfolgsgewohnten* Nationen unerwartete Probleme, während die österreichische Team hier mit zwei nahezu vollständigen und zwei Teillösungen die vierthöchste Gesamtpunktezahl erreichte.

Aufgabe 4. *Sei S eine endliche Menge von mindestens zwei Punkten in der Ebene. Dabei wird angenommen, dass keine drei Punkte von S kollinear sind. Als Windmühle bezeichnen wir einen Prozess der folgenden Art. Wir starten mit einer Geraden ℓ, die genau einen Punkt $P \in S$ enthält. Die Gerade ℓ wird im Uhrzeigersinn um den Drehpunkt P so lange gedreht, bis sie zum ersten Mal auf einen weiteren Punkt aus S trifft, der mit Q bezeichnet sei. Die Gerade wird weiter im Uhrzeigersinn mit Q als neuem Drehpunkt gedreht, bis sie wieder auf einen Punkt aus S trifft. Dieser Prozess wird unbegrenzt fortgesetzt. Man beweise, dass für geeignete Wahl eines Punktes $P \in S$ und einer Ausgangsgeraden ℓ, die P enthält, die resultierende Windmühle jeden Punkt aus S unendlich oft als Drehpunkt hat.*

Eine Lösung zu dieser Aufgabe, wie auch die übrigen Aufgaben der heurigen IMO und ihre Lösungen findet man unter http://www.math.leidenuniv.nl/~desmit/pop/2011_imo_final6.pdf, deutschsprachige Lösungen (auch aus früheren Jahren) sind zu finden unter http://www.brgkepler.at/~geretschlaeg/page_1_d.htm. Abschließend soll betont werden, dass bei Wettbewerben wie der IMO einerseits mathematische Ernsthaftigkeit verlangt wird — so finden sich etwa viele spätere Fields-Medaillengewinner unter den mit Preisen Ausgezeichneten, andererseits aber auch der Gedanke der Völkerverständigung eine tragende Rolle spielt und viele lebenslange Freundschaften und Zusammenarbeiten von solchen Wettbewerben ausgingen.

Weiterführende Literatur

[1] Djukić, D., Janković, V., Matić, I., & Petrović, N. (2011). *The IMO Compendium: A Collection of Problems Suggested for the International Mathematical Olympiads: 1959-2009 Second Edition*. Springer.

65. Acht Jahre Summer School Mathematik

Leonhard Summerer

Seit dem Jahr 2006 bieten die Universitäten Wien und Innsbruck gemeinsam eine Sommerschule für Schülerinnen und Schüler an, die sich in den Ferien gerne mit Mathematik beschäftigen, mit Blick auf ihre Studienwahl in Kontakt mit Universitätslehrerinnen und -lehrern treten möchten und dabei noch gerne eine Ferienwoche mit ebenfalls mathematisch interessierten Gleichaltrigen verbringen wollen. Dabei steht im Unterschied zur Mathematikolympiade nicht das Lösen von schwierigen Mathematikaufgaben im Vordergrund, sondern ein anderer Aspekt der Mathematik, nämlich das Entwickeln, Ausarbeiten und Anwenden von Theorien, die über den Lehrplan der Schulmathematik hinausgehen. Kommunikation und Diskussion sind dazu ein wesentlicher Bestandteil und werden durch das gewählte Format bestmöglich gefördert.

Soviel zur Konzeption der Summer School, die konkrete Umsetzung bedarf neben sorgfältiger Vorbereitung auch einer effizienten Bekanntmachung des Angebots: Alljährlich ist die Bewerbung der Veranstaltung eine Herausforderung, aber die überragend positiven Beurteilungen durch die Teilnehmerinnen und Teilnehmer rechtfertigen den Aufwand allemal. Bereits im ersten Jahr war der Start mit 14 Teilnehmern so erfolgreich, dass sich viele gleich für den nächsten Sommer wieder angemeldet haben.

Die wichtigsten Daten der seither jährlich stattfindenden Summer School Mathematik im Überblick:

- *Veranstalter*: Fakultät für Mathematik der Universität Wien und Institut für Mathematik der Universität Innsbruck

- *Organisatoren*: Ao. Prof. Dr. Leonhard Summerer und Dr. Gerhard Kirchner

- *Zielgruppe*: mathematikinteressierte Schülerinnen und Schüler ab der 10. Schulstufe

- *Veranstaltungsort*: Bundesschullandheim Saalbach-Hinterglemm

- *Zeitraum*: eine Woche (Sonntag—Samstag) im August

- *Modus*: sechs verschiedene Vortragende an sechs Tagen zu unterschiedlichen Themen jeweils am Vormittag, am Nachmittag und Abend gemeinsame Freizeitgestaltung nach Wunsch (Wandern, Baden, Gesellschaftsspiele, Hochseilgarten, Fußball, Hockey, Tischtennis, Klettern,...)

Soweit die Eckdaten, aber damit lässt sich das besondere Flair der Veranstaltung nicht annähernd vermitteln. Darum möchte ich noch auf zwei Aspekte der Summer School näher eingehen: die enorm breite Palette an mathematischen Themen, die

© Der/die Herausgeber bzw. der/die Autor(en), exklusiv lizenziert durch
Springer-Verlag GmbH, DE, ein Teil von Springer Nature 2020
G. Glaeser (Hrsg.), *77-mal Mathematik für zwischendurch*,
https://doi.org/10.1007/978-3-662-61766-3_65

Fig. 1

in den vergangenen Jahren in den Vorträgen und Workshops vertreten waren und zu guter Letzt einige Anekdoten rund um die Summer School.

Fig. 2

Die bisher behandelten Themen umfassen:

* Interpolationsverfahren
* Dreiecksgeometrie
* Große Gleichungssysteme und Matrizen
* Googles *PageRank*-Algorithmus
* Der Eulersche Polyedersatz
* Lineare Optimierung

* Kodierungstheorie
* Komplexe Zahlen u. die Formel $e^{i\pi} + 1 = 0$
* Kettenbrüche u. Approx. d. rationale Zahlen
* Chaos und Fraktale
* Primzahlen und Faktorisierungsalgorithmen
* Wahrscheinlichkeitstheorie

... und das sind bei weitem noch nicht alle. Da viele, die noch nicht maturiert haben, sich ein zweites und manchmal ein drittes Mal anmelden, kommen Themenwiederholungen frühestens nach 3 Jahren vor. Doch nicht nur die Vortragsthemen, auch die Vortragenden sind nicht immer dieselben. So haben bisher gut 15 verschiedene Universitätslehrerinnen und -lehrer einen kleinen Teil ihres Arbeitsgebiets in die obigen Vorträge verpackt und so einen Einblick in die vielfältige Welt der Mathematik gewährt. Als kleines Beispiel sei hier der Inhalt des Vortrags über Kettenbrüche kurz vorgestellt.

Dabei wird zunächst das Verfahren erklärt, das es ermöglicht, eine reelle Zahl in einen Kettenbruch zu entwickeln:

Sei $\xi \in \mathbb{R}$ beliebig. Setze $\xi =: a_0 + \xi_1^*$, wobei $a_0 \in \mathbb{Z}$ und $0 \leq \xi_1^* < 1$. Falls $\xi_1^* = 0$, so endet der Prozess. Ist $\xi_1^* \neq 0$, so definiere $\xi_1 := 1/\xi_1^*$. Nun wird dieses Verfahren mit ξ_1 anstelle von ξ wiederholt und induktiv fortgesetzt. Dies liefert eine Darstellung von ξ der Gestalt

$$\xi = a_0 + \cfrac{1}{a_1 + \cfrac{1}{a_2 + \cfrac{1}{a_3 + \cfrac{1}{a_4 + \cfrac{1}{\dots}}}}} =: [a_0; a_1, a_2, a_3, \dots],$$

was anhand von einfachen Beispielen überprüft wird. Schnell kommen so die meisten drauf, dass die endlichen Kettenbrüche genau den rationalen Zahlen entsprechen.

Als nächstes wird die Frage diskutiert, wofür eine solche Darstellung denn gut ist, wo doch die Dezimaldarstellung viel praktischer zum Rechnen ist. Damit kommt die Approximationstheorie ins Spiel und anhand der Näherungsbrüche für Zahlen wie e oder π wird der Begriff des n-ten Näherungsbruchs p_n/q_n von ξ eingeführt, der durch Abbrechen der Kettenbruchentwicklung an der n-ten Stelle entsteht. In natürlicher Weise wird so die Güte einer Approximation erklärt und der folgende Satz gezeigt:

Satz von Dirichlet: *Sei ξ irrational. Dann gibt es unendlich viele gekürzte Brüche p/q mit*

$$\left| \xi - \frac{p}{q} \right| < \frac{1}{q^2}.$$

Eine anschließende 20-minütige Gruppenarbeit soll den Zusammenhang zwischen der Periodizität der Kettenbruchentwicklung und Lösungen von quadratischen Gleichungen aufzeigen. Die Resultate werden dann vorgetragen und gemeinsam besprochen. Kuriositäten, wie etwa die am schlechtesten approximierbare irrationale Zahl, der Goldene Schnitt $(1 + \sqrt{5})/2$, oder die spezielle Bauart der Kettenbruchentwicklungen der Wurzeln ganzer Zahlen runden den Vortrag ab und geben Anlass, weiter über das Thema nachzudenken.

Nun aber zu den versprochenen Anekdoten, den kleinen Erlebnissen und Geschichten abseits des Mathematikprogramms.

Im August 2010 war das BSLH Saalbach Hinterglemm gleichzeitig zur Summer School auch Austragungsort eines Trainingslagers der Nachwuchsteams eines Wiener Fußballvereins. Während der gemeinsamen Mahlzeiten im Speisesaal kam Neugier auf, was, außer Fußball spielen, einen sonst im Sommer in einen Wintersportort führen könne und die Antwort „Mathematik" ließ unter den Fußballern die Meinung aufkommen, es handle sich bei der Summer School um eine Art Nachhilfe-Intensivkurs für besonders schwache Schülerinnen und Schüler. Auf gemeinsamen Beschluss hin wurden sie in diesem Glauben belassen, was dazu führte,

Fig. 3

dass hämische Fragen wie „wieviel ist 5×9" oder „$86 - 17$ ist" mit großer Freude absichtlich falsch beantwortet wurden, sehr zur Erheiterung der Fußballer. Am letzten Abend schließlich war dann die Zeit für ein Revanchefoul gekommen: Ein im Kopfrechnen besonders begabter Schüler erklärte, er sei durch diese einfachen Rechnungen unterfordert und man möge ihm doch zwei- und dreistellige Zahlen zum Multiplizieren geben. Auf anfängliches Gelächter folgte bald stilles Staunen und nach mehreren fehlerfreien Antworten war das Gerücht vom Nachhilfekurs schnell aus der Welt geschafft.

Auch von diversen Freizeitaktivitäten gäbe es einiges zu erzählen: legendäre Spieleabende (aus denen ganze Spielnächte wurden), Wanderungen in den Hausbergen von Hinterglemm, bei denen nur mit Mühe noch die letzte Gondel zur Talfahrt erreicht wurde, Badeausflüge an den Zeller See samt Seeüberquerung zu Wasser oder ein Karaokeabend, bei dem die perfekte Multimedia Ausstattung des BSLH auf Herz und Nieren getestet wurde, fielen mir da auf Anhieb ein.

Abschließend sei aber nochmals erwähnt, dass die aktive und intensive Auseinandersetzung mit Mathematik in einer ungezwungenen Atmosphäre, das Zusammensein mit Gleichgesinnten und das Eröffnen von Perspektiven für die weitere Ausbildung die Kernpunkte der Summer School bilden.

Und da die Bewerbung der Veranstaltung wohl die Achillesferse des gesamten Projekts darstellt, darf der Hinweis auf die folgende Website, auf der nähere Details zur Durchführung und Anmeldung (bis 23.6.2014 bei leonhard.summerer@univie.ac.at) zur heurigen Summer School Mathematik vom 17.–23. August 2014 in Saalbach-Hinterglemm zu finden sind, nicht fehlen:

66. Ein Mathematiker unter den fünf Österreichern des Jahres

Gilbert Helmberg

Die Tageszeitung *Die Presse* veranstaltete zum Nationalfeiertag am 26. Oktober 2010 zum siebenten Mal einen Gala-Abend, auf dem im Fernsehen fünf österreichische Persönlichkeiten vorgestellt wurden, die von den Lesern in den fünf Kategorien *Humanitäres Engagement, Kulturmanagement, Forschung, Creative Industries* und *Wirtschaft* als *Österreicher des Jahres* gewählt worden waren. In der Kategorie *Forschung* war dies der Mathematiker Bruno Buchberger, Professor an der Universität Linz und Leiter des von ihm mit Unterstützung des Landes Oberösterreich errichteten Softwareparkes Hagenberg. Mit nominiert waren in dieser Sparte die Leiterin des Österreichischen Archäologischen Instituts, Sabine Ladstätter, sowie das Forscherehepaar Thomas Rosenau und Antje Potthast (Zellulose-Chemiker an der Boku Wien).

Bei dieser siebenten Auflage der Austria-Veranstaltung wurde bereits zum zweiten Mal ein Mathematiker zum Sieger gekürt. Im Jahr 2006 wurde der Wiener Mathematiker Karl Sigmund ausgezeichnet. Davor war schon 2004 der Wiener Mathematiker Rudolf Taschner von den österreichischen Wissenschaftsjournalisten zum *Wissenschaftler der Jahres* gewählt worden.

Das folgende Interview des Ausgezeichneten entnehmen wir der Ausgabe der *Presse* vom 28. Oktober 2010:

Was macht die Faszination der Mathematik aus?

Die Mathematik ist vergleichbar mit der Kunst. Der Inhalt unterscheidet sich natürlich sehr. Der Weg, wie man zur Erfindung kommt, ist aber sehr ähnlich. Das Wesen dieses Erfindungsprozesses ist ein Reinigungsprozess, in dem man sich über viele Stufen und Skizzen an ein Thema annähert. Und dann kommt das große Werk – und da sieht man nicht mehr, was an Arbeit und Leidenschaft dahintersteckt. Die Beschäftigung mit der Mathematik ruft dieselben Emotionen wie die Kunst hervor. Daher ist es nicht erstaunlich, dass viele Mathematiker künstlerisch tätig sind.

Ist Mathematik also schön?

Ja, sie ist durchaus ästhetisch. Auch in ihrem Inhalt, weil man vom Komplizierten zum Ideal-Einfachen kommt. Und in dieser Einfachheit steckt eine große Eleganz.

Mathematik ist aber gleichzeitig nützlich. Hätten Sie jemals gedacht, dass aus der Forschung ein Softwarepark mit mehr als 1000 Mitarbeitern entstehen könnte?

Ja und nein. Ich habe Zeit meines Lebens getrachtet, die zwei Aspekte der Mathematik zu verbinden: das Erkennen und das Anwenden. Diese beiden gehören untrennbar zusammen. So gesehen ist es kein Wunder, dass 1000 Arbeitsplätze daraus

© Der/die Herausgeber bzw. der/die Autor(en), exklusiv lizenziert durch Springer-Verlag GmbH, DE, ein Teil von Springer Nature 2020
G. Glaeser (Hrsg.), *77-mal Mathematik für zwischendurch*,
https://doi.org/10.1007/978-3-662-61766-3_66

Fig. 1: Der Forschungspreisträger auf der Austria-Gala 2010.

entstehen können. Es ist aber eine Frage, worauf man als Mathematiker seine Aufmerksamkeit richtet. Ich habe mir gedacht: Einen Teil meines Lebens gebe ich hin für meine Heimat. Ich glaube, dass es sehr wichtig ist, dass aus der Grundlagenforschung Dinge entstehen, die zu Arbeitsplätzen, Gewinnen und Firmenexpansionen führen.

Wie erreicht man wissenschaftliche Spitzenleistungen?

Ich kann da nur für die Mathematik sprechen. Spitzenleistungen in der Grundlagenforschung brauchen Konzentration und Ruhe, um sich lange Zeit intensiv mit einem Thema zu befassen. Ein Geheimrezept dafür gibt es aber nicht. Natürlich ist es wichtig, jungen Leuten ausreichend Mittel zur Verfügung zu stellen. Aber die Geschichte erzählt auch, dass unter den schwierigsten Umständen Spitzenleistungen entstehen können: Ich habe die wichtigste Erfindung meines mathematischen Lebens mit 23 Jahren als Werkstudent in einem umgebauten Klo gemacht.

Was bedeutet die Auszeichnung für Sie?

Es ist für mich eine sehr emotionale Sache. Erstens, weil ich mich freue, dass die Mathematik in der Öffentlichkeit mehr Aufmerksamkeit bekommt. Mathematik kann nur schwer vermittelt werden, dennoch ist unser gesamtes Leben auf Mathematik aufgebaut. Und zweitens, weil sich der Preis auf Österreich fokussiert. Ich schätze unser Land sehr.

Hier sind links zu den Homepages der drei genannten Mathematiker:

[1] Buchberger, B. (o. D.). *Bruno Buchberger*. Abgerufen von http://www.risc.jku.at/people/buchberg

[2] Sigmund, K. (o. D.). *Karl Sigmund's Homepage*. Abgerufen von http://homepage.univie.ac.at/karl.sigmund

[3] Taschner, R. (o. D.). *Mathematiker | Wissenschaftler des Jahres 2004 – Prof. Rudolf Taschner* Abgerufen von http://www.rudolftaschner.at

67. Olga Taussky-Todd 1906–1995

CHRISTA BINDER

Mathematikerin mit Spezialgebieten Zahlentheorie, Matrizenrechnung

OLGA TAUSSKY (1906–1995) war eine Mathematikerin, deren Karriere bewusst geplant und vorgezeichnet schien. 1906 in Olmütz (Mähren), damals Österreich, heute Tschechien, geboren, konnte sie die für Mädchen eröffneten Bildungschancen ergreifen und aufgrund ihres mathematischen Talents problemlos bis zur Promotion gelangen. Seit der ersten Promotion einer Mathematikerin 1900 in Österreich hatten inzwischen bis 1930 mehr als 30 Frauen eine mathematische Dissertation erfolgreich verteidigen können. Aufgrund ihrer jüdischen Herkunft in Deutschland gefährdet und bald auch in Österreich nicht mehr sicher, suchte und fand sie Entwicklungschancen in Großbritannien und den USA. Hier wurde sie eine anerkannte Professorin mit zahlreichen Schülern und Schülerinnen.

Fig. 1: OLGA TAUSSKY

OLGA TAUSSKY wurde am 30. August 1906 in Olmütz (Mähren) geboren. Ihr Vater war Industriechemiker und Journalist, vielseitig interessiert, aktiv und kreativ, sowie als Berater von Firmen oft auf Reisen. Die umfassende Erziehung seiner drei Töchter, Ilona (geb. 1905), Olga und Hertha (geb. 1909) war ihm sehr wichtig. Die Mutter war eine einfache Frau vom Lande ohne höhere Bildung, doch voll von praktischer Intelligenz, die es ihr ermöglichte, während der Reisen ihres Mannes und auch später in schwierigen Kriegs- und Nachkriegszeiten, die Familie gut zu versorgen. Im Jahre 1909 übersiedelte die Familie nach Wien und während des Ersten Weltkrieges nach Linz, wo der Vater einen Direktorsposten in einer Essigfabrik angenommen hatte. Olga ging danach zunächst in Wien zur Volkschule. Ihre Erinnerung an diese Zeit war vage. Sie war nicht, wie die ältere Schwester, ein Lauter-Einser-Kind, doch hatte sie auch nie schlechte Noten. Am Ende der Volksschulzeit war gewiss, dass sie im Rechnen besonders gut war, aber sie liebte es auch, zu komponieren und Gedichte zu schreiben. Die Kriegsjahre wurden allerdings auch vom Hunger bestimmt. Olga berichtete, dass im täglichen Kampf um ein Stück Brot auch die Mädchen mithalfen. In Linz waren die Verhältnisse etwas besser. Die Familie bezog ein großes Haus am Stadtrand, und die Mädchen besuchten das Mädchenrealgymnasium. Da die Stadt Linz damals keine Universität besaß, fühlten sich die Lehrer der höheren Schulen – sie genossen ein hohes Ansehen – für ein gewisses intellektuelles Klima verantwortlich. Zahlreiche Lehrer waren in die Forschung involviert und hielten öffentliche Vorträge über wissenschaftliche Themen, die von der Familie Taussky eifrig besucht wurden. Auch Olga nahm viele Anregungen auf, die ihr die Schule und die Stadt Linz boten. Obwohl sie weiterhin an Poesie, Sprache und Musik interessiert war, wurde doch sehr bald deutlich, dass ihre besondere Begabung in den Naturwissenschaften und speziell in der Mathematik lag. Um die individuellen Begabungen seiner Töchter zu fördern, betraute der Vater Olga mit mathematischen Aufgaben. Als er sie bat, seine Fachzeitschriften zu ordnen, löste sie auch das als mathematisches Problem. Sie entwickelte einen Algorithmus, der den heute in Bibliotheken verwendeten Computerprogrammen sehr ähnlich ist. Es ist bekannt, dass OLGA TAUSSKY in späteren Jahren ebenfalls in mathematischen Bibliotheken dafür sorgte, ungeordnete Bände zu sortieren. Ihr Vater bezog sie auch in Aufgaben ein, die sich in seiner Firma, der Essigfabrik, ergaben. Olga konnte hier während der Ferien in den letzten Schul- und ersten Studienjahren tätig sein. Bei der industriellen Erzeugung von Essig entstehen verschiedene Säuregrade, doch das fertige Produkt soll immer einen vorgegebenen Säuregrad aufweisen. Das entsprechende Mischungsverhältnis mit Wasser wurde von den Arbeitern meist intuitiv bestimmt. Um es exakt festzulegen, stellte OLGA TAUSSKY diophantische Gleichungen auf. Damit die mathematisch weniger begabten Arbeiter damit umgehen konnten, zeichnete sie übersichtliche Tabellen dafür.

Als Vater Taussky während Olgas letzten Schuljahres starb, sahen sich die Kinder veranlasst, die finanziellen Probleme so gering wie möglich zu halten und möglichst rasch zu studieren. Die ältere Schwester studierte bereits erfolgreich Chemie, auch für Olga schien dies die Erfolg versprechende Richtung zu sein. Da ihre große Liebe jedoch damals schon der Zahlentheorie gehörte, entschloss sie sich nach der Matura 1925 doch, das Mathematikstudium an der Universität Wien aufzunehmen. Um den finanziellen Problemen zu begegnen, gab sie Nachhilfestunden und arbeitete weiterhin in der Essigfabrik. In ihrem Entschluss für das Mathematik-Studium war sie durch ein Gespräch mit einer älteren Freundin der Familie bestärkt worden. Diese hatte ihr erzählt, wie gern sie selbst Mathematik studiert hätte. Olga wollte nicht später ebenso die nicht erfüllte Liebe zur Mathematik beklagen müssen.

Im Herbst 1925 kam OLGA TAUSSKY mit der festen Absicht nach Wien, möglichst schnell und intensiv zu studieren. Sie konzentrierte sich von Beginn an auf die Zahlentheorie, das hieß auf den Mathematikprofessor PHILIPP FURTWÄNGLER (1869-1940). Aufgrund des glücklichen Umstands, dass Furtwängler während ihres ersten Studienjahres elementare Zahlentheorie, und im zweiten Jahr algebraische Zahlentheorie las, fühlte sie sich bereits zu Beginn des dritten Jahres reif, FURTWÄNGLER um ein Dissertationsthema zu ersuchen. Der Weg OLGA TAUSSKYS wurde entscheidend dadurch geprägt, dass ihr Doktorvater FURTWÄNGLER zu den führenden Zahlentheoretikern dieser Zeit gehörte, der mit dem internationalen Zentrum der Mathematik in Göttingen eng verflochten war, und dass sie in

Wien in einen Kreis junger bedeutender Mathematiker eingebunden war.

1912 wurde FURTWÄNGLER als Nachfolger von FRANZ M. MERTENS (1840–1927) an die Universität Wien berufen. Kurz danach zwang ihn eine Krankheit für den Rest seines Lebens in den Rollstuhl. Trotzdem erfüllte er seine Lehrverpflichtungen voll, betreute eine große Anzahl von Lehramtskandidaten und Dissertanten und erzielte weitere bedeutende mathematische Ergebnisse. Als Olga um ein Dissertationsthema bat, befand sich FURTWÄNGLER gerade im mathematischen *Wettstreit* mit dem ebenfalls in Österreich (Wien) geborenen Mathematiker EMIL ARTIN (1898–1962) um den wichtigen Hauptidealsatz. Dieser Satz besagt, dass im absoluten Klassenkörper über einem algebraischen Körper alle Ideale zu Hauptidealen werden. Er wurde von HILBERT (1862–1943) bereits um 1900 vermutet und widerstand ein Vierteljahrhundert lang allen Beweisversuchen. Furtwängler gelang es als Erstem, diesen zentralen Satz, den Kernpunkt der Klassenkörpertheorie, zu beweisen. Allerdings galt sein Beweis immer als undurchsichtig, und erst ARTINs algebraische Methoden konnten etwas Durchblick bieten und waren verallgemeinerungsfähig.

Im Wintersemester 1927 begann OLGA TAUSSKY mit der Arbeit an ihrer Dissertation – zunächst ohne spezifisches Thema, nur allgemein Klassenkörpertheorie, ein Gebiet, das damals in Göttingen, in Zürich und Hamburg von führenden Mathematikern betrieben wurde. Ihre persönlichen Aufzeichnungen dokumentieren, dass sie sich damit zunächst einsam und hilflos fühlte. Nach Einarbeitung in das Gebiet und nachdem Furtwängler Zeit hatte, das Thema zu konkretisieren – ihm war es gerade gelungen, den Hauptidealsatz zu beweisen – konnte sie innerhalb kurzer Zeit ihre Dissertation über eine Verschärfung des Hauptidealsatzes vollenden. Da die Promotion erst im zehnten Semester erfolgen durfte, hatte sie Zeit, in eines der Zentren ihres Arbeitsgebietes zu reisen. Auf Einladung eines Onkels fuhr sie nach Zürich, wo sie die Mathematiker KARL RUDOLF FUETER (1880–1950), ANDREAS SPEISER (1885–1970) und GEORG PÓLYA (1887–1985) traf. Letzterer gab ihr unter anderem gute didaktische Ratschläge für das Halten von Vorträgen. Am 7. März 1930 erfolgte dann die Promotion. Ihre Dissertation erschien in einer der ältesten bedeutendsten deutschen mathematischen Zeitschriften, im Crelle-Journal für die reine und angewandte Mathematik [Taussky 1932]. OLGA TAUSSKY hatte während ihres Studiums am Mathematischen Institut der Universität Wien auch Vorlesungen anderer Professoren und Dozenten besucht, so bei Wilhelm Wirtinger (1865–1945) gehört, bei HANS HAHN (1879–1934) Seminare belegt, an Lehrveranstaltungen bei WALTHER MAYER (1887–1948) und EDUARD HELLY (1884–1943) teilgenommen sowie Astronomie, Chemie und Logik belegt. Gemeinsam mit ihrem Studienkollegen, dem aus Brünn stammenden KURT GÖDEL (1906–1978), nahm sie an den Sitzungen des Wiener Kreises um MORITZ SCHLICK (1882–1936) teil. Als im Jahre 1927 KARL MENGER (1902–1985) - nur wenige Jahre älter als TAUSSKY und GÖDEL – als außerordentlicher Professor nach Wien kam, versammelte sich eine Gruppe begabter junger Mathematiker um ihn, die sich vom Wiener Kreis abtrennte und ein eigenes Gremium, das *Mathematische Kolloqui-*

um, gründete. Hauptthemen dieser Gruppe waren Topologie, Logik, Mengenlehre, später auch Ökonometrie. Olga war hier eifriges Mitglied, hielt Vorträge zu eigenen und benachbarten Gebieten, griff einige der aufgeworfenen Probleme auf und bot Lösungen an. Diese wurden teilweise in der zugehörigen Publikationsreihe, den Ergebnissen eines Mathematischen Kolloquiums, veröffentlicht. Menger band Ergebnisse von OLGA TAUSSKY auch in eigene Arbeiten ein. Weitere ihrer Resultate, Beiträge zur Gruppentheorie, erschienen im Anzeiger der Österreichischen Akademie der Wissenschaften. Auch ein Vortrag über Resultate ihrer Dissertation am 30. Mai 1930 in der Wiener Mathematischen Gesellschaft ist ein Zeichen für ihr frühes wissenschaftliches Engagement. Im Mathematischen Kolloquium erlebte sie am 22. Januar 1931 das Epoche machende Ereignis der ersten Vorstellung des Gödelschen Satzes 'Über Vollständigkeit und Widerspruchsfreiheit'. Ihre eigenen Vorträge, am 4. März 1931 'Über ähnliche Abbildungen von Gruppen' und am 27. Oktober 1931 'Zur Axiomatik von Gruppen', belegen ihre bemerkenswerte Produktivität - obgleich sie keine bezahlte Stelle an der Universität hatte. Die Assistentenstellen waren in Wien zu Beginn der 1930er Jahre extrem rar. Auch GÖDEL und weitere später bedeutende Mathematiker konnten hier nie eine Universitätsposition erreichen. Um Geld zu verdienen, gab OLGA TAUSSKY weiterhin Nachhilfestunden. Am mathematischen Institut leistete sie unbezahlte Dienste für FURTWÄNGLER sowie für HAHN und MENGER, die sie wissenschaftlich förderten. Gemeinsam mit HAHN schrieb OLGA TAUSSKY z.B. eine Rezension über BARTEL L. VAN DER WAERDENS (1903–1996) Klassiker *Moderne Algebra* – ein Werk, das auf Vorlesungen von EMMY NOETHER (1882–1935) und EMIL ARTIN basierte. Ein wichtiger Schritt in OLGA TAUSSKYS Karriere war der Besuch von wissenschaftlichen Veranstaltungen außerhalb Österreichs. Die Gruppe um MENGER, einschließlich OLGA TAUSSKY, fuhr im September 1930 nach Königsberg (damals Ostpreußen, jetzt Kaliningrad, Russland), wo die Jahresversammlung der Deutschen Mathematiker Vereinigung stattfand, traditionellerweise ein Markt für junge Mathematiker. Hier bot sich die Gelegenheit, ihre Ergebnisse vor den führenden Mathematikern vorzutragen. Olga sprach am 4. September 1930 zum Dissertationsthema *Über eine Verschärfung des Hauptidealsatzes* und am 6. September 1930 zum Thema *Eine metrische Geometrie in Gruppen*. Aus ihren Briefen geht hervor, dass sie nervös, aber erfolgreich war. Nach ihrem Vortrag über das Dissertationsthema entstand eine heftige Diskussion zwischen EMMY NOETHER und HELMUT HASSE (1898–1979), die beide an ähnlichen Problemen gearbeitet hatten - EMMY NOETHER von der algebraischen, abstrakten Seite her, die Olga damals noch fremd war. Außerdem traf OLGA TAUSSKY auf der Tagung ARNOLD SCHOLZ (1904–1942) und gewann mit ihm einen wichtigen Kooperationspartner. Ihre Zusammenarbeit, die Olga im Nachruf auf Scholz beschrieb [Taussky 1952], fand in einer großen gemeinsamen Studie ihren Höhepunkt [Scholz/Taussky 1934].

Bei der nächsten Jahresversammlung der Deutschen Mathematiker-Vereinigung, die im September 1931 in Bad Elster tagte, trat schließlich der gewünschte Erfolg ein. OLGA TAUSSKY sprach hier am 14. September 1931 *Zur Theorie des Klas-*

senkörpers und wies sich dadurch als Spezialistin in diesem schwierigen Gebiet aus, was vom Göttinger Mathematik-Professor RICHARD COURANT (1888–1972) erkannt und aufgegriffen wurde. COURANT, ein Schüler DAVID HILBERTS, organisierte die Edition der Gesammelten mathematischen Abhandlungen seines Lehrers, die anlässlich dessen 70. Geburtstages herausgebracht werden sollten. OLGA TAUSSKY wurde – gemeinsam mit WILHELM MAGNUS (1907–1990) und HELMUT ULM (1908–1975) – mit der Herausgabe von HILBERTs zahlentheoretischen Arbeiten betraut. Somit verbrachte sie das Studienjahr 1931/32 auf einer Assistentenstelle an der Universität Göttingen. Die Redaktion von HILBERTs Arbeiten stellte sich als größere Aufgabe als vorgesehen heraus, da immer wieder Fehler gefunden wurden, deren Korrektur nicht immer leicht war. Besonders HILBERTs 1897 erschienener Zahlbericht verursachte viele Diskussionen. Manche waren überhaupt der Meinung, dieser lange Artikel - fast ein Buch - sollte nicht aufgenommen, sondern stattdessen neu geschrieben werden, unter Berücksichtigung der moderneren Methoden. Es wurde schließlich beschlossen, den Artikel im Original abzudrucken und nur stillschweigend kleine Änderungen vorzunehmen. Meist handelte es sich dabei um Ergänzungen bei Beweisen oder genaueren Bedingungen. An manchen Stellen wurden Anmerkungen der Redaktion eingefügt, so etwa die Ergebnisse der programmatischen Furtwänglerschen Arbeit *Über die Theorie der relativabelschen Zahlkörper*. OLGA TAUSSKYS Produkt war eine sorgfältige Edition, wenn der Band auch längere Zeit erforderte und HILBERT zum Geburtstag nur ein leerer Einband überreicht werden konnte. Die Bedeutung dieser Edition dieses Zahlberichts wird u.a. dadurch unterstrichen, dass in jüngerer Zeit eine englische Übersetzung davon erschien [Hilbert 1998].

OLGA TAUSSKY profitierte nicht nur durch die aufwendige redaktionelle Arbeit, sondern war in Göttingen in eine wissenschaftliche Atmosphäre eingebunden, die sich durch eine besondere Internationalität auszeichnete. Sie besuchte und fertigte hier – stark nachgefragte – Mitschriften von Vorlesungen an, die der Hamburger Mathematiker EMIL ARTIN in Göttingen hielt. EMMY NOETHER bot zu Ehren des Wiener Gastes extra ein Seminar an, das sich ihrem Forschungsgegenstand, der Klassenkörpertheorie, widmete. Im Göttinger Mekka der Mathematik wurde OLGA TAUSSKY mit dem US-amerikanischen Mathematiker OSWALD VEBLEN (1880–1960) und zahlreichen weiteren ausländischen Gästen bekannt. VEBLEN hatte Einfluss darauf, dass sie später ein Stipendium für den Besuch des Women's Colleges Bryn Mawr, unter Obhut EMMY NOETHERS, erhalten konnte. Das Göttinger Jahr trug maßgeblich dazu bei, OLGA TAUSSKY international als Mathematikerin zu etablieren. Zugleich muss sie hier die drohenden Brüche in der politischen Entwicklung gespürt haben. Wenn darüber auch keine Aufzeichnungen von ihr vorliegen, so konnten ihr die Gefahren nicht verborgen bleiben, die in Deutschland um einiges früher als in Österreich bemerkbar waren und schließlich zahlreiche Mathematiker und Mathematikerinnen, darunter EMMY NOETHER, COURANT, GÖDEL, zur Emigration zwangen.

Dass OLGA TAUSSKY als vornehmlich Zahlentheoretikerin EMMY NOETHERS abstrakter Algebra insgesamt weniger zugeneigt war, drückt eines ihrer Gedichte aus. OLGA TAUSSKY hatte ihre alte Liebe zur Poesie nicht vergessen. Das folgende Gedicht gestaltete sie frei nach WILHELM BUSCH:

Es steht die Olga vor der Klasse, sie zittert sehr und denkt an Hasse; die Emmy kommt von fern hinzu mit lauter Stimm', die Augen gluh. Die Trepp hinauf und immer höher kommt sie dem armen Mädchen näher. Die Olga denkt: Weil das so ist, und weil mich doch die Emmy frisst, so werd ich keine Zeit verlieren, werd' keine Algebra studieren und lustig rechnen wie zuvor. Die Olga, dünkt mich, hat Humor. (Quelle: The Math. Intelligencer 19 (1997), S. 17)

Zum Abschluss ihres Göttinger Jahres, im Sommer 1932, fuhr Olga gemeinsam mit EMMY NOETHER zum Internationalen Mathematikerkongress, der alle vier Jahre – diesmal in Zürich – stattfand. Hier war EMMY NOETHER eingeladen, einen Hauptvortrag zu halten. Ein Zeugnis des guten Einvernehmens der beiden Mathematikerinnen ist die überlieferte Tatsache, dass EMMY NOETHER hierbei dem Rat ihrer jungen Kollegin folgte, die abstrakte Theorie durch ein Beispiel zu illustrieren. Im Herbst 1932 nach Wien zurückgekehrt, erhielt OLGA TAUSSKY schließlich nach einem Jahr eine von HAHN und MENGER vergebene Assistentenstelle, die durch sogenannte öffentliche Vorträge finanziert wurde, aber insgesamt schlecht bezahlt war. Ihre Mutter und die jüngere Schwester waren inzwischen nach Wien übersiedelt, womit sich die Möglichkeit eröffnete, nach Hause zum Tee einzuladen - als allein stehende Frau wäre das undenkbar gewesen. Sie empfing hier GÖDEL und andere Teilnehmer des Mathematischen Kolloquiums sowie ausländische Wissenschaftler, vor allem aus Japan. Sie setzte ihre Kooperation mit ARNOLD SCHOLZ brieflich fort, empfand aber – wie wir ihren Aufzeichnungen entnehmen - die wissenschaftliche Atmosphäre in Wien zunehmend als langweilig, nach dem anregenden Jahr in Göttingen. Dieses Gefühl hätten wohl nur wenige geteilt, vollzogen sich doch hier gerade interessante Entwicklungen in den Gebieten Topologie, Logik, Ökonometrie und auch in der Geometrie der Zahlen. Vielleicht meinte sie nur, dass sie in ihrem speziellen Gebiet wenig Ansprache finden konnte. Furtwängler war nur selten erreichbar und wenn, dann meist von Studierenden umringt. Für Fachgespräche blieb wenig Zeit. Außerdem wandte sich sein Interesse zunehmend der Geometrie der Zahlen zu, einem Gebiet, das OLGA TAUSSKY ferner lag. Sie arbeitete in dieser Zeit vornehmlich mit HANS HAHN, betreute auch zwei seiner Dissertanten und leitete eine Gruppe Studierender in HAHNS Seminar, zu denen die spätere Wiener Studienrätin und Mathematikhistorikerin AUGUSTE KRAUS, verehelichte DICK (1910–1993) – erste Biographin EMMY NOETHERS – gehörte. Aber auch HAHN schied schließlich als Kooperationspartner aus. Einerseits hatte er seine Interessen stärker außerwissenschaftlichen Fragestellungen zugewandt. Andererseits musste er lange Zeit im Krankenhaus verbringen und starb schließlich bereits im Alter von 55 Jahren am 24. Juli 1934.

Aus all diesen Gründen überrascht es nicht, dass OLGA TAUSSKY versuchte, ihre Karriere außerhalb des deutschsprachigen Raums fortzusetzen. Sie bewarb sich um ein am Girton College in Cambridge, Großbritannien, ausgeschriebenes Stipendium. Es wurde ihr zugesprochen, und zugleich erhielt sie – wie erwähnt – ein Angebot für ein Jahr an das Women's College Bryn Mawr, USA, zu gehen.

Sie hatte das Glück, beide Stipendien zu erhalten und annehmen zu können. Das Stipendium nach England konnte verschoben werden. Im Herbst 1934 reiste sie deshalb nach einigen Englisch- Lektionen über England mit dem Schiff nach Amerika. Sie hatte diesen Weg gewählt, in der Hoffnung, während der langen Schiffsreise ihre Englischkenntnisse zu verbessern (mit dem Erfolg, dass ihr späterer Mann Jack Todd ihr stets spaßeshalber ihren Liverpool-Akzent vorwarf). OLGA TAUSSKY erhielt ein Foreign Scholarship für Bryn Mawr im Studienjahr 1934/35, wofür sich Emmy Noether besonders eingesetzt hatte. Durch die engen Kontakte, die Göttinger Mathematiker seit den 1890er Jahren mit diesem College gepflegt hatten, konnte auch EMMY NOETHER hier unterkommen, als sie 1933 ihre Stelle verloren hatte. Sie baute hier – obgleich ihr nur noch wenige Jahre blieben – einen neuen Schülerinnenkreis auf. OLGA TAUSSKY organisierte gemeinsam mit EMMY NOETHER Seminare und fuhr mit ihr regelmäßig nach Princeton, wo NOETHER eingeladen war, Vorträge im Institute of Advanced Studies, dem neuen Mekka der Mathematik, zu halten. OLGA TAUSSKY profitierte von dieser inspirierenden Atmosphäre auch in ihrer weiteren Karriere. Die letzte Zeit von TAUSSKYS Aufenthalt in Bryn Mawr wurde durch NOETHERS Krankheit und plötzlichen Tod überschattet.

Im Sommer 1935 trat OLGA TAUSSKY das bereits erwähnte Stipendium, ein Science Fellowship, am Girton College in Cambridge, Großbritannien, an. Wir können die folgenden zwei Jahre noch zu ihren Lehrjahren zählen. Zwar war sie bereits anerkannt, hielt mehrere Vorträge bei der Royal Society of London, konnte ihre Forschungen weiterführen, hatte viele Verbindungen zu anderen Colleges, lernte den Cambridger Zahlentheoretiker GODFREY HAROLD HARDY (1877–1947) und weitere bedeutende Mathematiker wie HAROLD DAVENPORT (1907–1966) und HANS ARNOLD HEILBRONN (1908–1975) kennen, der 1933 nach seiner Promotion in Göttingen wegen seiner jüdischen Herkunft auch hatte emigrieren müssen. Sie fand jedoch niemanden, der ihre speziellen Interessen in der algebraischen Zahlentheorie und topologischen Algebra teilte. Im Jahre 1937 erhielt OLGA TAUSSKY durch Hardys Vermittlung eine Stelle am Westfield College der London University, wo sie umfangreiche Lehrverpflichtungen übernahm, neun Kurse, wobei pro Kurs ein bis zwei Stunden pro Woche zu halten waren. Hier in London hatte sie das Glück, ihren späteren Ehemann zu treffen, den irischen Mathematiker JOHN (JACK) TODD, der vor allem auf angewandten Gebieten arbeitete und 1937 an das Kings College der London University gewechselt war.

Sie heirateten am 30. September 1938. Bis dahin war Olga tschechische Staatsbürgerin gewesen. Es folgten (kriegsbedingt) mühsame, wechselhafte Jahre für das Paar. Die Colleges wurden evakuiert. Da OLGA TAUSSKY eine Erweiterung ihres Forschungsstipendiums erhielt, gingen beide 1940 zunächst nach Belfast an die

Queens University, wo Olga auch gemeinsam mit einem anderen jungen Mathematiker, ERNEST BEST, das mathematische Problem lösen konnte, welches das Ehepaar zusammengeführt hatte. Nach Belfast konnten sie Olgas Mutter und Schwester mitnehmen, die inzwischen ebenfalls aus Österreich emigriert waren. JOHN TODD wurde für den Kriegsdienst zunächst in Radarforschungen einbezogen und leistete – nach seinen Worten langweilige – mathematische Routine-Arbeiten, bis es ihm gelang, in einem National Mathematical Laboratory Mathematiker zu wichtigen Forschungsaufgaben zusammenzuführen. Olga war nach Ablauf des Stipendiums ihrem evakuierten College nach Oxford gefolgt. Bereits hier zeigte sich ihre große mathematische Inspiration; sie betreute ihre erste Doktorandin auf dem Gebiet der kombinatorischen Gruppentheorie, die später bedeutende Mathematikerin HANNA NEUMANN geb. CÄMMERER (1914–1971). HANNA NEUMANN hatte in Berlin das Lehramtsstaatsexamen absolviert und war ihrem Freund, dem jüdischen Mathematiker BERNHARD NEUMANN (1909–2002), in die Emigration gefolgt. Sie war allerdings mit der Lehrtätigkeit an der Mädchenschule wenig befriedigt. Deshalb wechselte OLGA TAUSSKY-TODD schließlich zum National Physical Laboratory in Teddington, wo sie ab 1943 den Titel „Scientific Officer, Ministry of Aircraft Production, London", führte und bis 1946 tätig war. Hier widmete sie sich stärker dem Gebiet der Differentialgleichungen, der Bestimmung von Eigenwerten und Eigenfunktionen - einem Gebiet, dem sie zunächst nichts hatte abgewinnen können, als sie bei RICHARD COURANT in Göttingen war. Außerdem kam sie mit der Matrizentheorie in Berührung, in der sie auch später noch bedeutende Resultate erzielen sollte. Die Erfahrungen und Ergebnisse in der angewandten mathematischen Forschung während des Krieges in Großbritannien und die Bekanntschaft mit US-amerikanischen Wissenschaftlern führten nach dem Kriege dazu, dass das Ehepaar eingeladen wurde, in den USA auch National Applied Mathematical Laboratories zu etablieren. Im Jahre 1947 ging das Ehepaar in die USA, um als Konsulenten für Mathematik beim seit 1901 bestehenden National Bureau of Standards zu arbeiten. Allerdings war der Ort der Anbindung der von ihnen zu schaffenden mathematischen Abteilung zunächst unklar. So verbrachten sie drei Monate in Washington und drei in Princeton, wo sie den Kontakt zu JOHN VON NEUMANN (1903-1957) vertieften – TODD (1996) schrieb: „I had some influence in getting him to turn to computers." – und gelangten schließlich an das Institut für Numerische Analysis an der UCLA (University of California in Los Angeles). Hier ging es Todd gesundheitlich so schlecht (Asthma), dass beide nach London zurückkehrten. Nachdem die Bedingungen in den USA geklärt waren und beide als mathematische Experten unbedingt gewollt waren, konnten sie 1949 beginnen, am National Bureau of Standards in Washington die Mathematik einschließlich Computertechnik aufzubauen. Sie nahmen die US-amerikanische Staatsbürgerschaft an und konnten die McCarthy-Ära überstehen, in der die Zahl der Mitarbeiter ihrer Abteilung stark dezimiert wurde. OLGA TAUSSKY-TODD lieferte in dieser Zeit signifikante Beiträge zur Lösung von Computerproblemen; sie publizierte Arbeiten zur numerischen Analysis, aber auch zur Matrizen-, Gruppen- und algebraischen Zahlentheorie. Das Jahr 1955 verbrachten beide am Courant Institute for Advanced Study in New York.

Während JOHN TODD dort Numerische Analysis lehrte, hielt OLGA TAUSSKY-TODD einen Kurs über Matrizentheorie. Hier empfand sie, dass die wissenschaftliche Tätigkeit, die Lehre und Forschung kombinierte, ihre eigentliche Berufung ist. Angebote, bei denen nur JOHN TODD eine Position als Wissenschaftler erhalten hätte, und sie an einer High School hätte lehren müssen, lehnten sie ab. Als ihre Abteilung im National Bureau of Standards in Washington drohte, nach außerhalb in neue Gebäude verlagert zu werden, erhielten sie 1957 ein Angebot, das beiden eine Chance bot.

Das Caltech (Californian Institute of Technology) in Pasadena bei Los Angeles sollte ihre letzte große Wirkungsstätte werden. Hier konnte sich OLGA TAUSSKY in wissenschaftlicher Hinsicht voll entfalten. JOHN TODD hatte von Beginn an eine ordentliche Professur, etablierte insbesondere die Computertechnik am mathematischen Department und war auch sonst für angewandte Mathematik zuständig. OLGA TAUSSKY-TODD hielt Spezialvorlesungen zur Matrizen- und Eigenwerttheorie und verschiedenen anderen Themen und betreute Dissertationen zahlreicher Personen (insgesamt 16). Allerdings war es durchaus typisch, dass sie zunächst als verheiratete Frau nicht tatsächlich eine offiziell als Professur bezeichnete Stelle bekleidete, obgleich sie die Aufgaben einer ordentlichen Professorin ausübte. Als im Jahre 1969 eine junge Frau, Assistant Professor of English, in der Presse als erste Professorin des Caltech glorifiziert wurde, wandte sich OLGA TAUSSKY selbst an die Regierung, woraufhin sie nun im Jahre 1971 effektiv zur Professorin ernannt wurde. OLGA TAUSSKY betrieb in allen ihren Lebensstationen sehr intensiv Mathematik. Kollegen, die sich durch äußere Umstände, wie z.B. Verwaltungsarbeiten, von der Forschung ablenken ließen, behandelte sie unnachsichtig streng. Ihr Forschungsfeld war vielseitig. Im Folgenden sollen die wichtigsten Gebiete kurz zusammengefasst werden. Einige Arbeiten wurden bereits erwähnt, u.a. Arbeiten zur Klassenkörpertheorie, ein Gebiet, das sie auch später noch beschäftigte. Dazu gehörten insbesondere ihre Ergebnisse zu Sätzen aus HILBERTs berühmten Zahlbericht, die Sätze 90 und 94 - Bezeichnungen, die OLGA TAUSSKY erst populär machte. Auch ihre Arbeiten über topologische Algebra und Metrik in Gruppen wurden bereits genannt. Viele ihrer wichtigsten Beiträge lassen sich der Matrizentheorie zuordnen, vor allem der Berechnung der Eigenwerte von Matrizen. Sie widmete sich auch intensiv der Untersuchung von Quaternionen und Caley-Zahlen. Ihre große Liebe galt den Summen von Quadraten, worüber sie mehrfach publizierte. Besonders berühmt wurde ihre Arbeit *Sums of Squares*, die im American Mathematical Monthly 77 (1970) erschien. All ihre Arbeiten sind elegant geschrieben und noch immer gut lesbar, auch für Mathematiker, die nicht Spezialisten im behandelten Gebiet sind. Neben den wissenschaftlichen Artikeln hat sie immer wieder Probleme gestellt und publiziert, aus denen oft Forschungsgebiete ihrer Schüler wurden. Alle, die mit ihr zu tun hatten, berichten über die ständigen Aufmunterungen und Hilfestellungen, aber auch über ihre Strenge, wenn sie das Gefühl hatte, dass nicht der nötige Ernst hinter den Bemühungen stand. Das Paar OLGA und JOHN TODD hatte im Jahre 1958 ein Haus nahe dem Caltech erworben, das sich in Spazierentfernung von den Huntington Gardens mit der berühmten Kunstsammlung und ausgedehnten wunderbaren Gärten – japanischer Garten, Tropenwald und riesige Kakteen - befindet. In ihrem eigenen Garten wuchsen Kakteen, Kumquats, Avocados und Zitronen, liebevoll gepflegt von JACK TODD. In ihrem Haus besaß jeder sein eigenes Arbeitszimmer, das – wie bei Mathematikern üblich – angefüllt mit Papieren, Zeitschriftenartikeln und Büchern war. Olga pflegte neben der Mathematik, die an erster Stelle stand, auch andere Interessen. Neben der Liebe zur Poesie sammelte sie Mineralien und freute sich sehr über Briefmarken mit dem Thema Mathematik. Im praktischen Leben eher ungeschickt, überließ sie die Haushaltsführung weitestgehend ihrem Mann. Auch nach ihrer Emeritierung führte OLGA TAUSSKY-TODD mathematische Untersuchungen fort, nun ungestört durch akademische Verpflichtungen. Beiden blieben etliche Jahre bei guter Gesundheit, in denen sie zahlreiche Reisen unternahmen, zu Vorträgen waren sie auch schon zuvor viel nach England, Deutschland, Österreich, Frankreich, Israel gereist. OLGA TAUSSKY-TODD wurde zunehmend zu einer Gallionsfigur für mathematisch tätige Frauen, vielfach interviewt und beschrieben. Es sei auch hervorgehoben, dass sie – im Gegensatz etwa zu EMMY NOETHER, die bei Karrierefragen Männer bevorzugte, da diese Familien ernähren müssten - junge Kolleginnen förderte. OLGA TAUSSKY-TODD starb am 7. Oktober 1995 nach längerer Krankheit, aber doch überraschend im Schlaf zu Hause.

Hier ist eine Auswahl ihrer Ehrungen und Auszeichnungen:

- 1963 Los Angeles Times 'Woman of the Year' Award

- 1970 Ford-Preis der Mathematical Association of America für die Arbeit 'Sums of Squares'

- 1975 korrespondierendes Mitglied der Österreichischen Akademie der Wissenschaften

- 1978 Ehrenkreuz für Wissenschaft und Kunst der Republik Österreich

- 1980 feierliche Erneuerung ihres Doktordiploms der Universität Wien

- 1985 Mitglied der Bayerischen Akademie der Wissenschaften

- 1986 bis 1986 Vizepräsidentin der American Mathematical Society

- 1988 Ehrendoktorat der University of Southern California

- 1990 Instructorship in Mathematics mit ihrem Namen eingeführt

- Als erster weiblicher Fellow erhielt sie den Award M.A. Cambridge ex officio, wofür eine Statutenänderung nötig gewesen war.

Und hier ist eine sehr kleine Auswahl ihrer wichtigsten Publikationen

[1] Taussky, O. (1932). Über eine Verschärfung des Hauptidealsatzes für algebraische Zahlkörper. *Journal für die reine und angewandte Mathematik*, 168, 193–210.

[2] Scholz, A., & Taussky, O. (1934). Die Hauptideale der kubischen Klassenkörper imaginär-quadratischer Zahlkörper: ihre rechnerische Bestimmung und ihr Einfluß auf den Klassenkörperturm. *Journal für die reine und angewandte Mathematik*, 171, 19–41.

[3] Taussky-Todd, O. (1935). Arnold Scholz zum Gedächtnis. Mathematische Nachrichten, 7(6), 379–386.

[4] Taussky-Todd, O. (1981). My personal recollections of Emmy Noether. In J. W. Brewer & M. K. Smith (Hrsg.) *Emmy Noether. A tribute to her life and work*, 79–92.

[5] Taussky-Todd, O. (1987). Remembrances of Kurt Godel. *Engineering and Science*, 51(2), 24–28.

[6] Taussky-Todd, O. (1985). An autobiographical essay. *Mathematical People, Profiles and Interviews* (S. 309–336). Birkhäuser.

[7] Taussky-Todd, O. (1997). Recollections of Hans Hahn. In L. Schmetterer, K. Sigmund, & K. Popper (Hrsg.) *Hans Hahn. Gesammelte Abhandlungen* (Band III, S. 570–572).

Weiterführende Literatur

[1] Heindl, G. (Hrsg.). (2000). *Wissenschaft und Forschung in Österreich* (S. 161–174).

[2] Binder, C. (2016). Olga Taussky and Class Field Theory. In B. A. Case & A. M. Legett (Hrsg.) *Complexities: Women in Mathematics* (S. 281–292).

[3] Davis, C. (1997). Remembering Olga Taussky Todd. *The Mathematical Intelligencer*, 19, S. 15–19.

[4] Hilbert, D. (1998). *The theory of algebraic number fields*. Springer.

[5] Hlawka, E. (1997). Renewal of the Doctorate of Olga Taussky-Todd. *The Mathematical Intelligencer*, 19, 18–20.

[6] Hlawka, E. (1997). Olga Taussky-Todd, 1906–1995. *Monatshefte für Mathematik*, 123(3), 189–201.

[7] McLoughlin, M. A. S. (1996). *Olga Taussky-Todd: Grande dame of mathematics*. Thesis. Rensselaer Polytechnic Institute.

[8] Debreu, G., Dawson, W., Alt, F., Engelking, R., & Hildenbrand, W. (Hrsg.). (2013). *Karl Menger, Ergebnisse eines Mathematischen Kolloquiums*. Springer.

[9] Schneider, H. (1977). Olga Taussky-Todd's influence on matrix theory and matrix theorists: A discursive personal tribute. *Linear and Multilinear Algebra*, 5(3), 197–224.

68. Johann Radon 1887–1956

CHRISTA BINDER

JOHANN RADON war ein bedeutender österreichischer Mathematiker, der in Fachkreisen weltweit bekannt ist, und dessen Name in zahlreichen Fachbegriffen weiterlebt, die zum Teil zur mathematischen Allgemeinbildung gehören (Radon-Integral, Radon-Nikodym-Ableitung, Radon-Transformation, etc.).

Johann Radon wurde am 16. 12. 1887 in Tetschen (Děčín) geboren. Sein Vater, Oberbuchhalter der Tetschener Sparkasse, war Sudetendeutscher, die Mutter stammte aus Thüringen. Die Gymnasialzeit verbrachte er in Leitmeritz (Litoměřice). Beide Orte liegen an der Elbe, nicht weit von Dresden. Außer für Mathematik interessierte er sich auch für alte Sprachen und für Musik. Danach studierte er Mathematik und Physik an der Universität in Wien und beendete das Studium 1910 bei GUSTAV VON ESCHERICH mit einer Dissertation über Variationsrechnung (Hinreichende Bedingungen für ein Minimum in einem Variationsproblem, wenn nur die erste Ableitung im Integranden vorhanden ist). Die Promotion war am 18. 2. 1910, und am 11. 6. 1910 legte er auch die Lehramtsprüfung für die Fächer Mathematik und Physik ab.

Das Studienjahr 1910/11 konnte er dank eines Reisestipendiums in Göttingen verbringen, wo er DAVID HILBERT und HERMANN WEYL hörte. Im folgenden Studienjahr war er als Assistent an der Technischen Hochschule in Brünn bei HEINRICH TIETZE und ERNST FISCHER tätig. Danach übersiedelte er als Assistent von EMANUEL CZUBER an die Technischen Hochschule Wien.

Wegen starker Kurzsichtigkeit war er vom Militärdienst befreit. Nach der Habilitation 1914 (Theorie und Anwendungen der absolut additiven Mengenfunktionen) konnte er die Kriegsjahre bis 1919 als Privatdozent an der Universität Wien, an der Technischen Hochschule Wien und an der Hochschule für Bodenkultur wirken. 1919 wurde er zum außerordentlichen Professor ernannt, und noch im selben Jahr wurde er als außerordentlicher Professor an die neu gegründete Universität Ham-

Fig. 1: Johann Radon

Fig. 2

© Der/die Herausgeber bzw. der/die Autor(en), exklusiv lizenziert durch Springer-Verlag GmbH, DE, ein Teil von Springer Nature 2020
G. Glaeser (Hrsg.), *77-mal Mathematik für zwischendurch*,
https://doi.org/10.1007/978-3-662-61766-3_68

burg berufen. 1922 führte ihn sein Karriereweg nach Greifswald, wo er als ordentlicher Professor Nachfolger von FELIX HAUSDORFF wurde, und 1925 weiter nach Erlangen als Nachfolger von TIETZE. Die Zeit in Erlangen war für RADON und seine junge Familie (mehr dazu später) sehr glücklich, nette Kollegen, viel Hausmusik, reges gesellschaftliches Leben (ein Leopoldi-Fest mit Fasslrutschen sollte legendär werden). Dennoch nahm er 1928 einen Ruf nach Breslau an (als Nachfolger von ADOLF KNESER), um an einer größeren Universität wirken zu können. Dort wohnte die fünfköpfige Familie in verschiedenen Häusern mit Garten, nahe einem Badesee und einem kleinen Hügel, unternahm viele Wanderungen. Auch hier gab es Hausmusik, und man nahm eifrig am kulturellen Leben der damals deutschen Stadt teil. Die Kinder besuchten das Gymnasium.

1929 lehnte RADON einen Ruf nach Leipzig ab, 1935 sollte er als Nachfolger von WILHELM WIRTINGER nach Wien gehen, doch er lehnte auch diesen Ruf ab, da er das Mathematische Seminar in Breslau während des Zusammenschlusses der Universität mit der Technischen Hochschule nicht verlassen wollte. Einen weiteren Ruf, 1938 als Nachfolger von PHILIP FURTWÄNGLER nach Wien zu kommen, hätte er angenommen, doch wurde ihm schließlich jemand anderer vorgezogen – dieser Beweis seiner politischen Einstellung sollte ihm später zugute kommen.

Zusätzlich zu den üblichen Vorlesungen hielt RADON in Breslau ab 1929 in seiner Wohnung ein unentgeltliches Mathematisches Privatissimum für besonders begabte Studenten.

JOHANN RADON hatte 1916 MARIA RIEGELE aus Wien geheiratet. Ihr erster Sohn starb knapp nach der Geburt, Hermann, geboren 1918, starb 1939 nach schwerer Krankheit, Ludwig, geboren 1919, starb 1943 im 2. Weltkrieg im Russlandfeldzug nach einem Lungendurchschuss. Nur die 1924 geborene Tochter Brigitte lebt noch. Sie studierte Mathematik in Innsbruck, promovierte 1951 bei GRÖBNER und heiratete den Mathematiker und späteren Rektor der Technischen Hochschule Wien ERICH BUKOVICS (1921–1975).

Im eiskalten Jänner 1945 musste die Familie vor den herannahenden russischen Truppen aus Breslau flüchten. Es war eine abenteuerliche Reise, bei der praktisch all ihr Hab und Gut verloren ging. Nach einem Zwischenstopp im Schloss Schönburg in Wechselburg nahe Leipzig konnten sie in Innsbruck unterkommen (Sowohl sein Brief an den Kollegen LEOPOLD VIETORIS mit der Bitte um Hilfe, als auch dessen zustimmende Antwort erreichten trotz der Endkriegswirren ihr Ziel!) 1946 konnte RADON nach Wien zurückkehren, wo er bis zu seinem Tod am 25. 05. 1956 als Professor an der Universität wirkte. Im Studienjahr 1951/52 war er Dekan und im Studienjahr 1954/55 Rektor der Universität Wien. Er starb am 25. 6. 1956 nach längerer Krankheit in Wien.

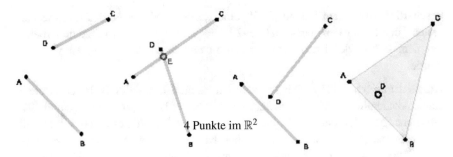

4 Punkte im $\mathbb{R}^2$

Fig. 3: Die Teilmengen $\{A,B\}$ und $\{C,D\}$ haben disjunkte konvexe Hüllen, nicht aber die Teilmengen $\{A,C\}$ und $\{B,D\}$.

Fig. 4: Hier liefert jede Zerlegung der Menge $\{A,B,C,D\}$ in disjunkte Zweipunkt-Mengen disjunkte konvexe Hüllen, nicht aber die Zerlegung in $\{A,B,C\}\cup\{D\}$.

Wissenschaftliche Arbeit

RADON war sein ganzes Leben lang besonders an Variationsrechnung interessiert, bekannter ist er jedoch durch drei frühe Resultate, die hier – ohne auf Details einzugehen – kurz erwähnt werden sollen: In seiner ersten großen Arbeit (1913) entwickelt er die Integrationstheorie – statt aus dem Maßbegriff – auf Basis linearer Funktionale, ein Zugang, der später von Bourbaki übernommen wurde (Radon-Integral).

Ein Satz von Radon in der diskreten Geometrie besagt, dass jede $(n+2)$-elementige Menge im n-dimensionalen (euklidischen) Raum so in zwei disjunkte Teile zerlegt werden kann, dass deren konvexe Hüllen nichtleeren Durchschnitt haben. RADON hat diese nahezu triviale Aussage nicht explizit formuliert, sondern nur als Hilfsresultat (1920) bewiesen, als er einen Beweis für einen anderen Satz der diskreten Geometrie suchte (und fand), von dem ihm Helly, ein in Kriegsgefangenschaft geratener Kollege, erzählt hatte. Beide Sätze – der Satz von Helly und der Satz von Radon – bildeten den Anfangspunkt eines wichtigen und inhaltsreichen Zweigs der diskreten Geometrie.

Die heute wohl bekannteste Arbeit RADONS ist ein kurzer Artikel (1917), in der er eine Integraltransformation einführte, die heute Radon-Transformation genannt wird und die theoretische Rechtfertigung der Computertomographie und anderer bildgebender Verfahren liefert http://de.wikipedia.org/wiki/Radon-Transformation.

In Würdigung des internationalen Rufes von JOHANN RADON wurde auch das durch die Österreichische Akademie der Wissenschaften (ÖAW) 2003 in Linz eingerichtete *Radon Institute for Computational and Applied Mathematics* (RICAM) http://www.ricam.oeaw.ac.at nach ihm benannt, das international vernetzt ist und auf den im Titel genannten Gebieten derzeit über 60 Mitarbeiter beschäftigt. Außerdem hat die ÖAW eine Radon-Medaille geschaffen, die zum ersten - und bisher einzigen - Mal 1992 Professor FRITZ JOHN für seine Arbeiten auf dem Gebiet der Radon-Transformation und ihren Anwendungen verliehen wurde.

Auszeichnungen. 1921 erhielt RADON den Richard-Lieben-Preis der Österreichischen Akademie der Wissenschaften, 1939 wurde er korrespondierendes und 1947 wirkliches Mitglied der Akademie, und im Jahr 1953 wurde er deren Sekretär für die mathematisch-naturwissenschaftlichen Klasse. 1987 wurde aus Anlass seines 100. Geburtstages in den Arkaden der Universität Wien eine Bronzebüste Radons aufgestellt, und die Österreichische Akademie der Wissenschaften veröffentlichte seine *Gesammelten Abhandlungen* mit ausführlichen Kommentaren.

Weiterführende Literatur

[1] Bukovics, B. (1993). Lebensgeschichte von Johann Radon, geschrieben von seiner Tochter Brigitte Bukovics. *Int. Math. Nachr.*, 162(1), 1–5.

[2] Christian, C. (1987). Festrede zum 100. Geburtstag Johann Radons. *Int. Math. Nachr.*, 146, 1–8.

[3] Einhorn, R. (1985). *Vertreter der Mathematik und Geometrie an den Wiener Hochschulen 1900–1940*, Diss. TU Wien, 297–314.

[4] Funk, P. (1958). Nachruf auf Prof. Johann Radon. *Monatshefte für Mathematik*, 62(3), 189–199.

[5] Girlich, H. J. (2005). *Johann Radon in Breslau: zur Institutionalisierung der Mathematik*. Univ. Leipzig, Fak. für Mathematik u. Informatik.

[6] Hlawka, E. (1987). *Erinnerungen an Johann Radon*. In: J. Radon, Gesammelte Abhandlungen (S. 3–15). Verlag der Osterreichischen Akademie der Wissenschaften.

[7] Hornich, H. (1960). Johann Radon. *DMV-Mitteilungen*, 63, 51–52.

[8] Hofreiter, N. (1956). Nachruf auf Professor Johann Radon. *Int. Math. Nachr. Nachr.*, 45/46, 65–66.

[9] Mayrhofer, K. (1958). Nachruf. *Almanach Akad. Wiss. Wien*, 107, 363–368.

[10] Oberkofler, G. (1975). *Zur Geschichte der Innsbrucker Mathematikerschule*. Veröffentlichungen d. Univ. Innsbruck, 10, 47–48.

[11] Radon, J. (1987). *Gesammelte Abhandlungen*. Verlag der Osterreichischen Akademie der Wissenschaften.

[12] Schmetterer, L. (1990). Johann Radon (1887-1956). *Int. Math. Nachr.*, 153, 15–22.

69. Hilda Geiringer (verh. Pollaczek, von Mises) 1893–1973

CHRISTA BINDER

HILDA GEIRINGER war die erste der in Wien promovierten Mathematikerinnen, die weiterhin in der Forschung tätig war, und sie war 1928 im deutschen Sprachraum erst die zweite Frau nach EMMY NOETHER in Göttingen 1919, die sich habilitieren konnte.

Fig. 1: Hilda Geiringer

HILDA GEIRINGER wurde als zweites von vier Kindern am 28. 9. 1893 in Wien geboren. Die Familie stammt aus Stampfen (Stupava, Slowakei). Der Vater, Ludwig Geiringer, war Textilerzeuger. So wie ihre Geschwister Ernst, Paul und Karl (ein bekannter Musiktheoretiker) musste sie später Wien verlassen und fand in den USA eine zweite Heimat.

HILDA GEIRINGER besuchte ab dem Jahr 1904 die Vorbereitungsklasse des Privat-Mädchen-Obergymnasiums des Vereines für erweiterte Frauenbildung in Wien und sodann ab dem Jahre 1905 das Gymnasium selbst, wo sie im Jahre 1913 die Reifeprüfung ablegte. Über diese Schule, oft Schwarzwald-Schule genannt, und über die Geschichte der sozialistischen Bewegung in Wien in der Zeit um den 1. Weltkrieg findet sich vieles in dem sehr interessanten Buch [5]. Dort ist auch belegt, dass Hilda in der „Jugendkulturbewegung" tätig war. Im Kreis um EUGENIE SCHWARZWALD verkehrten außerdem ADOLF LOOS, OSKAR KOKOSCHKA, RAINER MARIA RILKE und viele andere Persönlichkeiten. Sicher wurde Hildas Liebe zur Literatur hier begründet.

Ihre mathematische Begabung zeigte sich schon früh, so fiel ihr die Wahl des Studiums leicht. In ihrer Dissertation behandelt HILDA GEIRINGER die Verallgemeinerung der Theorie der Fourierreihen auf zwei Dimensionen. Neben der Mathematik hat sie auch Vorlesungen von ERNST MACH besucht. Sie blieb ihr Leben lang treue Anhängerin der Philosophie MACHS. Das war auch eine Gemeinsamkeit, die sie von Anfang an mit ihrem späteren Ehemann RICHARD VON MISES verbunden hat. Sicher hörte sie auch SIGMUND FREUD.

An HILDA GEIRINGER, der es gelungen war, ihr Studium mit der Dissertation in

G. Glaeser (Hrsg.), *77-mal Mathematik für zwischendurch*,
https://doi.org/10.1007/978-3-662-61766-3_69

nur vier Jahren abzuschließen, ist die entbehrungsreiche Zeit des 1. Weltkriegs natürlich nicht spurlos vorübergegangen. Sie hat in einem Kindergarten, der jüdische Flüchtlingskinder aufgenommen hatte, mitgearbeitet, sie hat Verwundete betreut, und sie war sehr aktiv im Akademischen Frauenverein, wo sie Vorträge über das Frauenstudium hielt, und war in der Friedensbewegung tätig. Da es in Wien keine Möglichkeit gab, wissenschaftlich tätig zu sein verließ HILDA GEIRINGER 1918 Wien, um in Berlin als Mitarbeiterin von LEON LICHTENSTEIN an der Redaktion des *Jahrbuchs über die Fortschritte der Mathematik* zu arbeiten. Daneben unterrichtete sie auch an der Volkshochschule. Ein Ergebnis dieser Tätigkeit ist ein Buch *Die Gedankenwelt der Mathematik*, in dem sie den Versuch unternimmt, die gesamte Mathematik und ihre Entwicklung populär verständlich darzustellen. Sie zeigt darin große Reife und umfassende Kenntnisse. Ihre philosophischen Ansichten sind sehr von MACH beeinflusst. Es gab um diese Zeit in Berlin eine Gruppe von Wiener Naturwissenschaftlern, zu der auch Hilda gehörte. Durch diese Gruppe, und auch durch ihre Arbeiten kam sie in Verbindung mit RICHARD VON MISES, der seit 1920 am Institut für Angewandte Mathematik an der Universität Berlin war. Sie wurde 1921 Assistentin an diesem Institut. Im gleichen Jahr heiratet sie FELIX POLLACZEK. 1922 wird die Tochter Magda geboren, bereits 1925 trennt sie sich wieder von ihm.

Als Assistentin von RICHARD VON MISES entwickelt sie eine reiche Forschungs- und Publikationstätigkeit. Sie beschäftigt sich nun mit Angewandter Mathematik und arbeitet in der Redaktion der *Zeitschrift für Angewandte Mathematik und Mechanik* mit. Sie hat enge Kontakte mit einer großen Zahl von Fachkollegen. 1928 gelingt ihr die Habilitation, und 1933 wurde für sie eine außerordentliche Professur eingereicht.

Die Zeit von 1933 bis 1973 (immerhin ihr halbes Leben) hat HILDA GEIRINGER nicht mehr im deutschen Sprachraum verbracht. 1933 verliert sie die Lehrbefugnis und die Stelle in Berlin. Ein Jahr lang kann sie in Brüssel am Institut für Mechanik arbeiten. 1934 erhält sie ein Angebot, als Professorin für Reine und Angewandte Mathematik an der Universität Istanbul zu wirken. VON MISES war bereits seit 1933 Direktor dieses Instituts. Sie alle, inklusive ihrer Tochter, die die französische Schule besuchte, waren in Istanbul sehr glücklich, hatten ein ausgezeichnetes Arbeitsklima und wurden sehr gastfreundlich behandelt. Drei Jahre durften sie auf Französisch vortragen, dann auf Türkisch. 1939 müssen sie allerdings auch die Türkei verlassen. Über Portugal und England kommen sie in die Vereinigten Staaten von Amerika, wo RICHARD VON MISES ein Angebot der Harvard University hatte. Hilda unterrichtet dann bis 1944 in Bryn Mawr, nebst Kursen in Swarthmore, Haverford und der Brown University.

Am 5. November 1943 heiratet sie RICHARD VON MISES, 1944 wird sie Head of Department of Mathematics im Wheaton College, Norton, Massachusetts. Ihre Untersuchungen über Plastizität und Genetik führt sie all diese Jahre weiter. Nach dem plötzlichen Tod von RICHARD VON MISES am 14. 7. 1953 ändert sich ihre Situation. Sie beschäftigt sich nun intensiv mit seinem Nachlass und gibt etliche seiner Arbeiten und Bücher heraus. Als Beispiel sei hier das letzte und am meisten Neubearbeitung erfordernde Buch *Mathematical Theory of Probability and Statistics* (1964) erwähnt. Nach der Pensionierung 1959, ist sie noch einige Zeit als Research Fellow in Harvard tätig. Neben vielen Reisen beschäftigt sie sich jetzt wieder mit den Grundlagen der Wahrscheinlichkeitstheorie und mit historischen und philosophischen Problemen. Am 22. März 1973 stirbt sie in Santa Monica (Kalifornien) an Lungenentzündung. Unter den Ehrungen und Auszeichnungen, die HILDA GEIRINGER erhalten hat, ist die Ernennung zum Fellow of the American Academy of Arts and Sciences, die Ernennung zum Professor emeritus (mit vollem Ruhestandsgehalt) der Freien Universität Berlin, und ein Ehrendoktorat des Wheaton College.

Weiterführende Literatur

[1] Binder, C. (1992). Hilda Geiringer: Ihre ersten Jahre in Amerika. In *Amphora* (S. 25-53). Birkhäuser.

[2] Binder, C. (1995). Beiträge zu einer Biographie von Hilda Geiringer. *Mitteilungen der Gesellschaft für Angewandte Mathematik und Mechanik (GAMM)*, 4, 61–72.

[3] Richards, J. L. (1987). Hilda Geiringer von Mises (1893-1973). L. S. Grinstein & P.J. Campbell (Hrsg.). *Women of Mathematics. A Biobibliographic Sourcebook.* (S. 41–46). Greenwood Press.

[4] Siegmund-Schultze, R. (1993). Hilda Geiringer-von Mises, Charlier series, ideology, and the human side of the emancipation of applied mathematics at the University of Berlin during the 1920s. *Historia Mathematica*, 20(4), 364–381.

[5] Scheu, F. (1985). *Ein Band der Freundschaft: Schwarzwald-Kreis und Entstehung der Vereinigung Sozialistischer Mittelschüler.* Böhlau.

Eine etwas ausführlichere Version dieses Artikels und Biographien weiterer österreichischer Persönlichkeiten finden sich im Internet unter der Adresse `http://austria-forum.org/af/Wissenssammlungen/Biographien?start=g`.

VII. DIVERSES

70. Optimale Wege — der Dijkstra-Algorithmus

GILBERT HELMBERG

Eine Aufgabe der Praxis der Routenplanung, Telekommunikation, Internet-Organisation usw., die nach mathematischer Behandlung ruft, ist die folgende: Eine Anzahl von Örtlichkeiten ist durch Wege miteinander verbunden. Eine Benützung jedes dieser Wege ist aber mit einem bestimmten Aufwand an Zeit oder Kosten verbunden (wir werden kurz *Kosten* dazu sagen). Wie muss die Route geplant werden, auf der ich mit dem geringsten Kostenaufwand von meinem Startort zu meinem Zielort gelange?

Das passende mathematische Modell für diese Situation ist ein Graph, d.h. eine Konfiguration, die jede Örtlichkeit durch einen Punkt (*Knoten*) darstellt, und jeden Verbindungsweg durch eine Linie (*Kante*), die die entsprechenden Punkte verbindet — sie braucht nicht gerade zu sein.[1] Außerdem ist zu jeder Kante ein Zahlenwert notiert, der die Kosten für die Wegbenützung angibt. In Figur 1 ist ein Beispiel für einen solchen Graphen angegeben, wobei die Knoten mit den Buchstaben a bis h bezeichnet sind. Weil wir später zu jedem Knoten noch die Kosten der optimalen Verbindung mit dem Start dazuschreiben werden, ist jeder Knoten durch ein Rechteck markiert, in dem noch Platz freigelassen ist. Wie sollen wir vorgehen, wenn wir mit dem geringsten Kostenaufwand von a nach h kommen wollen?

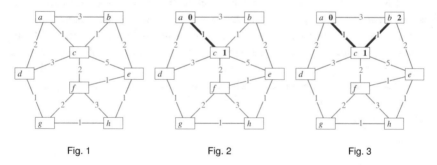

Fig. 1   Fig. 2   Fig. 3

Die Antwort gibt ein Algorithmus, der von dem holländischen Mathematiker Dijkstra[2] entwickelt wurde, und der von verblüffender Einfachheit ist. Beim Knoten a können wir gleich 0 eintragen, weil ja noch keine Kosten entstanden sind, wenn wir dort starten. Von a gehen drei Kanten aus, die wir mit ab (3), ac (1) und ad (2) bezeichnen können. In Klammern haben wir immer die entsprechenden Wegkosten für diese Kanten notiert. Die Kante mit den geringsten Kosten, nämlich 1, führt zum Knoten c. Wir tragen diesen Wert 1 beim Knoten c ein (Figur 2) und markieren die Knoten a, c sowie die Kante ac.

Von den beiden bisher markierten Knoten a und c gehen sechs weiterführende Kan-

---

[1] Natürlich müssen wir verlangen, dass je zwei Punkte durch einen Weg von aufeinanderfolgenden Kanten verbunden werden können, d.h., dass der Graph zusammenhängend ist.
[2] ausgesprochen „Deikstra"

ten aus, also solche, deren Endpunkte noch nicht markiert wurden:

$$ab\,(3), \quad ad\,(2), \quad cb\,(1), \quad cd\,(3), \quad ce\,(5) \quad \text{und} \quad cf\,(2).$$

Addieren wir jedesmal die Kosten der Kante zu den eingetragenen Kosten des Anfangspunktes, so ergeben sich die Werte

$$ab\,[3], \quad ad\,[2], \quad cb\,[2], \quad cd\,[4], \quad ce\,[6] \quad \text{und} \quad cf\,[3].$$

Die kleinste Summe, nämlich 2, ergibt sich für die Kanten ad und cb. Im dem Fall, dass mehrere Kanten dieselbe Summe ergeben so wie hier, wählen wir zufällig eine aus, nämlich cb.[3] Hier wird also beim Knoten b der Wert 2 eingetragen und die Kante cb markiert. 2 sind sicher die minimalen Gesamtkosten für einen von a nach b führenden Weg, da ein solcher Weg rückwärts entweder direkt nach a oder über c nach a führen muss. Jeder andere Weg würde über einen Knoten führen, der den Knoten a mit mehr Kosten erreicht, als der Weg über c.

Der Dijkstra-Algorithmus (er heißt auch kürzeste-Wege-Algorithmus) sieht nun den folgenden wesentlichen Schritt vor. Angenommen, wir haben bereits eine Anzahl von Knoten markiert und wissen, auf welchem Weg wir diese mit minimalen Kosten von a aus erreichen können. Dann schauen wir uns alle Kanten an, die von diesen Knoten aus *weiter* (zu einem noch nicht markierten Knoten) führen, addieren die Kosten jeder Kante zu den Kosten ihres jeweiligen Anfangsknotens und markieren den Endknoten mit der minimalen Kostensumme. Ist die Wahl nicht eindeutig, wenden wir die obige Regel an. Wir können dabei sicher sein, dass die eingetragene Kostensumme und der markierte Weg zu diesem Knoten optimal sind. (Figuren 4, 5 und 6).

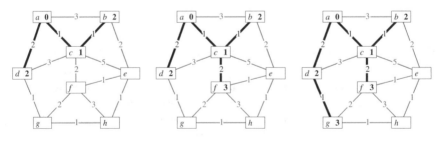

Fig. 4

Wir führen diese Schritte durch, bis wir beim Knoten h angelangt sind. In unserem Beispiel ist *adgh* der optimale Weg, er hat den Kostenwert 4 und wird in sieben Schritten bestimmt (Figuren 7 und 8).

---

[3]Wir verwenden die folgende Regel: Wir wählen denjenigen Endpunkt aus, der im Alphabet früher kommt, und bei gleichen Endpunkten markieren wir die Kante mit dem Anfangspunkt, der im Alphabet früher kommt.

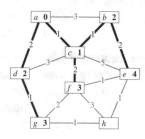 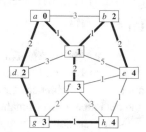

Fig. 5

Ein paar charakteristische Züge des Dijkstra-Algorithmus seien zum Schluss noch einmal festgehalten:

- Bei jedem Schritt des Algorithmus werden ein weiterer Knoten und eine weitere Kante markiert.

- Die Kostenwerte der so erzeugten Verbindungswege mit dem Startknoten bilden dabei eine monoton aufsteigende Folge (die streckenweise auch konstant bleiben kann).

- Fortgesetzt kann die Prozedur werden, solange noch ein Knoten nicht markiert ist.

- Wenn alle Knoten markiert sind, wissen wir für jeden Knoten des Graphen, auf welchem Wege und mit welchen Kosten er von a aus erreicht werden kann.

Bei echten Problemstellungen in der Praxis sind die auftretenden Graphen wesentlich größer, und es muss die Art der Datenspeicherung, der Suchprozeduren und der Prozesssteuerung zweckmäßig gewählt werden. Die wesentlichen Schritte des Dijkstra-Algorithmus sind aber dieselben wie in unserem Beispiel.

Weiterführende Literatur

[1] Wallis, W. D. (2010). *A beginner's guide to graph theory*. Springer.

71. Vergiftung durch Medikamente?

GÜNTER PILZ

Wenn jemand regelmäßig ein Medikament einnimmt, wird dann nicht mit der Zeit die Konzentration im Blut zu hoch und der Patient stirbt? Vom Medikament, das man heute nimmt, ist ja auch noch etwas – wenn auch nicht viel – in den Folgetagen im Körper und bei jeder neuen Einnahme kommt wieder eine volle Dosis dazu. Ob, wann und wie sehr man sich fürchten muss, soll jetzt untersucht werden.

Eine einzige Medikamenteneinnahme

Nehmen wir den einfachsten Fall: Ein Medikament in der Dosis einer Einheit (was immer das im jeweiligen Fall sein mag), das einmal (mittags) genommen wird. Der Abbau des Medikaments folgt dem selben Gesetz wie z.B. der radioaktive Zerfall:

$$m(t) = m(0) \cdot e^{-ct}.$$

Dabei ist $m(t)$ die Menge des Medikaments nach t Tagen, $m(0)$ die Anfangsmenge (also in unserem Fall $m(0) = 1$), e die Eulersche Zahl $e = 2,78\ldots$ und c eine Konstante, welche die Abbaugeschwindigkeit beschreibt. Aber welchen Wert hat diese Konstante?

Die übliche Maßzahl für die Abbaugeschwindigkeit ist die *Halbwertszeit h*: Nach h Tagen ist nur mehr die Hälfte des Medikaments (wirksam) im Körper. Ist zum Beispiel $h = 1$, so ist einen Tag nach der ersten Einnahme noch $\frac{1}{2}$ der Substanz im Körper, nach 2 Tagen nur mehr $\frac{1}{4}$, nach 5 Tagen nur mehr $\frac{1}{32}$, usw. Sie sehen: Es wird zwar rasch weniger, aber (zumindest theoretisch) nie gleich Null, siehe Abbildung 1.

Zurück zur Halbwertszeit und der Konstante c: Den *total flüchtigen* Wert $h = 0$ schließen wir fortan aus. Nach h Tagen hätten wir die Gleichung

$$\frac{1}{2} = m(h) = 1 \cdot e^{-ch}.$$

Durch Logarithmieren erhält man daraus die Beziehung

$$-\ln(2) = \ln\left(\frac{1}{2}\right) = \ln(1) + \ln(e^{-c \cdot h}) = -c \cdot h, \quad \text{also} \quad c = \frac{\ln(2)}{h}.$$

Für $h = 1$ bekommen wir beispielsweise $c = \ln(2) = 0,69$, und wir haben nach 5 Tagen die Medikamentenmenge

$$m(5) = 1 \cdot e^{-\ln(2) \cdot 5} = (e^{-\ln(2)})^5 = \left(\frac{1}{2}\right)^5 = \frac{1}{32},$$

G. Glaeser (Hrsg.), *77-mal Mathematik für zwischendurch*,
https://doi.org/10.1007/978-3-662-61766-3_71

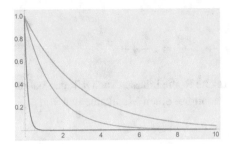

Fig. 1: Illustration des Gehalts einer Substanz über die Zeit, für verschiedene Halbwertszeiten h (blau: $h = 0\ 1$, orange: $h = 1$, grün: $h = 2$).

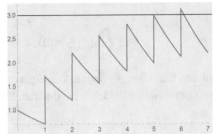

Fig. 2: Entwicklung der Medikamentenmenge im Körper im Fall $h = 2$ während einer Woche. Nimmt man an, dass die dreifache Dosis giftig wirkt, kann man aus dem Bild herauslesen, dass diese Schranke mit dem Wert 3.0 genau 6 Tage nach der ersten Medikamenteneinnahme, also mit der Medikamenteneinnahme am 7. Tag, überschritten wird.

wie schon oben gesehen. Wir kennen also den Zerfall des Medikaments (bei einer einzigen Einnahme, heute, also bei $t = 0$): Nach t Tagen ist die Medikamentenmenge

$$m(t) = e^{-t\ln(2)/h} = 2^{-t/h}$$

im Körper.

Tägliche Medikamenteneinnahme

Jetzt wird es spannender. Wir nehmen an, dass wir an jedem Tag zur selben Zeit, z.B. zu Mittag, eine Einheit eines Medikaments zu uns nehmen. Einen Tag später haben wir noch $m(1) = e^{-\frac{\ln(2)}{h}} = 2^{-1/h}$ im Körper. Diesen Ausdruck kürzen wir durch $q := 2^{-1/h}$ ab. Beachten Sie, dass wegen $h > 0$ stets $0 < q < 1$ gilt.

Jetzt kommen aber immer neue Dosen dazu! Zeit, sich wieder einmal zu fürchten. Am Tag 1 haben wir nach der neuen Medikamenteneinnahme also

$$1 + q$$

Einheiten im Körper, am Tag 2 (nach der neuen Medikamenteneinnahme) sind von der anfänglichen Gabe noch $m(2)$ übrig, von der Gabe vom Tag 1 noch $m(1)$ übrig, und am Tag 2 haben wir soeben 1 Einheit zu uns genommen. Wir haben also die Medikamentenmenge

$$1+m(1)+m(2) = 1+q+e^{-2\frac{\ln(2)}{h}} = 1+q+q^2.$$

in uns. Sie sehen, es läuft auf eine geometrische Reihe hinaus. Nach n Tagen haben wir (unmittelbar nach der Medikamenteneinnahme) einen Medikamenten von

$$1+q+q^2+\ldots+q^n = \frac{q^{n+1}-1}{q-1}.$$

Damit wir uns darunter Genaueres vorstellen können, sehen wir uns ein paar Beispiele an:

h Level nach	0	1	2	...	5	...	100 Tagen	q
$h=0,1$	1	1.001	1.001	...	1.001	...	1.001	0.001
$h=0,5$	1	1.25	1.31	...	1.33	...	1.33	0.25
$h=1,0$	1	1.50	1.75	...	1.97	...	2.00	0.50
$h=2,0$	1	1.71	2.21	...	2.99	...	3.41	0.71
$h=5,0$	1	1.87	2.63	...	4.36	...	7.73	0.87

Die Konzentrationen bei $h=2$ und besonders bei $h=5$ sehen schon bedrohlich nach Vergiftung aus. Wie sieht es *ganz langfristig* aus? Wir bestimmen den Grenzwert der unendlichen geometrischen Reihe

$$1+q+\ldots+q^n = \frac{q^{n+1}-1}{q-1} \xrightarrow{\quad n\to\infty \quad} 1+q+\ldots+q^n+\cdots = \frac{1}{1-q},$$

falls $q<1$. Für $q\geq 1$ wird der Grenzwert unendlich – das heißt, der Patient wird vergiftet. Aber wir haben ja oben gesehen, dass $0<q<1$ gilt. Wir sind gerettet!

Doch nein – halt! Eine Vergiftung setzt ja nicht erst bei unendlicher Konzentration ein, sondern vielleicht (medikamentenabhängig) schon bei einem Level von zum Beispiel 3. Ist k der kritische Wert für eine Vergiftung, müssen wir daher $\frac{1}{1-q}<k$ haben. Das ist in der obigen Tabelle z.B. bei der Konstellation $k=3$, $h=2$ (und in Folge $q=0,71$) verletzt. Die „Vergiftungsungleichung" $\frac{1}{1-q}<k$ können wir wegen $q:=2^{-1/h}$ auch wie folgt umformen:

$$h < \frac{\ln(2)}{\ln(k)-\ln(k-1)} = \frac{0{,}69}{\ln(k)-\ln(k-1)}.$$

Schauen wir uns am Fall $h = 2$, $q = 0{,}71$ an, wie sich die Medikamentenmenge im Körper in der ersten Woche entwickelt (Figur 2):

Ist hingegen die Ungleichung erfüllt, so wird die Medikamentenmenge auch nach beliebig langer Zeit die Vergiftungsschranke k nicht übersteigen.

Der eingeschwungene Zustand

Wenn wir ein bestimmtes Medikament schon sehr lange einnehmen, dann hat sich die Medikamentenmenge bereits so sehr dem oben berechneten Grenzwert $1/(1-q)$ angenähert, dass der Unterschied nicht mehr messbar ist. Wir haben also unmittelbar nach der täglichen Medikamenteneinnahme die Medikamentenmenge

$$\frac{1}{1-q}$$

im Körper, die nach einem Tag auf

$$q \cdot \frac{1}{1-q}$$

abgesunken ist. Durch Einnahme von 1 Einheit wird wieder

$$q \cdot \frac{1}{1-q} + 1 = \frac{1}{1-q}$$

erreicht. Es ist manchmal interessant, nicht nur den maximalen und minimalen Medikamentenspiegel zu kennen, sondern auch den mittleren. Es ist möglicherweise so, dass der mittlere Medikamentenspiegel (und nicht der maximale) dafür ausschlaggebend ist, ob eine Vergiftung eintritt oder nicht.

Aus dem zeitlichen Verlauf $m(t) = m(0) \cdot e^{-t \ln 2/h}$ des Medikamentenspiegels im Körper können wir die mittlere Medikamentenmenge bestimmen:

$$\int_{t=0}^{1} m(t)\,dt = \int_{t=0}^{1} m(0)e^{-t \ln 2/h}\,dt = \frac{-m(0)h}{\ln 2} \left[e^{-\ln 2/h} \right]_0^1 =$$
$$= -m(0)\frac{h}{\ln 2}(e^{-\ln 2/h} - 1) = \frac{1}{1-q}\frac{h}{\ln 2}(1-q) = \frac{h}{\ln 2}.$$

Wir haben hier $m(0) = \frac{1}{1-q}$ verwendet. Im Fall $h = 2$ erhalten wir also

- maximaler Medikamentenspiegel $1/(1-q) = 3{,}41$

- mittlerer Medikamentenspiegel $h/\ln 2 = 2{,}88$

- minimaler Medikamentenspiegel $q/(1-q) = 2{,}41$

Der mittlere Medikamentenspiegel bleibt also unter dem Wert 3, den wir in diesem Rechenbeispiel als kritisch angenommen haben.

Wir haben nun zusammenfassend das Folgende hergeleitet:

- Der Abbau eines Medikaments im Körper nach Zeit t erfolgt nach dem Gesetz $m(t) = m(0) \cdot e^{-t\frac{\ln(2)}{h}} = m(0) \cdot 2^{-t/h}$, wobei h die Halbwertszeit darstellt und $m(t)$ der Gehalt zum Zeitpunkt t ist.

- Nach *sehr langer Zeit* der wiederholten täglichen Einnahme von 1 Einheit ist der mittlere Medikamentenspiegel im Körper durch $h/\ln 2$ gegeben.

- Unter derselben Annahme haben wir für den maximalen Medikamentenspiegel (gleich nach der täglichen Einnahme) den Wert $1/(1-q) = 1/(1 - e^{-\ln 2/h})$.

72. Mathematik macht Mut

GÜNTER PILZ

Im Frühling ist die Zeit der Allergien. Wenn Sie betroffen sind, werden Sie nicht mutlos! Mathematik kann Ihnen helfen, Allergene (und sogar Kombinationen davon) herauszufinden. Und die Methode funktioniert auch für viele andere Situationen im Leben. Immer dann, wenn Sie wissen wollen, welche Effekte *Zutaten* zu einem *Endprodukt* haben, liefert Ihnen das folgende Verfahren sogar eine Formel dafür. Das ist fast wie *eine Lizenz zum Gelddrucken* Lassen Sie sich überraschen!

Ein (stark) vereinfachtes Beispiel

Nehmen wir an, Sie leiden immer wieder an Allergien und haben die folgenden Ursachen in Verdacht: Gräser (g) — Schokolade (s) — Tomaten (t) — Lärm (l) — Verschmutzung durch Feinstaub (v).

Nicht bei allen Auslösern für Allergien kann ein ärztlicher Test helfen. Sie können sich aber selbst helfen bzw. Ihren Arzt in der Diagnose unterstützen. Wählen Sie für die genannten möglichen Auslöser Einheiten und einheitliche Informationsquellen. Die Gräserpollenbelastung in Ihrer Gegend können Sie wohl übers Internet oder Telefon erfahren, die gegessene Schokolade vorher abwiegen, etc. Wählen Sie z.B. die Stufen 0 (keine allergische Reaktion) bis Stufe 5 (sehr starke Reaktion) und beobachten Sie sich. Wann immer eine oder mehrere der verdächtigen Ursachen auf Sie einwirken, notieren Sie die Mengen an g, s, t, l und v, sowie Ihre Reaktion darauf nach, sagen wir, einer Stunde.

Ihr *erstes Erlebnis* sei folgendes: g steht auf 0.3, der Lärm l ist auf Level 3, der Feinstaub auf 10 Einheiten. Sie vermerken eine leichte allergische Reaktion von Stufe 1. Das notieren Sie unter

g	s	t	l	v		
0.3	0	0	3	10	:	1

Wir nehmen an, weitere 9 Versuche liefern folgende Ergebnisse (weiter unten werden wir sehen, dass diese insgesamt 10 Versuche deutlich zu wenig sind):

0	2	0	1	4	:	0
0.5	1	3	0	0	:	5
0.1	8	2	0	21	:	1
0.8	0	1.1	2	7	:	4
0.1	0	0	1	27	:	0
0.9	4	0.3	0	0	:	1
0.6	0	2	5	6	:	5
0.1	3	0	4	11	:	2
0.6	0	2	4.5	0.1	:	5

G. Glaeser (Hrsg.), *77-mal Mathematik für zwischendurch*,
https://doi.org/10.1007/978-3-662-61766-3_72

Die Lösung (1. Teil — Matrizen)

Um zunächst die Einflüsse der einzelnen Störungsquellen des Wohlbefindens zu schätzen, schreiben wir das Versuchsprotokoll als Tabelle (Matrix) an:

$$
M = \begin{pmatrix}
0{,}3 & 0 & 0 & 3 & 15 \\
0 & 2 & 0 & 1 & 4 \\
0{,}5 & 1 & 3 & 0 & 0 \\
0{,}1 & 8 & 2 & 0 & 21 \\
0{,}8 & 0 & 1{,}1 & 2 & 7 \\
0{,}1 & 0 & 0 & 1 & 27 \\
0{,}9 & 4 & 0{,}3 & 0 & 0 \\
0{,}6 & 0 & 2 & 5 & 6 \\
0{,}1 & 3 & 0 & 4 & 11 \\
0{,}6 & 0 & 2 & 4{,}5 & 0{,}1
\end{pmatrix}, \quad
\vec{y} = \begin{pmatrix}
1 \\ 0 \\ 5 \\ 1 \\ 4 \\ 0 \\ 1 \\ 5 \\ 2 \\ 5
\end{pmatrix}.
$$

Wir hätten gerne eine *Formel* der Art, dass der Allergiegrad $A(g,s,t,l,v)$ bei den Störquellen g,s,t,l,v sich als

$$
A(g,s,t,l,v) = a \cdot g + b \cdot s + c \cdot t + d \cdot l + e \cdot v
$$

darstellen lässt. Wäre diese Formel richtig, so müsste

$$
M \cdot \begin{pmatrix} a \\ b \\ c \\ d \\ e \end{pmatrix} = \vec{y}
$$

gelten. Ein solches Gleichungssystem aus 10 Gleichungen in 6 Unbekannten ist im Allgemeinen nicht lösbar. Wir müssen also versuchen, es näherungsweise zu lösen. Die Mathematik sagt uns, wie man Schätzwerte für a, b, c, d, e mit der *Methode der kleinsten Quadrate* findet: Man löst stattdessen

$$
(M^T \cdot M) \cdot \begin{pmatrix} a \\ b \\ c \\ d \\ e \end{pmatrix} = M^T \cdot \vec{y}.
$$

Dabei ist M^T die zu M transponierte Matrix. Warum dies so ist, soll hier nicht erklärt werden, weil sich herausstellt, dass der hier besprochene Ansatz ohnehin nicht besonders sinnvoll ist. Die obige Gleichung führt auf

$$
\begin{pmatrix}
2{,}54 & 5{,}2 & 5{,}25 & 8{,}7 & 19{,}66 \\
5{,}2 & 94 & 20{,}2 & 14 & 209 \\
5{,}25 & 20{,}2 & 22{,}3 & 21\,2 & 61{,}9 \\
8{,}7 & 14. & 21{,}2 & 76{,}25 & 164{,}45 \\
19{,}66 & 209 & 61{,}9 & 164{,}45 & 1617{,}01
\end{pmatrix}
\cdot \begin{pmatrix} a \\ b \\ c \\ d \\ e \end{pmatrix}
= \begin{pmatrix} 14{,}1 \\ 29 \\ 44 \\ 59{,}5 \\ 142{,}5 \end{pmatrix},
\text{ d.h. }
\begin{pmatrix} a \\ b \\ c \\ d \\ e \end{pmatrix}
= \begin{pmatrix} 1{,}6 \\ -0{,}14 \\ 1{,}3 \\ 0{,}4 \\ -0{,}02 \end{pmatrix}.
$$

Den letzten Spaltenvektor nennen wir $\vec{z}$.

Man braucht hier nicht zu genau rechnen, denn die Eingangswerte sind geschätzt (die Pollenbelastung kann bei Ihnen anders sein als bei der Messstelle), die Komponenten von y (der Grad Ihrer Allergiebelastung) sind geschätzt und die obige Formel schätzt noch einmal die bestmöglichen Werte für die Unbekannten g, s, t, l und v. Der negative Wert für s und v klingen seltsam, die Ergebnisse für d und e sind sehr klein. Wir brauchen mehr Anhaltspunkte: In welchen Bereichen sind die Ergebnisse für g, s, t, l, v halbwegs sicher?

Die Lösung (2. Teil — Statistik)

Jetzt kommt Statistik ins Spiel. Nehmen wir an, wir möchten die Ergebnisse mit 95% Sicherheit in einen Bereich eingrenzen. Aus der Statistik weiß man folgendes: Seien m_i die i−ten Elemente der Hauptdiagonale von $(M^T \cdot M)^{-1}$, und S die Summe der Quadrate der Komponenten von $y - M \cdot \vec{z}$, dividiert durch (Anzahl der Versuche+Anzahl der Variablen-1). Dann schwankt die i−te Komponente von $\vec{z}$ mit 95% Sicherheit um den Betrag $\pm 1{,}65\sqrt{Sm_i}$.

Wenn wir 99%-ige Sicherheit wollten, müssten wir den Wert 1,65 durch 2,33 ersetzen. Diese Werte nennt man die 95- bzw. 99%-Quantile der Standardnormalverteilung.

Bei 95% bekommen wir $S = 0{,}14$ und $m_1, \ldots, m_5$ als 0,97, 0,02, 0,1, 0,03, 0,001. Wir können daher mit 95% Sicherheit sagen:

- Der Beitrag von g ist im Bereich zwischen 1 und 2,2.

- Der Beitrag von s ist im Intervall $[-0{,}2, -0{,}05]$ und daher zu vergessen.

- Der Beitrag von t liegt zwischen 1,1 und 1,5.

- Der Beitrag von l ist im Bereich 0,3 und 0,5.

- Der Beitrag von v ist im Bereich zwischen $-0{,}04$ und 0,001 (ebenfalls vergessen!).

Wir haben daher nur Gräser, Tomaten und Lärm als potentiell *signifikante* Auslöser und können daher die *persönliche Allergieformel* $A(g,t,l) = 1{,}6 \cdot g + 1{,}3 \cdot t + 0{,}4 \cdot l$ aufstellen. Wie gut erklärt diese Formel die erlittenen Allergieschübe?

$Fall-Nr.$	errechnet	tatsächlich
1	1,7	1
2	0,4	0
3	4,7	5
4	2,8	1
5	3,5	4
6	0,6	0
7	1,8	1
8	5,6	5
9	1,8	2
10	5,4	5

Unsere Formel erklärt die Allergieschübe also recht gut! Als Maß dafür dient die Summe der Abweichungsquadrate $(1,7-1)^2+(0,4-0)^2+\ldots+(5,4-5)^2 = 5,79$.

Und von s und v droht uns keine Gefahr! Das ist gut!

Die Lösung (3. Teil: Kreuzallergie?)

Es könnte aber vielleicht eine noch bessere Erklärung geben: Vielleicht schaukeln sich die Effekte von Gräsern und Tomaten auf? Zwischen diesen beiden Substanzen gibt es gelegentlich eine *Kreuzallergie*. Dem kommen wir so auf die Spur:

In unserer Matrix M streichen wir einmal die Spalten für s und v. Dafür geben wir eine neue Spalte mit den Werten $g \cdot t$ dazu. Die neue Matrix nennen wir N:

$$N = \begin{pmatrix} 0,3 & 0 & 3 & 0 \\ 0 & 0 & 1 & 0 \\ 0,5 & 3 & 0 & 1,5 \\ 0,1 & 2 & 0 & 0,2 \\ 0,8 & 11 & 2 & 0,88 \\ 0,1 & 0 & 1 & 0 \\ 0,9 & 0,3 & 0 & 0,27 \\ 0,6 & 2 & 5 & 1,2 \\ 0,1 & 0 & 4 & 0 \\ 0,6 & 2 & 4,5 & 1,2 \end{pmatrix}$$

und wir rechnen alles mit N statt M durch.

Für $\vec{z}$ bekommen wir $\begin{pmatrix} 0,45 \\ 0,2 \\ 0,31 \\ 2,62 \end{pmatrix}$ und mit 95% Sicherheit können wir sagen:

- Der Beitrag von g ist im Bereich zwischen $-0,1$ und 1.
- Der Beitrag von t ist im Intervall $[-0,1, 0,5]$ und daher zu vergessen.
- l trägt zwischen $0,23$ und $0,39$ bei.
- Der Beitrag von $g \cdot t$ liegt zwischen $1,9$ und $3,34$.

Jetzt passen uns die Werte von g und t überhaupt nicht mehr. Weg damit!

$$P = \begin{pmatrix} 3 & 0 \\ 1 & 0 \\ 0 & 1,5 \\ 0 & 0,2 \\ 2 & 0,88 \\ 1 & 0 \\ 0 & 0,27 \\ 5 & 1,2 \\ 4 & 0 \\ 45 & 1,2 \end{pmatrix}.$$

Unsere neue Formel lautet daher $\bar{A}(g,t,l) = 0,32 \cdot l + 3,2 \cdot g \cdot t$.

	Fall – Nr.	errechnet	tatsächlich
	1	1	1
	2	0,3	0
	3	4,8	5
	4	0,6	1
Der neue Vergleich:	5	3,5	4
	6	0,3	0
	7	0,9	1
	8	5,4	5
	9	1,3	2
	10	5,3	5

mit der viel besseren Summe 1,38 der Abweichungsquadrate.

Es ist also eine Kreuzallergie Gräser & Tomaten plus eine zweite Allergie gegen Lärm!

Kritik

Wir haben sicher zu wenige *Experimente* gemacht. Geübte Statistiker empfehlen als Faustregel etwa *10 mal der Anzahl der Variablen* als Stichprobenumfang. Zusätzlich wird ein guter Statistiker noch weitere Verbesserungen empfehlen können. Aber das Prinzip sollte klar geworden sein.

Andere Anwendungen

Das selbe Verfahren eignet sich offenbar für viele, viele andere Situationen:

- beste Mischung von Düngemitteln in der Landwirtschaft

- geschickteste Zusammensetzung von Lacken mit größtmöglicher UV-Beständigkeit

- optimale Mischung von Trainingsmethoden bei Athleten

und so weiter.

73. Ultrascharfe Fotos?

GEORG GLAESER

Sind Fotografien Zentralprojektionen?

Fotografie übt auf viele Menschen eine Faszination aus – auch auf Mathematiker und insbesondere auf Geometrie-Begeisterte. Im Geometrie-Unterricht sagt man etwas vereinfachend: Fotografien entsprechen Zentralprojektionen (Perspektiven) des Raums. Damit geht eine Reduktion des dreidimensionalen Raums in die zweidimensionale Ebene einher. Als *Beweis* gilt, dass man aus mehreren Fotografien mit recht guter Genauigkeit die fotografierte räumliche Szene rekonstruieren kann. Voraussetzung ist allerdings, dass qualitativ hochwertige Linsensysteme verwendet werden, die insbesondere geradlinige Kanten exakt geradlinig abbilden.

Auch wenn die Idee für Szenen mit größeren technischen Objekten wie Polyedern (z.B. Zimmer samt Einrichtung oder Gebäude) gar nicht schlecht funktioniert, gibt es doch massive Probleme im Makrobereich, also bei Fotografien von Objekten, die nur wenige Zentimeter groß oder gar kleiner sind.

Ein unmögliches Foto

Fig. 1: Links: Ein Makrofoto, das es eigentlich in dieser Schärfentiefe gar nicht geben sollte. Rechts: Maximale Schärfentiefe bei gewöhnlicher Makrofotografie

Die in Fig. 1 abgebildeten knapp 1 cm großen Fliegen unterscheiden sich fototechnisch bei genauerem Hinsehen grundlegend. Das Foto links (mit dem herausgewürgten Verdauungssaft) ist durchgehend scharf. Ein Insektenfotograf wird hier stutzig: Selbst mit den besten Makroobjektiven scheint so ein Foto nämlich unmöglich – auch bei Verwendung einer teuren Ausrüstung mit speziellen Makroobjektiven, Makroblitzen und der größtmöglichen Blendenzahl, wie beim rechten Foto, wo winzige Wassertröpfchen auf den Komplexaugen zu sehen sind.

Hier treten zwei Fragen auf: Warum kann man ein so kleines Objekt wie eine Fliege nicht durchgehend scharf fotografisch abbilden, und wie scheint es dann doch zu

G. Glaeser (Hrsg.), *77-mal Mathematik für zwischendurch*,
https://doi.org/10.1007/978-3-662-61766-3_73

gehen? Dieser Aufsatz soll die Sache mathematisch-geometrisch klären.

Die Linsengleichung

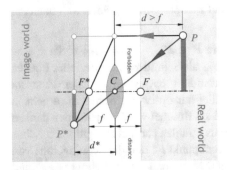

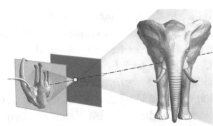

Fig. 2: das Prinzip einer Konvexlinse   Fig. 3: Abbildung großer Objekte

In der Physik wird die Wirkungsweise einer Linse (oder eines gut abgestimmten Linsensystems) wie folgt erklärt: Sei P ein Punkt der realen Welt. Er emittiert (sendet) nach allen Richtungen Lichtstrahlen. Zwei davon haben beim Durchgang durch das Linsensystem leicht vorhersehbare Eigenschaften. Der *Hauptstrahl* durch das Linsenzentrum C wird nicht gebrochen, während der Strahl parallel zur optischen Achse nach der Brechung durch den Brennpunkt F^* geht. Hinter der Linse (dem Linsensystem) treffen sich die beiden Strahlen – und alle anderen – in einem Bildpunkt P^*.

Aus Fig. 2 lässt sich daraus unter Verwendung von ähnlichen Dreiecken die *Linsengleichung* ableiten:

$$\frac{1}{f} = \frac{1}{d} + \frac{1}{d^*}. \tag{73.1}$$

Dabei ist f die Brennweite, und d bzw. d^* sind die orientierten Abstände des Raumpunkts P bzw. Bildpunkts P^* von der Symmetrieebene durch das Linsenzentrum C. Durch Rotation um die optische Achse kann man so zu jedem Raumpunkt den zugehörigen Bildpunkt ermitteln.

Die Gaußsche Kollineation

Setzen wir $d = kf$. Dann ergibt sich aus der Linsengleichung

$$d^* = \frac{k}{k-1} \cdot f = \frac{d}{k-1}. \tag{73.2}$$

Nach dem Strahlensatz ergibt sich damit für die Abstände eines Raumpunkts P und dessen Bildpunkt P^* vom Zentrum C die einfache Beziehung

$$\overline{CP^*} = \frac{1}{k-1} \cdot \overline{CP}. \tag{73.3}$$

Auch wenn die geometrische Abbildung $P \mapsto P^*$ in beide Richtungen funktioniert, wird eine Kamera nur jenen Halbraum abbilden können, dessen Punkte weiter als die Brennweite f vor der Linse liegen ($k > 1$): Punkte in der Ebene durch den Punkt F senkrecht zur optischen Achse werden auf Fernpunkte abgebildet, weil dann der Nenner $k - 1$ verschwindet.

Es ist leicht zu zeigen, dass die Abbildung $P \mapsto P^*$ *geradentreu* ist: Sei g eine beliebige Gerade des Raums. Diese kann stets als Schnitt zweier spezieller Ebenen ε und φ definiert werden. Dabei ist ε die Verbindungsebene von g mit dem Zentrum C und φ ist jene Ebene durch g, die parallel zur optischen Achse ist. ε geht in sich über ($\varepsilon^* = \varepsilon$), weil man sich die Ebene als Büschel von Hauptstrahlen denken kann. Die andere Ebene φ^* kann man sich aus Strahlen parallel zur optischen Achse vorstellen, die in ein Büschel durch den Brennpunkt F^* und die Schnittgerade von φ mit der Symmetrieebene übergehen. Das Bild g^* von g ist der Schnitt von ε^* und φ^* und somit eine Gerade. Unsere Abbildung $P \mapsto P^*$ ist folglich eine Kollineation – was ja der Fachausdruck für geradentreue Abbildung ist[1]. Diese Erkenntnis geht auf C. F. GAUSS zurück.

Der Zusammenhang mit der Fotografie

Mittels der einfachen Formel (73.3) lassen sich räumliche Objekte, die aus vielen Punkten zusammengesetzt sind, sehr einfach in ebenso *räumliche* Objekte transformieren. Wo bleibt da der Zusammenhang mit der Fotografie, die ja ein *zweidimensionales* Ergebnis liefert?

Betrachten wir wieder einen Punkt P im Abstand d von der Symmetrieebene (Kollineationsebene). Befindet sich die Ebene π des Sensors unserer Kamera zufällig im Abstand d^* von der Hauptebene, liegt der Bildpunkt P^* in π. So gesehen wird also der Schnitt des abzubildenden Objekts mit der *Schärfenebene* durch P im Abstand d parallel zur Kollineationsebene scharf in der Sensorebene abgebildet[2]. Alle anderen Punkte erscheinen mehr oder weniger unscharf.

Das Ausmaß der Unschärfe hängt, wie wir noch sehen werden, von verschiedenen Parametern ab. Ein entscheidender Parameter ist die Größe des Abstands des fotografierten Objekts im Verhältnis zur Brennweite.

Elefantenfotografie vs. Fliegenfotografie

Betrachten wir zunächst die Abbildung eines *großen* Objekts aus großer Distanz. Gemeint ist dabei die Relation der Ausmaße des Objekts zur Brennweite f (Fig. 3).

Für Punkte mit großer Distanz $d = k \cdot f$ ($k \gg 1$) variiert die Bildweite $d/(k-1)$

---

[1]Für Eingeweihte: Die Abbildung ist eine ganz spezielle *perspektive Kollineation*: Das Zentrum liegt in der *Kollineationsebene* (der Symmetrieebene). So eine Kollineation nennt man *Elation*.

[2]Man hätte mit dem Hausverstand annehmen können, dass in der fotografischen Abbildung all jene Punkte scharf abgebildet werden, die vom Linsenzentrum einen bestimmten konstanten Abstand haben (also auf einer Kugel um C liegen), der vom Abstand d^* der Sensorebene abhängt. Dies ist aber nach der Linsengleichung nicht der Fall, denn besagte Punkte liegen allesamt in einer Ebene, der *Schärfenebene* im Abstand d.

(Formel 73.2) nicht allzu sehr.

Das kollineare virtuelle Objekt hinter der Linse wird damit stark abgeflacht sein und dementsprechend wird die Unschärfe jener Punkte, die nicht genau in der Schärfenebene liegen, gering ausfallen. Von einem Elefanten ein bildfüllendes scharfes Foto zu machen, ist also kein Problem.

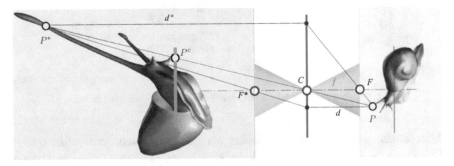

Fig. 4: Ein Objekt rückt an die „verbotene" Verschwindungsebene.

Je kleiner ein zu fotografierendes Objekt ist bzw. je näher dieses Objekt an die *verbotene* Verschwindungsebene rückt (Fig. 4), desto mehr wird der Ausdruck $f/(f-d) = 1/(1-k)$ in der Transformationsformel (73.3) variieren. Dadurch wird die Unschärfe der Punkte zu einem echten Problem.

Anmerkung: Kleine Brennweiten f wirken sich offensichtlich positiv auf die Schärfentiefe aus, weil dann eine Fliege oder Schnecke im Verhältnis zu f größer wird. Kameras mit kleinen Sensoren haben eine entsprechend kleinere Brennweite[3].

Geometrie vs. Physik

In der Geometrie scheint die Sache einfach: Man schneide den Lichtstrahl durch das Linsenzentrum mit der Sensorebene. Physikalisch gesehen ist das natürlich nicht so: Ein einziger Lichtstrahl reicht nicht aus, um den Sensor zu belichten. Man wird daher in der Hauptebene eine kreisförmige Öffnung – die Blende – einbauen müssen. Alle Lichtstrahlen, die von einem Raumpunkt P ausgehen, liegen dann innerhalb eines schiefen Kreiskegels durch die Öffnung, der in einen ebenfalls schiefen Kreiskegel gebrochen wird (Fig. 5).

Die Gesamtheit aller Lichtstrahlen in diesem gebrochenen schiefen Kreiskegel belichtet die Sensorebene nur dann punktförmig, wenn P in der *Schärfenebene* liegt. Bei allen anderen Punkten ergibt sich am Sensor ein sog. Unschärfekreis.

---

[3]Oft wird bei Werksangaben die Brennweite eines Objektivs z.B. mit 100 mm KB-äquivalent angegeben, das heißt, das Objektiv hätte bei einer Kleinbild-Sensorgröße von 24 mm × 36 mm eine Brennweite von 100 mm. Wenn der Sensor aber z.B. nur die Ausmaße 6 mm × 9 mm beträgt, erreicht man mit einer Brennweite von nur 25 mm denselben Bildeindruck. Im speziellen Fall liegt ein *Crop-Faktor* 4 vor. Mittlerweile kann man sogar mit guten Smartphones wegen deren extrem kurzen Brennweiten und entsprechend winzigen Sensoren (mit noch viel höheren Crop-Faktoren) erstaunlich scharfe Makrofotos machen. Das Problem ist hier allerdings die hohe Anzahl der Pixel auf kleinstem Raum, die unweigerlich Qualitätseinbußen nach sich zieht.

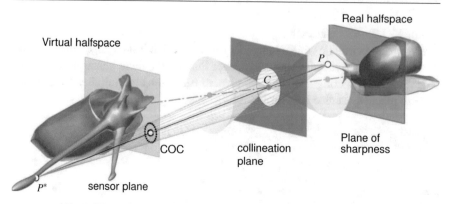

Fig. 5: Wie ein Unschärfekreis (englisch: COC = *circle of confusion*) entsteht

Man könnte nun annehmen, dass man nur genügend Licht verwenden müsse (Blitz), um die Blendenöffnung möglichst klein halten zu können (man spricht dann von einer hohen Blendenzahl). Dies ist aber nur bis zu einem gewissen Limit möglich (die Blendenöffnung sollte jedenfalls mehr als 1 mm betragen). Verkleinert man weiter, bekommt man es mit den Welleneigenschaften des Lichts zu tun: Es kommt zu einer Beugung am Rand der Öffnung, was eine unangenehme *Beugungsunschärfe* erzeugt. Das Optimum liegt dann bei einer von den Objektivherstellern angegebenen *förderlichen Blende*. Fotografen wissen: Das Überschreiten der förderlichen Blendenzahl mindert die Bildqualität.

Focus stacking

Bei der Elefantenfotografie halten sich die Probleme in Grenzen und wenn man als Fotograf einen Punkt anvisiert, der in etwa am Ende des ersten Drittels der gewünschten Entfernungsbandbreite liegt, wird das Bild zufriedenstellend scharf sein[4].

In der Makrofotografie aber ist das Schärfenproblem gravierend, insbesondere, wenn es sich nicht nur um künstlerische, sondern um wissenschaftliche Aufnahmen handelt.

Mittlerweile hat sich eine Technik namens *focus stacking* etabliert, die im Wesentlichen wie folgt funktioniert: Die Kamera nimmt – in möglichst kurzem Zeitabstand – mehrere Bilder der Szene auf, wobei der Abstand der Schärfenebene variiert wird. Auf diese Weise bekommt man eine Bilderserie, in denen der Reihe nach verschiedene Schichten des Objekts scharfgestellt sind. Die Theorie der Bildbearbeitung ist mittlerweile schon sehr fortgeschritten und entsprechende Software kann scharfe von unscharfen Bildpunkten unterscheiden.

Aus der gesamten Bilderserie wird dann in einem letzten Schritt *ein* scharfes Bild erzeugt. Wie gut das sogar ohne Stativ funktionieren kann, soll Fig. 6 zeigen: Links

---

[4]Oft hat man als künstlerischer Fotograf das gegenteilige Problem: Man will ja gezielt mit Unschärfen arbeiten. Hier empfiehlt sich die Verwendung größerer Brennweiten und der sogenannten *Offenblende*.

Fig. 6: Von einer Bildserie zum superscharfen Foto. Links zwei Einzelbilder aus der Serie, rechts das zusammengesetzte Bild.

sind exemplarisch das erste und das letzte Bild einer solchen Serie zu abgebildet, rechts ist das Endergebnis zu sehen[5].

Die Schärfenebene tastet das Objekt ab

Für jede Position der Sensorebene (Abstand d^*) gibt es in der Gaußschen Kollineation somit genau eine Schärfenebene (Abstand d), deren Position sich aus der Linsengleichung (73.1) ergibt:

$$d = fd^*/(d^* - f). \tag{73.4}$$

Bei einer marktüblichen Kamera bleibt die Position der Sensorebene fest und die Position des Linsenzentrums C wandert beim Scharfstellen auf der optischen Achse vor und zurück. Werden sehr weit entfernte Punkte scharfgestellt, befindet sich C im Abstand f vor der Sensorebene (mit $d^* = f$ ist $d = \infty$). Fotografieren wir ein zweidimensionales Gebilde – also z.B. eine Zeichnung – das sich in einer Ebene parallel zur Sensorebene im Abstand $s = d + d^*$ befindet und stellen scharf, dann nimmt das Zentrum C jene Position im Abstand d^* von der Sensorebene ein, die es zu berechnen gilt.

Mit Formel (73.4) gilt

$$s = d^{*2}/(d^* - f) \quad \text{bzw.} \quad d^{*2} - sd^* + sf = 0 \tag{73.5}$$

Die zweideutige Lösung dieser quadratischen Gleichung ist

---

[5]Ein zusätzlicher Vorteil der Methode ist, dass man im Normalfall kein „unendlich" scharfes Bild erhält, sondern dass eben eine gewisse Zone des Raums scharfgestellt ist. Unscharfe Hintergründe ermöglichen ein Freistellen des abzubildenden Objekts und verhindern, dass der Blick des Betrachters durch unnötige Details abgelenkt ist.

$$d^* = \frac{s}{2} \pm \sqrt{\frac{s^2}{4} - sf}.$$

Damit der Ausdruck unter der Wurzel nicht negativ ist, muss $s \geq 4f$ sein. Dies ist wegen der Voraussetzung $d > f$ tatsächlich immer der Fall (bei $d = d^* = 2f$ fallen die Lösungen zusammen). In der Tat sind beide Lösungen stets zulässig, wobei man bei der Berechnung einer Serie von Kamerapositionen sinnvollerweise immer bei *einem* Vorzeichen bleiben wird.

Liegt nun das Linsenzentrum im berechneten Abstand d^* vor der festen Sensorebene π, bildet sich unser zweidimensionales Gebilde erstens durchgehend scharf am Sensor ab, und zweitens erscheint es dort *ähnlich*, also perspektivisch unverzerrt, wenn auch nicht mehr in wahrer Größe.

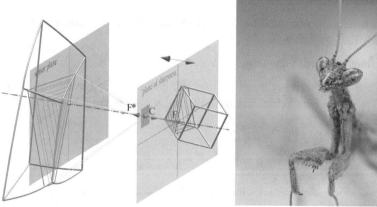

Fig. 7: Simulation des Scanvorgangs   Fig. 8: aus nur 3 Fotos gestackt

Kehren wir nun wieder zu dreidimensionalen Objekten zurück. Wenn wir von so einem Objekt eine Serie von Fotos bei gezielter Veränderung der Distanz des Linsenzentrums machen, erhalten wir Fotos, auf denen jeweils eine Schichtenlinie des Objekts scharf *und im Wesentlichen unverzerrt* – nämlich nur skaliert – abgebildet wird. Um die Sache zu illustrieren, wurde in Fig. 7 in einer Simulation des Vorgangs ein Würfel auf diese Weise in Schichten, die Dreiecke, Vierecke, Fünfecke oder Sechsecke sein können, abgebildet. Wenn wir die erhaltenen Bilder nun einfach nur übereinander legen, kommen wir allerdings auf seltsam veränderte Perspektiven (siehe dazu auch Fig. 9 links). Geraden – etwa die Kanten des Würfels – werden dabei gekrümmt abgebildet (man kann zeigen, dass es Parabeln sind). Das liegt natürlich daran, dass durch die unterschiedliche Distanz des Linsenzentrums von der Sensorebene die Schichtenlinien proportional zu dieser Distanz skaliert sind.

Umrechnung des Scan-Vorgangs in Normal- und Zentralprojektion

Genau genommen haben wir auf diese Weise unser Objekt dreidimensional gescannt – wenn auch unter der Einschränkung, dass nur die vom jeweiligen Zentrum sichtbaren Schichtenlinien erfasst wurden. Wir wollen nun noch gekonnt skalieren, um die Verhältnisse im während des Scan-Vorgangs sichtbaren dreidimensionalen realen Raum rechnerisch unter Kontrolle zu bekommen.

Sei t eine Strecke in der Schärfenebene, also im Raum, und t^* die zu ihr parallele Strecke in der Sensorebene π, dann gilt nach dem Strahlensatz $t : d = t^* : d^*$. Mit dem Skalierungsfaktor

$$\lambda = d/d^* \tag{73.6}$$

kann man also die wahre Länge t aus der Bildlänge berechnen. Skaliert man alle Bilder der Serie mit dem von Bild zu Bild wechselnden Faktor, erhält man dann eine *Normalprojektion* des Objekts (vgl. dazu Fig. 9 Mitte). Das ist insofern besonders, als man mit einem *einzelnen Foto niemals eine Normalprojektion* erreichen kann, es sei denn durch ein astronomisches Teleskop mit unendlicher Brennweite[6].

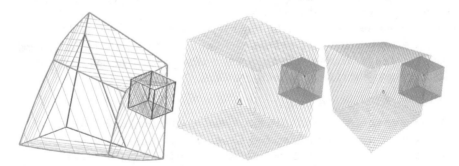

Fig. 9: Aus einer Serie von Parallelschnitten (links: „unbehandelt") wird durch „individulelle" Skalierung der einzelnen Schnitte eine Normalprojektion (Mitte) oder aber eine Perspektive (rechts).

Um eine exakte Zentralprojektion (Perspektive) zu erreichen, wo ausschließlich eindeutig erfasste Punkte verwertet werden, wird man daher als Zentrum jene Position wählen, an der das Linsenzentrum war, als die letzten noch sichtbaren Punkte des abzubildenden Objekts scharf erschienen ($d = d_m$ maximal $\Rightarrow d^* = d_m^*$ minimal). Das i-te Bild wird dann nicht nur gemäß Formel (73.6) mit dem Faktor $\lambda_i = d_i/d_i^*$, sondern zusätzlich mit dem Faktor d_m^*/d_m skaliert:

$$\mu = \frac{d_i}{d_i^*} \cdot \frac{d_m^*}{d_m} \tag{73.7}$$

---

[6]Eine Einschränkung ist allerdings gegeben: Selbst aus mehreren Positionen aus der optischen Achse kann man nicht immer so viel auf einer Oberfläche eines Objekts erkennen wie bei einer echten Normalprojektion. Man denke etwa an ein Raumschiff, das sich dem Mond nähert. Von ihm aus wird man niemals 50% der Mondoberfläche sehen können, wie von der Erde aus.

Wenn man jetzt die Bilderserie der Software zur Erkennung der scharfen Pixel übergibt, erhält man mit graphischer Genauigkeit ein scharfes und perspektivisch korrektes Bild, wie man in Fig. 8 rechts sehen kann.

 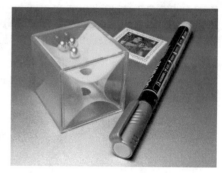

Fig. 10: Testobjekt Quadrat Fig. 11: Geometrisches Stillleben

So besteht das Foto der quadratischen Briefmarke in Fig. 10 relativ gut die strengen geometrischen Tests, die man anwenden kann, um die Korrektheit einer Perspektive zu testen, ebenso das „geometrische Stillleben" in Fig. 11. Das ist deshalb wichtig, weil man in der Praxis ja nicht geometrische Miniaturfiguren, sondern Lebewesen oder andere Gegenstände der Natur fotografiert. Die Briefmarke *bildfüllend* scharf zu fotografieren, ist eine klassische Aufgabe der Makrofotografie, während das Stillleben im Verhältnis dazu schon eine mittelgroße Szene und entsprechend leichter durchgehend scharf zu fotografieren ist.

Ausblick

Vom mathematisch/geometrischen Standpunkt ist noch anzumerken, dass man mit dem vielfach fotografierten Objekt auf Grund der räumlichen Erfassung noch einiges mehr „anfangen" kann, etwa 3D-Modelle erstellen. Jedenfalls sollte man mit focus stacking im Makrobereich Ergebnisse erreichen können, die unter Laborbedingungen an jene von Laserscannern herankommen, wobei die Technologie einfacher, schneller und billiger ist.

Wenn die Objekte Kleintiere sind, kommt das Problem dazu, dass diese eher selten bewegungslos verharren, zumindest aber Fühler oder einzelne Glieder bewegen (Fig. 8). Hier sollte die Bildserie in längstens einer Zehntelsekunde abgearbeitet sein, was wohl bei der rasanten technologischen Entwicklung in wenigen Jahren möglich sein wird. Derzeit brauchen handelsübliche Kameras noch etwa eine halbe Sekunde für eine volle Serie von 8 bis 10 Bildern, wobei der Flaschenhals beim Zeitverbrauch nicht das Abspeichern der Bilder, sondern das Neu-Justieren des Fokus ist.

Vom ästhetischen Standpunkt aus reichen für bemerkenswerte Insektenfotos aber oft auch zwei, drei Bilder des Tieres. In Fig. 8 war es wichtig, die Augen und die Greifzangen der Gottesanbeterin scharf zu bekommen, beim restlichen Körper stört es nur marginal, dass dieser unscharf erscheint.

74. Technologienutzung am Beispiel von Differenzengleichungen

HELMUT HEUGL

Der Fortschritt der Menschheit dokumentiert sich in seinen Werkzeugen. Werkzeuge sind zum einen Ergebnis von Erkenntnissen, und zum anderen sind neue Erkenntnisse nicht ohne Werkzeuge möglich.

(Volker Claus 1990)

Der Begriff *Rechner* zeigt schon, dass sich die Diskussion über Chancen und Gefahren von Technologienutzung im Mathematikunterricht meist auf Veränderungen beim Operieren beschränkt. Moderne Unterrichtssoftware ist aber nicht nur ein reines Rechenwerkzeug. Folgende Funktionen unterstützen und verändern den mathematischen Lernprozess und damit mathematische Kompetenz:

Modellierungswerkzeug

Technologie bietet eine leichtere Verfügbarkeit „klassischer" mathematischer Modelle und die effiziente Nutzbarkeit rechenaufwändiger Modelle (wie zum Beispiel Differenzengleichungen). Da komplexe Rechnungen die Technologie übernimmt, werden viele neue praxisnähere Anwendungen möglich. Die parallele Verfügbarkeit verschiedener Darstellungsformen ermöglicht eine neue Qualität der Modellentscheidung, Lösung und Interpretation (etwa durch die Variation von Parametern).

Visualisierungswerkzeug

Die Möglichkeit der graphischen Repräsentation abstrakter Objekte ist für die Kompetenzentwicklung im Allgemeinen und für alle Phasen des Problemlöseprozesses im Besonderen von großer Bedeutung. Ohne Technologie ist es oft schwierig, zur grafischen Darstellungsform zu wechseln. Mit Technologie steht die grafische Darstellung sehr rasch sogar parallel zu anderen Darstellungsformen zur Verfügung.

Experimentierwerkzeug

Kennzeichnend für den Weg der Lernenden in die Mathematik sind 3 Phasen:

1. Experimentelle, heuristische Phase: Vermutungen werden durch Experimentieren gefunden.

2. Exaktifizierende Phase: Erkenntnisse aus der heuristischen Phase werden auf eine gesicherte mathematische Basis gestellt.

3. Anwendungsphase: Gesicherte Vermutungen werden zum Lösen von Problemen genutzt.

Die so wichtige experimentelle Phase, in welcher Vermutungen gefunden und Lö-

G. Glaeser (Hrsg.), *77-mal Mathematik für zwischendurch*, https://doi.org/10.1007/978-3-662-61766-3_74

sungswege entwickelt werden (Heuristik = Findungskunst), wird durch Technologie oft erst überhaupt möglich. In der Anwendungsphase können Lösungen von
interessanten Problemen, die der Schulmathematik bisher nicht zugänglich waren,
experimentell ermittelt werden.

Rechenwerkzeug

Man kann zwar auch im Technologiezeitalter auf das „händische" Operieren mit
dem Ziel, eine mathematische Lösung zu erhalten, nicht verzichten, aber komplexe
Operationen können auf die Technologie ausgelagert werden. Dadurch wird Frei-
raum für andere mathematische Handlungen wie Modellieren, Interpretieren oder
Argumentieren geschaffen.

Damit bedeutet das Auslagern auf die Technologie nicht eine Verarmung mathematischer Kompetenz – ganz im Gegenteil: Andere Kompetenzen werden unterstützt
und neue Kompetenzen im Bereich des Operierens gewinnen an Bedeutung, wie
etwa die Strukturerkennungskompetenz. Schüler/innen müssen Ergebnisse interpretieren, die sie nicht selbst produziert haben. Es ist also eine neue Qualität von
Kontrollkompetenz erforderlich.

In diesem Mathebrief sollen am Beispiel von Differenzengleichungen die verschiedenen Werkzeugaspekte illustriert werden.[1]

Beispiel 1

*Herr Mathemat benötigt ein Bauspardarlehen in der Höhe von 140.000,– EUR mit
einer Laufzeit von 30 Jahren. Derzeit beträgt der Zinssatz 3.5%. Der Zinssatz kann
gemäß dem Index Euribor auf bis zu 6% steigen. Für die ersten 4 Jahre werden
3,5% garantiert, es wird eine Jahresrate von EUR 7000,– vereinbart.*

Waren früher solche Probleme bestenfalls in der 6. Klasse beim Kapitel *Folgen
und Reihen* und mit Hilfe von Logarithmen lösbar, können heute Schülerinnen und
Schüler der 4. Klasse diese Aufgabe bearbeiten. Das rekursive Modell reduziert
das Problem auf die Frage: „Was passiert jedes Jahr?" Die Antwort ist schon der
wichtigste Schritt bei der Modellentscheidung: „Das Kapital wird verzinst und die
Rate wird abgezogen". Die Übersetzung in die Sprache der Mathematik ist dann
nicht mehr so schwierig: $K_{neu} = K_{alt} \cdot (1 + \frac{p}{100}) - r$. Natürlich ist das eine Modell-
vereinfachung im Vergleich zur banküblichen Verrechnung, aber das wesentliche
eines Tilgungsplanes wird dadurch doch erfasst.

Mit einer Lernumgebung wie etwa *GeoGebra*, wo Tabellenkalkulation und Graphik
unter einer gemeinsamen Benutzeroberfläche angeboten werden, kann die Lösung
mit Hilfe von Schiebereglern für r und für $q = 1 + \frac{p}{100}$ experimentell gefunden
werden.

Man hält zuerst q bei 1.035 fest und verändert r so lange, bis der Kredit nach 30
Jahren abgezahlt ist. Es ergibt sich eine Jahresrate von etwa 7900,– EUR.

---

[1]In einer Differenzengleichung ist $f(k+1) - f(k)$ eine Funktion von $f(k)$, in einer Differentialgleichung ist $f'(x)$ eine Funktion von $f(x)$.

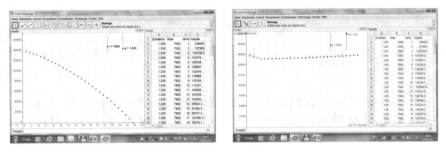

Fig. 1 Fig. 2

Steigert man den Zinssatz auf den von der Bank als möglich angegebenen Wert von 6%, stellt man erschrocken fest, dass nach 30 Jahren der Schuldenstand trotz jährlicher Zahlung von 7.900 EUR annähernd unverändert ist. Dann muss man halt am *Ratenschieberegler* so lange drehen, bis man das Ziel, nach 30 Jahren schuldenfrei zu sein, wieder erreicht hat.

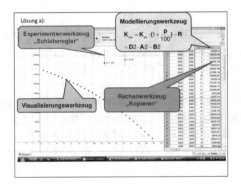

Fig. 3

Es werden also alle 4 Werkzeugkompetenzen zur Problemlösung genutzt: *Modellierungswerkzeug, Rechenwerkzeug, Visualisierungswerkzeug, Experimentierwerkzeug.*

Beispiel 2: Sterile Insektentechnik

[Timischl 1988; S. 22, S. 102–109] *Eine Insektenpopulation mit anfangs n_0 Weibchen und Männchen möge bei natürlichem Wachstum pro Generation jeweils auf das r-fache wachsen. Zur Bekämpfung der Population wird pro Generation eine bestimmte Anzahl s von sterilen Männchen freigesetzt, die sich mit der Naturpopulation vermischen.*

1. Entwickle ein mathematisches Modell für das Wachstum dieser Population

2. Wie groß muss s sein, damit ein weiterer Populationszuwachs verhindert wird?

3. Stelle das Populationswachstum grafisch dar (Modellannahme $r = 3$, $s = 4$, $y_0 = 1\,8$ (in Millionen)) und zwar als Zeitdiagramm ($y_n = f(n)$) und im Web-modus ($y_{n+1} = g(y_n)$)

4. Verändere die Parameter s und y_0 und untersuche, unter welchen Bedingungen die Population abnimmt, wächst bzw. sich ein Gleichgewichtszustand einstellt.

(a) Ohne Eingriff in das Populationswachstum wäre das Wachstumsmodel: $y_{n+1} = r \cdot y_n$. Wenn dagegen s sterile Männchen freigelassen werden, so ist von den y_n Paarungen nur der Anteil $y_n/(y_n + s)$ fertil. Daher gilt für das Populationswachstum: $y_{n+1} = r \cdot y_n \cdot \frac{y_n}{y_n+s} = \frac{ry_n^2}{y_n+s} = g(y_n)$.

(b) Die Populationsgröße nimmt ab, wenn gilt $\frac{y_{n+1}}{y_n} = \frac{ry_n}{y_n+s} < 1$ (also auch für y_0). Daher gilt für s bei gegebenem y_0 und r: $s > y_0 \cdot (r - 1)$.

(c) Graphische Lösung: Es gibt 2 Repräsentationsformen: Das *Zeit-Diagramm* mit $y(n) = f(n)$ und das *Web-Diagramm* mit $y(n + 1) = g(y(n))$. Besonders für Konvergenzüberlegungen (für welche y ist $y = g(y)$?) ist die zweite Darstellungsform sehr hilfreich. (Fig. 2 zeigt den Graphen der Funktion $y = g(x)$).

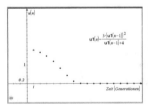 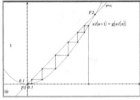 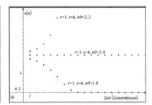

Fig. 4

(d) Man kann entweder mehrere Graphen zeichnen oder mit Schiebereglern die Parameter verändern. Für $y_0 = 2$ stellt sich bei gegebenem $r = 3$ und $s = 4$ ein Gleichgewichtszustand ein.

Das Lösen eines solchen praktischen Problems erfordert also Interpretieren, Argumentieren und Dokumentieren basierend auf mathematischer Kompetenz.

Ausblick

Dieses Problem bietet die Möglichkeit, eine Menge mathematischer Themen zu behandeln, die wiederum verschiedenste Kompetenzen erfordern. Mögliche Fragestellungen:

— Unter welchen Bedingungen ist die Folge $\langle y_n \rangle$ streng monoton fallend und nach unten beschränkt?

— Existieren Grenzwerte?

— Welche Art von Gleichgewichtspunkten (Fixpunkten) existieren? Vor allem für diese Frage ist die Visualisierung als Web-Diagramm sehr hilfreich. Man kann experimentell anziehende und abstoßende Fixpunkte erkennen.

Für diese Aufgabe wurde der *TI Nspire* verwendet. Diese Lernumgebung bietet verschiedene Werkzeuge an (CAS, dynamische Geometrie, Tabellenkalkulation, Graphik usw), die interaktiv miteinander vernetzt werden können. Ein großer Vorteil ist auch, dass ein CAS-Taschenrechner mit der entsprechenden PC-Software voll kompatibel ist.

Resümee

Ich habe versucht, am Beispiel der Differenzengleichungen zu zeigen, wie Technologienutzung die Entwicklung mathematischer Kompetenz unterstützen und bereichern kann. Natürlich darf man die Gefahr nicht unterschätzen, dass bei einem falschen didaktischen Konzept des „Knöpfedrückens" Technologie auch eine gefährliche Waffe sein kann.

Die Tatsache, dass ab 2018 Technologie (CAS, Tabellenkalkulation usw.) bei der Zentralmatura verlangt sein wird, zeigt, wie wichtig es ist, dass sich die Lehrerinnen und Lehrer schon jetzt intensiv mit diesem Thema auseinandersetzen. Die ersten Schülerinnen und Schüler, die davon betroffen sein werden, sitzen schon in der 2. Klasse!

Weiterführende Literatur

[1] Claus, V. (1990): Perspektiven der Informatik. *login* 10(6), 43–47.

[2] Dörfler, W. (1991). Der Computer als kognitives Werkzeug und kognitives Medium. In W. Peschek, & W. Dörfler (Hrsg.), *Computer–Mensch–Mathematik*. Hoelder–Pichler–Tempsky.

[3] Heugl, H., Klinger, W., & Lechner, J. (1996). *Mathematikunterricht mit Computeralgebra-Systemen*. Addison-Wesley.

[4] Timischl, W. (2013). *Biomathematik: Eine Einführung für Biologen und Mediziner*. Springer.

Appendix

Für jene, die die Konstruktion des ersten bzw. zweiten *GeoGebra*-Arbeitsblattes nachvollziehen möchten, sich aber noch nicht genügend sattelfest fühlen, folgt hier eine Hilfestellung. Das kombinierte Algebra- und Geometrie-Programm *GeoGebra* wurde im Mathe-Brief 15 (Juni 2011) vorgestellt. Wir gehen davon aus, dass es inzwischen aufgerufen wurde und ein geöffnetes Arbeitsblatt anbietet.

Schritt 1.

Fenster auswählen:

- Im Menü *Ansicht* wählt man *Achsen, Koordinatensystem, Tabelle und Grafik* aus. Die Trennungslinie zwischen Grafik- und Tabellen-Fenster kann mit dem Cursor verschoben werden. Wenn das Tabellenfenster zunächst links erscheint, kann es durch Manipulieren mit den Fensterüberschriften *Grafik* und *Tabelle* nach rechts verschoben werden.

- Im Menü *Perspektiven* bringt die Wahl von *Tabelle und Grafik* die passende Ikonenleiste auf den Bildschirm.

- Im Menü *Einstellungen→Runden* wählt man *3 Nachkommastellen* und unter *Objektname anzeigen* den Punkt *Keine neuen Objekte*; in der Option *Einstellungen→Voreinstellungen* kann man unter *Punkt, Abhängig* noch die Punktdarstellung wählen.

Schritt 2

Koordinatensystem anpassen: Man wählt geeignete Einstellungen für die Achsen im Grafikfenster. Dazu klickt man mit der rechten Maustaste auf irgendeinen Punkt im Grafikfenster und dann auf *Grafik* in der letzten Menüzeile. Es öffnet sich das Menü *Einstellungen*. Nun können die geeigneten Achsenwerte (inklusive der passenden Einheiten) gewählt werden. Zweckmäßig ist für das beabsichtigte Arbeitsblatt: $\boxed{\text{X Min}} = -1$, $\boxed{\text{X Max}} = 35$, $\boxed{\text{Y Min}} = -1000$, $\boxed{\text{Y Max}} = 180000$, *Abstand* 2 für x-Achse und 20000 für y-Achse.

Das ganze Koordinatensystem kann durch das Aktivieren des Symbols *Verschiebe* (◌) passend positioniert werden. Alle Handlungen können durch die Symbole *Rückgängig* (◌) und *Wiederherstellen* (◌) korrigiert werden.

Schritt 3

Schieberegler: Man definiert im Grafikfenster zwei „Schieberegler", einen für die Rate r und einen für den Zinsfaktor $q = 1 + p/100$: im Kontextmenü des Grafik-

Fig. 5

fensters klickt man dazu auf das passende Symbol ▫, im Grafikfenster auf einen Punkt, in dem der Schieberegler positioniert werden soll, und definiert das Intervall [1 02, 1 08] und die Schrittweite 0 005 für q, sowie das Intervall [7000, 8000] und Schrittweite 100 für r. Unter *Schieberegler* kann noch *vertikal* für das Regler-Intervall gewählt werden.

Fig. 6

Schritt 4.

Arbeiten im Tabellenfenster: Die Überschriften werden in den Zellen A1, B1, C1 und D1 eingetragen.

— *Eintragen des Zinsfaktors:* In den ersten 4 Jahren bleiben q und r konstant. Für q wird der Wert 1.035 in der Zelle A2 eingetragen und danach abwärts bis Zelle A5 kopiert (Zelle A2 anklicken und am Eckpunkt rechts unten mit gedrückter Maustaste nach unten ziehen). Ab dem 5. Jahr hat der Zinsfaktor den am Schieberegler definierten Wert q. Dieser wird in A6 eingetragen und bis A32 kopiert. Eintragen der Rate erfolgt analog wie beim Zinsfaktor.

— *Ermitteln der Jahre:* In C2 wird der Wert 1 („Jahr 1") eingetragen. Danach wird der Wert jährlich um 1 erhöht: der Zellenwert von C3 wird mit der Formel C2 + 1 berechnet und dann bis C32 kopiert.

— *Ermitteln der Kapitalwerte:* Der Startwert 140000 wird in der Zelle D2 eingetragen, der Zellenwert von D3 mit der Formel D2 ∗ A2 − B2 berechnet. Danach

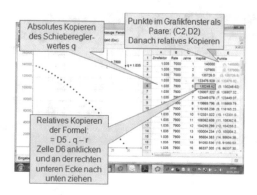

Fig. 7

werden die Zellenwerte wieder durch „relatives Kopieren" der Formel ermittelt (D3 anklicken und am Eckpunkt rechts unten bis D32 nach unten ziehen). Ab dem 5. Jahr wird dann automatisch q und r verwendet.[2]

— *Punkte zeichnen:* In der Spalte E werden die Punkte als Paare eingetragen, und zwar in der Zelle E2 das Paar (C2, D2), das dann wieder relativ nach unten kopiert wird (E2 anklicken und am Eckpunkt rechts unten nach unten ziehen).

Wer an diesen Manipulationen Gefallen gefunden hat, kann sich durch Herunterladen der Dateien *geogebraquickstart-de.pdf* und *intro-de.pdf* ('Einführung in GeoGebra 4') aus der Internet-Hilfe *http://wiki.geogebra.org/de/Anleitungen:Hauptseite* sowohl interessante Aufgaben wie auch eine Übersicht über alle Möglichkeiten von *GeoGebra*-Lösungshilfen verschaffen.

Weitere nützliche Links sind:

[1] GeoGebra (2020). *GeoGebra Math Apps*. Abgerufen von `http://www.geogebra.org/`

[2] International GeoGebra Institute (2020). *GeoGebra Classic Handbuch*. Abgerufen von `https://wiki.geogebra.org/de/Handbuch`

---

[2]Alternativ kann in Zelle D6 auch D5.q − r eingetragen werden und diese Formel 'relativ' in die darunter liegenden Zellen kopiert werden.

75. GeoGebra

GILBERT HELMBERG

Liebe Kolleginnen und Kollegen,

vielleicht haben Sie sich schon gefragt, mit welchem, möglicherweise teuren, Programm die Zeichnungen in den Mathe-Briefen 8, 10 und 12 angefertigt wurden. Hier wäre dann die Antwort: mit *GeoGebra*, einer kostenlosen Software für Schule, Uni und daheim, die gratis von der Internet-Adresse `http://www.geogebra. org/` heruntergeladen werden kann. Das Erscheinungsbild der Homepage von GeoGebra wechselt jedoch.

Dieses Programm wurde auf Initiative von MARKUS HOHENWARTER (Johannes-Kepler-Universität Linz) entwickelt und wird von einem 17-köpfigen Team aus Österreich, Deutschland, Ungarn, Tschechien, Frankreich, Luxemburg, Großbritannien und den USA betreut. Wie bei allen neuen Programmen muß man ein bisschen probieren und experimentieren, um damit umgehen zu können, aber es ist recht übersichtlich und verständlich aufgebaut.

Empfehlenswert ist eine Kurzanleitung, die unter `http://www.geogebra. org/help/geogebraquickstart_de.pdf` heruntergeladen werden kann. Sie enthält eine Gebrauchsanweisung zum Erstellen von drei beispielhaften Zeichnungen: Umkreis eines Dreiecks, Tangenten an einen Kreis, und Ableitung einer Funktion und die Tangente an einem Funktionsgraphen.

Außerdem wird beim Anklicken der Option „Hilfe" aus dem Internet ein Inhaltsverzeichnis aufgerufen, in dem man zweckmäßigerweise die Option *Geometrische Eingabe/Konstruktionswerkzeuge in der Werkzeugliste* konsultieren sollte. Außer der programm-internen Hilfe wird auch online-Hilfe angeboten.

Wenn auf Ihrem PC das GeoGebra-Programm installiert ist, ist unter dem Link `http://www.oemg.ac.at/Mathe-Brief/ pythagorasmathebrief.ggb` als Beispiel eine GeoGebra-Zeichnung abrufbar. Vorsicht: Wenn Ihnen der Internet-Browser eine Datei namens „pythagorasmathebrief.zip" anbietet, müssen Sie diese nach dem Abspeichern noch auf „pythagorasmathebrief.ggb" umbenennen!. Auf dem Bildschirm sieht diese so aus:

Die Zeichnung kann nach Anklicken des letzten Werkzeugkästchens rechts mit dem Cursor bewegt oder auch verkleinert werden.

Der linke Rand enthält eine bei der Konstruktion automatisch erstellte Liste der verwendeten Objekte: die 4 Einheiten lange Hypotenuse AB samt dem über ihr errichteten Halbkreis k, den auf ihm liegenden Punkt C und die Seitenquadrate („Vieleck1", „Vieleck2" und „Vieleck3" mit den angegebenen Flächeninhalten).

Fig. 1

G. Glaeser (Hrsg.), *77-mal Mathematik für zwischendurch*,
https://doi.org/10.1007/978-3-662-61766-3_75

Fig. 2

Für alle Objekte (einige Bezeichnungen sind gelöscht worden) können nach doppeltem Anklicken in der Zeichnung Bezeichnung, Farbe, Strichstärke usw. geändert werden.

Die Zeichnung enthält noch einen (ebenfalls ganz automatisch eingefügten) „Gag": wenn man mit dem Cursor den Punkt C ansteuert und mit gedrückter Maustaste bewegt, läuft der Punkt C den Halbkreis entlang. Die Beschriftungen laufen mit, und die geänderten Inhalte der Katheten-Quadrate (deren Summe konstant 16 bleibt) werden automatisch in der Zeichnung angezeigt. Prost Pythagoras!

76. Mathematik nicht ertragen, sondern erleben ...

Leonhard Summererer

..., so lautet das Motto von „MATh.en.JEANS" (auf Deutsch *Mathe in Jeans*), eines Projekts, das an vielen Lyzeen in Frankreich, aber auch in französischen Schulen außerhalb der Landesgrenzen, den Forschergeist in den Schülern wecken soll, als Ergänzung zum normalen Mathematikunterricht.

Die Teilnahme in den sogenannten MATh.en.JEANS-Ateliers ist auf freiwilliger Basis, nach Anmeldung dazu aber für mindestens ein Schuljahr verpflichtend im Ausmaß von 1,5–2 Stunden wöchentlich, und nicht an die Leistungen im Fach Mathematik geknüpft (zumindest solange nicht zu viele Interessenten eine Auswahl nötig machen). Bestand die Zielgruppe ursprünglich aus Schülern der Oberstufe, werden nunmehr auch Schüler der Unterstufe betreut. Doch von wem, mit welcher Zielsetzung und wie funktioniert die konkrete Umsetzung?

Da ich selbst seit sechs Jahren aktiv am französischen Lyzeum in Wien beim dort angebotenen MATh.en.JEANS-Atelier mitwirke, möchte ich die Antworten auf die aufgeworfenen Fragen nicht schuldig bleiben und abschließend, als Anregung gedacht, ein Forschungsthema vorstellen, das ich im letzten Jahr den Schülern vorgeschlagen habe.

Beginnen wir zunächst mit dem Namen des Projekts: Der merkwürdige Mix aus Groß- und Kleinschreibung deutet schon darauf hin, dass es sich bei MATh.en.JEANS um ein Akronym handelt, nämlich um die Abkürzung für die französische Übersetzung von *Lehrmethode für mathematische Theorien basierend auf dem Zusammenschluss von Lehrstätten für einen neuen Zugang zum Wissen.*

Dieser neue Zugang besteht nicht darin, zusätzliches Wissen zu vermitteln, sondern vielmehr darin, es Schülern zu ermöglichen, mit ihrem aktuellen Wissen und ihren Kenntnissen Forschung aktiv zu erleben. Dies beinhaltet die langfristige (über ein Schuljahr hinweg) Auseinandersetzung in Kleingruppen (drei bis vier Schüler) mit einem Thema, vom Niveau her mit Methoden der Schulmathematik in den Griff zu bekommen ist, viel Raum für selbständiges Arbeiten bietet und vor allem geeignet ist, neue Fragen aufzuwerfen und zumindest teilweise zu beantworten. Dabei kommt nun der Zusammenschluss der Lehrstätten ins Spiel: Einerseits unterstützen Forscher an Universitäten das Projekt durch Themenvorschläge und regelmäßige (etwa einmal im Monat) Zusammentreffen mit den Gruppen, die die jeweiligen Themen bearbeiten, zur Unterstützung der Mathematiklehrer der Schule, an denen das Atelier stattfindet, die die wöchentliche Betreuung übernehmen. Andererseits bezieht sich der Begriff Zusammenschluss von Lehrstätten aber auch auf Schulen: Um den Wissensaustausch der jungen Forscher untereinander zu fördern, wird ein und dasselbe Thema meist an zwei oder drei Schulen gestellt, sodass nach einiger Zeit des eigenständigen Arbeitens in der Kleingruppe ein Vergleich der erzielten Ergebnisse stattfinden kann (Besuch oder Videokonferenz). Nicht selten stellt sich dabei heraus, dass die Gruppen vollkommen verschiedene Aspekte des Themas

© Der/die Herausgeber bzw. der/die Autor(en), exklusiv lizenziert durch Springer-Verlag GmbH, DE, ein Teil von Springer Nature 2020
G. Glaeser (Hrsg.), *77-mal Mathematik für zwischendurch*,
https://doi.org/10.1007/978-3-662-61766-3_76

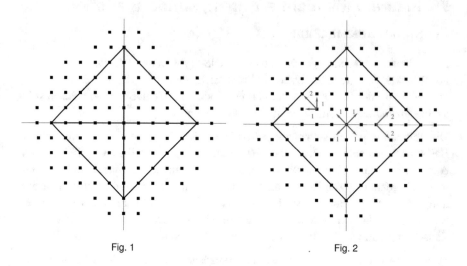

Fig. 1   Fig. 2

herausgreifen und daher in sehr unterschiedlichen Richtungen forschen. Darüber hinaus findet am Ende jedes Schuljahres ein MATh.en.JEANS Abschlusskongress statt, zu dem die teilnehmenden Schulen, nach Maßgabe der Möglichkeiten, einige oder alle ihre Gruppen entsenden, um die erzielten Ergebnisse dann untereinander in kleinen Vorträgen zu präsentieren. Aufgrund der stark angewachsenen Teilnehmerzahlen sind mittlerweile für Frankreich vier Kongresse nötig und ein weiterer für alle außerfranzösischen Lyzeen in Europa, der bereits zweimal in Wien stattgefunden hat, organisiert vom französischen Lyzeum in Wien und der Fakultät für Mathematik der Universität Wien. Zweihundert Teilnehmer aus acht Ländern haben dabei drei Tage lang (nicht nur) über Mathematik gesprochen, gestikuliert, gelacht. Für einige von ihnen wird es wohl nicht der letzte wissenschaftliche Kongress gewesen sein, an dem sie teilgenommen haben.

Doch nun noch kurz zu einem Thema, das mir geeignet scheint, Schüler zu motivieren, selbständig daran zu arbeiten. Es geht dabei um die Modellierung eines Lawinenabgangs mit mathematischen Methoden.

Für eine Lawine braucht es zweierlei: Schnee und ein Gefälle, meist in Form eines Berges. Die Beschaffenheit des Schnees außer Acht lassend, wollen wir uns lediglich auf die Verteilung der Schneehöhen konzentrieren und jedem Punkt mit ganzzahligen Koordinaten in der Ebene eine Schneehöhe zwischen 0 (= kein Schnee) und 10 (= maximale Schneemenge) zuordnen. Die kritische Schneehöhe soll 4 betragen, das heißt, bis zu einer Schneehöhe von 3 entsteht selbst in Hanglage keine Lawine, ab einer Schneehöhe von 4 in einem Punkt gibt dieser seine gesamte Schneemenge an die Nachbarpunkte ab, wobei die Abgaberichtung und Abgabemenge von der Lage des Punktes am Hang abhängen soll.

Nun zum Berg: Für unser Koordinatensystem ist die Form einer quadratischen Pyramide am günstigsten, deren Grundfläche ihre Ecken auf den Koordinatenachsen hat und deren Spitze über dem Ursprung liegt, wie in der folgenden Skizze:

Unser Berg hat also seinen Gipfel über dem Ursprung und die Grate seiner Wände über den Koordinatenachsen. Wir können aber durchaus weiter in der Ebene arbeiten, wenn wir einfach von den Flanken unseres Berges senkrecht hinunter projizieren und für die Abgaberichtung der Schneemenge berücksichtigen, wo das Urbild eines gegebenen Punkts (x, y) unter dieser Projektion auf der Pyramide liegen würde.

Für die Schüler gilt es nun, sich zunächst eine Zeichnung zu machen und die sinnvollste Schneeabgabemenge und Abgaberichtung zu überlegen, in den Fällen, dass es sich um den Gipfel, einen Punkt auf einem der 4 Grate oder einen Punkt in einer der 4 Wände handelt. Dabei bekommen sie als Vorgabe, dass sie zunächst eine konstante Schneehöhe von 3 am gesamten Berg annehmen sollen, um dann an nur einem Punkt die Schneehöhe um 1 zu steigern, um eine Schneeabgabe auszulösen und die Schneehöhen in den Nachbarpunkten nach Abgabe der Schneemenge ausrechnen zu können. Danach wird dieser Prozess wiederholt, sofern in mindestens einem Punkt die kritische Schneehöhe erreicht wurde, usw.... So kommt die Lawine ins Rollen.

Dabei werden sie rasch draufkommen, dass es für die Modellierung einer Lawine nicht sinnvoll ist, von jedem Punkt aus nur an einen Nachbarpunkt Schnee abzugeben. Welche Wahl kommt der Realität am nächsten? Eine günstige Variante sieht, abhängig von der Lage am Gipfel, auf einem Grat oder in einer Flanke, folgendermaßen aus: (die Pfeile deuten die Abgaberichtungen an, die Zahlen die jeweilige Abgabemenge in diese Richtung)

Anschließend kommt in natürlicher Weise die Frage nach dem Ende der Lawine auf: Wie muss man die Schneeverteilung wählen, dass die Lawine zum Stehen kommt. Wie lange dauert es bis dahin? Wieviel Schnee hat sie bis dahin bewegt? Wie kann man in dem Modell Lawinenschutzbauten simulieren? Wo diese am besten hinbauen? Fragen über Fragen, die idealerweise von den Schülern selbst kommen sollen und zumindest teilweise auch beantwortet werden.

In jedem Fall ist aber eine computergestützte Simulation des Modells nötig und wünschenswert, damit die Schüler lernen, für einen diskreten Prozess ein Computerprogramm zu schreiben, das diesen visualisiert. Dabei können die Schneehöhen beispielsweise durch verschiedene Farben gekennzeichnet werden, um optisch den Lawinenabgang sichtbar zu machen.

So, wer jetzt selbst Lust bekommen hat, soll's mal probieren oder besser noch, einigen interessierten Schülern dieses Projekt zur Ausarbeitung geben.

77. Mathematik mit Humor

Georg Glaeser

Die Mathematik muss keineswegs eine unzugängliche, sperrige Wissenschaft sein und darf auch eine emotionale Dimension haben.

Der Zeichner Markus Roskar (Universität für angewandte Kunst Wien) hat die folgenden Beispiele illustriert.

Mathematik und die anderen Wissenschaften

Mathematik wurde u.A. nicht als Selbstzweck erfunden, sondern sie sollte immer auch anderen Wissenschaften eine Hilfe sein. Heute hat sie ihren Siegeszug nahezu in die letzten Winkel anderer Wissenschaften geschafft. Sei es die Biologie, die Geographie, die Medizin, die Musikwissenschaft, usw.

Wo die Mathematik naturgemäß sehr stark verankert ist, ist die Physik. Physiker sind „halbe Mathematiker" – auch wenn es neben der theoretischen Physik auch die experimentelle gibt.

Was Wunder, wenn es mathematische Physiker-Witze gibt?

Hier ein guter: Fahren drei Mathematiker und drei Physiker in der Bahn zu einem Kongress. Zum Erstaunen der Mathematiker haben sich die Physiker nur eine Fahrkarte für alle zusammen gekauft.

Als die Silhouette des Schaffners sichtbar wird, verschwinden alle drei Physiker auf der Toilette. Der Schaffner bemerkt, dass die Tür zum WC abgeschlossen ist, klopft an und sagt "Fahrschein bitte!". Da erscheint tatsächlich ein Fahrschein im Türspalt, der Schaffner entwertet ihn, schiebt die Karte zurück und kontrolliert die anderen Fahrgäste.

Der Kongress geht zu Ende, und die beiden Dreiergruppen fahren retour. Wieder haben sich die Physiker nur einen Fahrschein gekauft, die Mathematiker jedoch *gar keinen*.

Die Silhouette des Schaffners taucht im Nebenwaggon auf, die Physiker schließen sich wieder in der Toilette ein. Ein Mathematiker geht zur WC-Tür, klopft an und sagt: „Fahrschein bitte!"

Bei der Aufzählung der Wissenschaften, die Mathematik brauchen, haben wir fast die wichtigsten „Kunden" vergessen: Die Ingenieure. Sie lieben – zu Recht – die Mathematik, und wenden sie ständig an, wenn sie Brücken bauen, Maschinen optimieren, Stromkreise berechnen uvm. Dabei sind sie einem Mathematiker manchmal zu ungenau:

Wieder in einem Zug, meinetwegen in Schottland, sitzen ein Ingenieur, ein Philosoph und ein Mathematiker. Sie sehen eine Schafherde mit einem schwarzen Schaf. Der Ingenieur witzelt, dass es offensichtlich auch in Schottland schwarze Schafe gäbe; der Philosoph ermahnt ihn, nicht zu generalisieren, sondern eben nur von

G. Glaeser (Hrsg.), *77-mal Mathematik für zwischendurch*, https://doi.org/10.1007/978-3-662-61766-3_77

Fig. 1: Fahrschein, bitte!   Fig. 2: Ein Jahr im freien Fall   Fig. 3: Mond→Erde

zumindest einem schwarzen Schaf zu sprechen. Der Mathematiker lässt auch das nicht gelten und formuliert um auf *zumindest einem Schaf, das zumindest auf einer Seite schwarz ist.*

Ein Jahr im freien Fall

Manchmal hört man den Ausdruck: „Die Wirtschaft befindet sich seit Monaten im freien Fall". Wie schnell sind wir, wenn wir ein Jahr lang so beschleunigen, dass wir jede Sekunde um 10 Meter pro Sekunde schneller werden (das ist dann die Erdbeschleunigung, also 1 g)? 30 Millionen Sekunden (soviele Sekunden hat ein Jahr) mit 10 m/s Zuwachs pro Sekunde ergibt 300 000 Kilometer pro Sekunde. Lichtgeschwindigkeit! Natürlich ist das eine rein theoretische Rechnung, weil die Physik ja lehrt, dass wir die Lichtgeschwindigkeit nie erreichen und schon gar nicht überschreiten können. Auch kann keine Raumsonde aktiv ein Jahr beschleunigen, weil der Treibstoff bald ausginge. Aber Raumsonden können mit der Anziehung von Himmelskörpern „arbeiten" (der kurze englische Ausdruck dafür lautet *swing-by*).

Die Sonden Voyager 1 und Voyager 2 wurden nicht zufällig im Jahr 1977 auf die Reise geschickt. In diesem Jahr war die Konstellation der großen Planeten Jupiter, Saturn, Uranus so günstig, dass die Sonden, die sich ja im freien Fall befinden (wenn sie nicht gerade ihre Raketen betätigen), immer wieder neuen Schwung an ihnen holen konnten. Mittlerweile haben die Sonden den Rand unseres Sonnensystems überschritten. Im Moment gibt es kaum Kräfte, die auf sie wirken, außer die latente Anziehung durch das schwarze Loch im Zentrum unserer Galaxie, die durch die Rotation um dieses Zentrum wettgemacht wird. Der letzte große Planet, Neptun, ist 4,5 Milliarden Kilometer von der Sonne entfernt. Dafür braucht das Sonnenlicht ein paar Stunden, Voyager 2 knapp 12 Jahre. Aber nachher ist es ziemlich einsam …

Wenn man aus einem Heißluftballon aus 40 km abspringt, bremst einen die Atmosphäre praktisch nicht. Nach 35 Sekunden freiem Fall (1 g) erreicht man eine Geschwindigkeit von 350 Metern pro Sekunde und ist damit schneller als der Schall. Wenn man fast zwei Minuten in einer Rakete mit 10 g beschleunigt (das ist echt grenzwertig!), erreicht man die magische Geschwindigkeit von 11 200 m/s (das sind etwa 40 000 km/h), die man braucht, um das Schwerefeld der Erde für immer verlassen zu können.

Umgekehrt schlagen Meteoriten und Astroiden „gerne" mit ähnlichen Geschwindigkeiten auf der Erde ein, weil der Vorgang auch umgekehrt werden kann. So einem Vorgang verdanken wir es, überhaupt die Erde zu bevölkern (die Saurier hätten das sonst nicht zugelassen, aber sie sind durch den gewaltigen Einschlag vor 66 Millionen Jahren ausgestorben).

Wenn der Mond ein Teil der Erde wäre

Also: Das war ja einmal (vor mehr als vier Milliarden Jahren) der Fall – bis ein gewaltiger Einschlag (neuerdings geht man sogar von bis zu 20 solchen Einschlägen aus) zur Bildung des Monds führte. Dann ist doch die Frage interessant: Wie viel größer war die Erde vor diesem „deep impact"?

Denken wir uns zu diesem Zweck zunächst mal den Mond aus lauter Wasser bestehend (man hat übrigens erst vor kurzem nachgewiesen, dass es sehr wohl auch Wasser auf dem Mond gibt, wenn auch in gefrorenem Zustand und unterirdisch). Würden wir diese riesige Wasserkugel (mit $1/4$ des Durchmessers der Erde) über die Ozeane ergießen, um wie viel würde der Wasserspiegel steigen?

Zwischenrechnung: Die Ozeane bedecken knapp $3/4$ der Erde und sind durchschnittlich 4 km tief. Man könnte also grob sagen: Wenn die Erde keine Landmasse hätte und die gesamte Oberfläche mit einer 3 km tiefen Wasserschicht bedeckt wäre, käme in etwa dieselbe Wassermasse heraus.

Um wie viel würde also das Wasser steigen? Sehr schwer zu schätzen. Aber mit ein bisschen Kopfrechnen durchaus herauszukriegen:

Dadurch, dass der Mond $1/4$ des Durchmessers der Erde hat, hat er $\frac{1}{4^2} = 1/16$ der Oberfläche und $\frac{1}{4^3} = 1/64$ des Volumens der Erde. Das Erdvolumen steigt beim Umverteilen um den Faktor $65/64 = 1 + 1/64$, also 1,5%. Der Radius der Erdkugel würde demnach um $\sqrt[3]{1 + 1/64} \approx 1 + 1/(3 \cdot 64)$ steigen (ein geübter Kopfrechner braucht dazu keinen Taschenrechner: Der geringe Überschuss von 1,5% schrumpft beim Ziehen der dritten Wurzel annähernd auf ein Drittel). Der Erdradius würde also um 0,5% oder gut $1/200$ größer werden. Dass der Erdradius gut 6 000 km ist, wissen wir hoffentlich noch aus der Schule. $1/200$ davon sind etwas mehr als 30 km. Die Ozeane wären dann immerhin (oder doch „nur"?) – grob geschätzt – 33 km tief.

Bei der Entstehung des Mondes wurden also 30 km von Mutter Erde „abgetragen"

– vornehmlich von der weniger dichten Oberfläche, weswegen der Mond auch nur
1/81 (und nicht 1/64) der Erdmasse hat.

Die Anziehungskraft an der Oberfläche eines Himmelskörpers nimmt einerseits mit
der dritten Potenz des Radius zu (Massenzuwachs), anderseits nimmt sie mit dem
Quadrat des Radius ab (Entfernung vom Massenmittelpunkt). Auf der Mondoberfläche (1/4 Radius der Erde) würde man daher 1/4 der Anziehungskraft wie auf
der Erde (1/4 g) erwarten. Weil der Mond aber eine um ca. 1/4 geringere Dichte
hat, ist die Anziehung nur etwa 1/5 g.

Wollen Sie nicht Ihre Wahl ändern?

Sie stehen in einer Spiel-Show knapp davor, den Hauptpreis (einen Sportwagen)
zu kassieren: Nur noch ein kleines Problem ist zu lösen: Drei Türen befinden sich
in der Wand vor Ihnen, und nur hinter einer wartet der Flitzer. Hinter den beiden
anderen sind nur Trostpreise, also z.B. – wie in der Show "Let's make a deal" von
Monty Hall – Ziegen. Sie geben also ihren Tipp ab, aber anstatt dass der Moderator
(er weiß ja, wo das Gefährt steht) „Ihre Tür" öffnet, macht er demonstrativ eine
der beiden anderen Türen auf – mit einer der beiden Ziegen dahinter. Sie freuen
sich, denn jetzt scheint Ihre Chance auf 50 : 50 gestiegen zu sein (die andere Ziege
oder der Porsche). Doch der Moderator fragt penetrant, ob Sie nicht noch schnell
Ihre Meinung ändern und die andere noch nicht geöffnete Türe wählen wollen. Der
Mann will Sie doch nur von Ihrem Gewinn abbringen!?

Wenn's um so viel geht, lohnt es sich, die Sache genau zu analysieren. Im Internet
ist das „Ziegenproblem" immer noch Stoff für heiße Diskussionen. Das Thema ist
in anderer Form als ‚Smarties-Spiel' bereits behandelt worden.

Folgender Gedankengang führt zum richtigen Ergebnis:

Ich wähle zunächst willkürlich eine der drei Türen. Habe ich auf den Sportwagen getippt, ist das gut. Habe ich auf einen der beiden Trostpreise getippt, nicht.
Die Wahrscheinlichkeit, den Haupttreffer abzusahnen, ist 1 : 3. Bleibe ich konsequent bei meiner Wahl, dann ändert sich auch nichts an der Wahrscheinlichkeit.
Auch nicht, wenn mir der Moderator großartig eine der beiden Ziegen zeigt: Das
ist nämlich in jedem Fall möglich, ob ich nun das Auto oder eine der beiden Ziegen
erwischt habe.

Nun zur Strategie, die Wahl „auf jeden Fall" zu ändern. Hier gibt es drei Fälle:
Wenn ich beim ersten Tippen den Sportwagen erwischt habe, ist das jetzt schlecht
für mich. Wenn ich aber Ziege 1 *oder* Ziege 2 gewählt habe, zeige ich nach meiner
Änderung *in beiden Fällen* auf das Objekt meiner Begierde.

Schlagartig habe ich also die doppelte Chance, zu gewinnen! So gesehen war die
Information des Moderators für mich eine Hilfe und keine Verunsicherung. Der
konsequente Wechsel auf die verbleibende Tür ist die deutlich bessere Wahl!

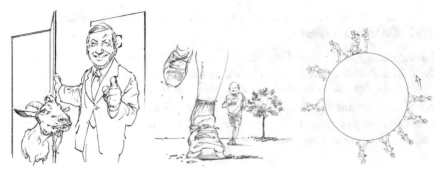

Fig. 4: Wollen Sie ändern?   Fig. 5: Ich hol dich gleich ein   Fig. 6: Immer nur laufen …

Wenn Sie das Problem in einer kleinen Runde diskutieren, werden Sie alle möglichen widersprüchlichen Argumentationen zu hören bekommen. Aber Sie haben
ein Hütchenspiel (drei Hütchen und ein Bonbon wie im Smarties-Spiel) vorbereitet
und spielen mit einer Versuchsperson das Ratespiel zwanzig Mal *ohne* und zwanzig Mal *mit* Meinungsänderung. Die Leute werden staunen, wie deutlich man sieht,
dass das Umschwenken besser ist!

Der richtige Ansatz spart viel Rechenarbeit

Bei so mancher nützlicher Rechnung zahlt es sich aus, den Hausverstand einzuset-
zen. Mit ein bisschen Kopfrechnen kommt man dann oft erstaunlich schnell zum
Ziel.

Beispiel 1: Zwei Jogger A and B laufen ein klassisches Langstreckentempo von
3,5 m/s (das ergibt eine Zeit von etwas unter fünf Minuten pro Kilometer). Läufer
A will dann doch wieder nach Hause zurücklaufen, während der ehrgeizige Läufer
B noch ein Ziel in 300 Meter Entfernung ansteuert, um dann auch umzukehren.
Es ist B klar, dass er, wenn er A wieder einholen will, ab dem Zeitpunkt der
Trennung schneller laufen muss, also läuft er ein doch relativ forsches Tempo
von 4 m/s (und braucht dadurch nur mehr 250 Sekunden, also gut vier Minuten,
für einen Kilometer). „Wir sehen uns gleich wieder", sind seine optimistischen
Abschiedsworte. Wann aber ist „gleich"?

Man kann das Beispiel kompliziert angehen, aber mit dem richtigen Ansatz ist die
Rechnung ein „Einzeiler": B ist ab dem Zeitpunkt der Trennung von A 600 Meter hinter A. Um diese 600 Meter einzuholen, holt er jede Sekunde 1/2 m auf und
braucht zum Wettmachen der zusätzlichen zweimal 300 Meter somit 1 200 Sekunden. „Gleich" bedeutet im konkreten Fall also 20 Minuten!

Beispiel 2: Wie lange dauert ein Überholvorgang, wenn das langsamere Auto
90 km/h und das schnellere 108 km/h fährt, und wieviele Meter benötigt der Vor-

gang?

Der Geschwindigkeitsunterschied ist 18 km/h, also 5 m/s (Division durch 3,6, weil eigentlich Multiplikation mit 1 000 und anschließende Division durch 3 600). Autos sind durchschnittlich knapp 5 m lang, 15 m vorher sollte man ausscheren und 15 m nachher darf man wieder auf die richtige Spur. Macht 35 m, die man überwinden muss. Dafür braucht man sieben Sekunden. In dieser Zeit fährt das schnellere Auto (30 m/s) 210 m.

Beispiel 3: Die wievielfache (negative) Erdbeschleunigung muss man aushalten, wenn man vom 10-Meter-Brett ins Wasser springt?

Man ist 10 m lang 1 g ausgesetzt und taucht bei einem sauberen Kopfsprung maximal 4 m ein, muss also 2,5 mal schneller verzögern ($-2,5$ g). Die Acapulco-Springer haben nur eine Wassertiefe von 3,6 m zum blitzschnellen Abrollen, bei etwa 26 m Sprunghöhe. Das sind dann schon -7 g.[1]

Nach zwanzig Metern freiem Fall nur 0,7 m Knautschzone zur Verfügung zu haben (-28 g), ist dasselbe wie mit einem Fahrzeug mit 72 km/h gegen eine Mauer zu fahren. Da nützt auch Anschnallen nichts mehr. Manche Insektenflügel müssen bis zu 300 g aushalten. Anderseits enthalten sie keine wichtigen Organe.

Vermeidbarer Unsinn

Klassische Situation auf der Autobahn: Eine Kolonne von 5 Autos will mit 130 Sachen an zwei Lastwägen, die 100 km/h fahren, vorbei. Der hintere Lastwagenfahrer hat schon ein paar Sekunden nicht in den Rückspiegel geschaut und glaubt, den Bummler vor ihm überholen zu müssen. Das erste Auto reduziert nach einer halben Schrecksekunde die Geschwindigkeit. Es ist aber eben diese halbe Sekunde zu lange zu schnell gefahren, und jetzt muss es schon deutlich unter 100 abbremsen, damit sich die Sache noch ausgeht; sagen wir auf 90 km/h. Der Flitzer dahinter sieht die Bremslichter des Vordermanns aufleuchten und tritt nach einer weiteren halben Schrecksekunde auf die Bremse. Weil er aber während der Reaktionszeit seines Vordermanns und zusätzlich seiner Reaktionszeit 130 gefahren ist, muss er jetzt schon auf sagen wir 80 runter. Sie wissen schon, was der dritte Lenker machen muss (70), und dann erst der vierte (60) und der fünfte (50) …

Wenn alles glimpflich abgelaufen ist und der Lastwagen endlich überholt hat, fluchen alle ein wenig auf den „blöden Lastler" und das Spiel geht von vorne los. Jetzt ist *viel* Platz vor dem ersten Lenker, er beschleunigt wieder auf 130. Der hinter ihm musste ja mehr abbremsen, will aber gleich wieder aufschließen, beschleunigt so-

---

[1]Wenn man zuerst mit konstanter Beschleunigung fällt und dann mit konstanter negativer Beschleunigung abbremst, hat man an der Schnittstelle dieselbe Geschwindigkeit. Hier muss man allerdings zumindest *einmal* verifizieren, dass bei einem k-tel des Weges mit k-facher konstanter Beschleunigung dieselbe Endgeschwindigkeit v herauskommt:

Zur Verfügung stehen die Formeln $v = gt$ und $t = \sqrt{\frac{2s}{g}}$ (wegen $s = \frac{g}{2}t^2$). Mit $v_1 = v_2$ haben wir

dann $g_1\sqrt{\frac{2s_1}{g_1}} = g_2\sqrt{\frac{2s_2}{g_2}}$, woraus bereits $s_1 g_1 = s_2 g_2$ bzw. $s_1 : s_2 = g_2 : g_1$ folgt.

mit schon mehr. Der dritte Fahrer will sich nicht lumpen lassen und lässt seine PS spielen, um endlich wieder 130 fahren zu können, der vierte Motor röhrt geradezu lustvoll, und der fünfte Fahrer testet, ob sein Bolide wirklich von 50 auf 130 in 10 Sekunden beschleunigen kann.

Was lernen wir aus dem alltäglichen Spielchen? Hätten die fünf langsamer fahren sollen? Nein, das war schon ok (es war ja erlaubt, so schnell zu fahren). Es war nicht die Geschwindigkeit, es war *der zu geringe Abstand* zwischen den Fahrzeugen – auch wenn der natürlich von der Geschwindigkeit abhängt. Bei mehr Abstand ist das Auffahren nicht so tragisch, und man muss nicht zusätzlich mit der Geschwindigkeit runter.

Deshalb funktioniert der Ziehharmonika-Effekt auch in der Marschkolonne im Schritttempo: Wenn eine Gruppe von Personen sich in zu engem Abstand durch schwierigeres Gelände kämpft, kommt die vorderste Person halbwegs gleichmäßig voran, während die hinteren ständig kurz stehenbleiben und dann nachhasten müssen. Lösung des Problems: Mehr Abstand lassen!

Weiterführende Literatur

[1] Glaeser, G., & Roskar, M. (2019). *Mathematik mit Humor – wie sich mathematische Alltagsprobleme lösen lassen*. De Gruyter.

Springer

Printed in the United States
By Bookmasters